联合国世界水发展报告 2017

废水：待开发的资源

联合国教科文组织　编著

中国水资源战略研究会
（全球水伙伴中国委员会）　编译

中国水利水电出版社
www.waterpub.com.cn
·北京·

内 容 提 要

  《联合国世界水发展报告》由联合国教科文组织发起的世界水评估计划牵头，联合国水机制的各成员机构及合作单位共同撰写，是联合国关于水资源的旗舰报告。报告每年出版一次，专注于和水资源相关的不同战略问题。2017 年的报告围绕"废水"这一主题，详细列举了世界各地及各行业"变废为宝"的经验，对废污水处理及再生回用的现状和新兴趋势进行了阐述，介绍了行之有效的实践管理方法，探讨了废水回用的自然价值和社会价值。

图书在版编目（CIP）数据

联合国世界水发展报告. 2017. 废水 : 待开发的资源 / 联合国教科文组织编著；中国水资源战略研究会（全球水伙伴中国委员会)编译. -- 北京 ： 中国水利水电出版社，2018.7
书名原文: The United Nations World Water Development Report 2017. Wastewater: The Untapped Resource
ISBN 978-7-5170-6638-5

Ⅰ. ①联… Ⅱ. ①联… ②中… Ⅲ. ①废水综合利用—研究报告—世界 Ⅳ. ①TV213.4②X703

中国版本图书馆CIP数据核字(2018)第154359号

北京市版权局著作权合同登字号：图字 01 - 2018 - 4091

审图号：GS（2018）987 号

书　　名	联合国世界水发展报告2017 **废水：待开发的资源** FEISHUI：DAIKAIFA DE ZIYUAN
原著编者	联合国教科文组织 编著
译　　者	中国水资源战略研究会（全球水伙伴中国委员会） 编译
出版发行	中国水利水电出版社 （北京市海淀区玉渊潭南路 1 号 D 座　100038） 网址：www. waterpub. com. cn E - mail：sales@waterpub. com. cn 电话：(010) 68367658（营销中心）
经　　售	北京科水图书销售中心（零售） 电话：(010) 88383994、63202643、68545874 全国各地新华书店和相关出版物销售网点
排　　版	中国水利水电出版社微机排版中心
印　　刷	北京博图彩色印刷有限公司
规　　格	210mm×297mm　16 开本　13 印张　394 千字
版　　次	2018 年 7 月第 1 版　2018 年 7 月第 1 次印刷
印　　数	0001—1000 册
定　　价	**98.00 元**

编译委员会

译者序

  《联合国世界水发展报告》（WWDR）是由联合国教育、科学及文化组织编写的对全球水资源发展进行综合分析的权威年度出版物。报告以水为核心，每年选定不同的专题，有所侧重。围绕年度专题，报告以大量真实案例反映不同国家的水问题，对典型管理手段及实施效果进行剖析，提炼成果显著的模式或方法。历经多年，目前已经形成一套成熟的编写体系，成为很多决策部门了解其他国家应对气候变化挑战、实现联合国可持续发展目标和实施水资源综合管理等方面经验教训的重要途径，获益良多。报告受到越来越多的国家或地区的推崇，一直在联合国出版物热度排行榜中位居前列。

  为了让广大中文读者了解全球水与相关资源发展进程，学习和借鉴国际先进经验，中国水资源战略研究会（全球水伙伴中国委员会）、联合国教科文组织北京办事处和中国水利水电出版社等通力合作，在水利部的大力支持下顺利完成了包括 2017 年世界水发展报告在内的多种出版物的编译和出版工作。

  2017 年《联合国世界水发展报告》的主题是"废水"。正如报告中所述，人类生产生活产生的大量废水（80％以上）在未经处理的情况下就被排放到外界，直接污染了自然环境，对水资源安全造成了重大影响。废污水的管理与处理属于水资源综合管理的范畴，在整个水循环体系中，废污水处在末端，同时也是破坏自然生态环境的诱因，与人类社会和自然环境的可持续发展关系重大。现代水资源管理必须关注整个水循环体系，统筹监管废水污水，以有益于推动社会发展、保护环境以及保障社会经济健康稳固增长。报告详细列举了世界各地及各行各业"变废为宝"的经验，对废污水处理及再生回用的现状和新兴趋势进行了阐述，介绍了行之有效的实践管理方法，探讨了废水回用的自然价值和社会价值。

  编译委员会希望以报告为契机，诚邀各方共同探讨与水相关的发展问题，把握时机，迎接挑战，不断完善水资源管理体系、促进多方合作与沟通、分享知识技术与成果，实现水、生态环境及所有自然资源的可持续发展。

编译委员会

2018 年 2 月

原版序一

在淡水需求增长，有限的资源因过度开发、污染和气候变化而日益紧张的时候，我们绝不应忽视改善废水管理带来的机遇，否则后果不堪设想。

改善废水管理对我们共同的未来至关重要，这也是《联合国世界水发展报告2017》想要传递的讯息。

如果我们继续像往常一样听之任之，水资源短缺现象将会进一步恶化。据估计，全球超过80%（在一些发展中国家超过95%）的废水未经处理就直接排入自然环境，造成的后果令人震惊：非洲、亚洲和拉丁美洲的大多数河流已遭受严重污染，而且这种现象还在持续恶化。2012年，全球有超过80万人死于饮用水受污染、洗手设施缺乏和卫生服务不当。废水未经处理排入海洋或将造成缺氧死亡区迅速扩大，约24.5万km²的海洋生态系统遭到破坏，渔业、人类生计和食物链也受到影响。

即使没有被忽视，使用过的水长久以来也一直被视为需要处理的负担。随着许多地区的缺水现象愈发严重，这种观念逐渐发生了变化。我们越来越认识到废水收集、处理和再利用的重要性。基础设施是所有国家的核心问题。数据可用性仍是一大挑战，尤其是在发展中国家。最新分析显示，181个国家中，只有55个国家拥有废水产生、处理和使用的完整信息，其余国家没有或只有部分数据，而且大多数国家的可用数据已经过时。由于信息方面存在瓶颈，各国研发创造新技术或根据当地实际情况和需求改变现有技术之路均受阻。

本书的主旨是通过减少源头污染、清除废水中的污染物、循环利用再生水和回收有用的副产品来改善废水管理。这四项行动对全球社会、环境和经济大有裨益，对人类福祉与健康、水与粮食安全以及可持续发展也大有好处。《2030年可持续发展议程》已将废水管理纳入可持续发展目标，如目标6"为所有人提供水和环境卫生"，尤其是目标6.3"将未经处理废水比例减半，大幅增加全球废物回收和安全再利用"。由此可见，废水管理至关重要。

为推动废水管理进一步发展，我们需要提高公众对废水利用的接受度，通过开展教育和培训活动以及新形式的提高认知活动改变人们对健康风险的看法，解决人们关心的社会文化问题。

这也是好事。作为循环经济的重要组成部分，废水利用和副产品回收可以创造新的商业机会，有助于收回创新和改进设施的成本，以及回收能源、营养物、金属和其他副产品。

联合国教育、科学及文化组织承诺全面支持各成员国积极应对水质挑战，并将利用其独特的"水家庭"，包括世界水评估计划、国际水文计划、设在荷兰代尔夫特的国际水教育学院，以及世界各地的二类中心和教席。我们的行动涵盖范围广，包括推进科学研究、动员和传播知识、促进技术交流和政策制定、加强能力建设以提高公众对水和废水中新型污染物的风险意识。

本书由联合国系统和联合国水机制31个成员单位共同努力完成。对此我深表感谢！另外，我还要感谢意大利政府对世界水评估计划秘书处的支持，使本书更具可持续性和生产力。本着这种精神，我希望所有人可以无条件获取本报告及其结论，以新的、公正的和可持续的方式管理水资源，共同创造一个更美好的未来。

联合国教育、科学及文化组织总干事

伊琳娜·博科娃

Irina Bokova

原版序二

人们常引用赫拉克利特在公元前 5 世纪说的一句话："生活中唯一不变的是变化。"今天，这句话比以往更适用。随着人口增长和城市居民区的扩大，我们对水的需求也越来越高。改变社会和世界已迫在眉睫。

《联合国世界水发展报告 2017》的主题是废水管理以及废水作为可持续资源的潜力。但是结果显示，我们还有好多工作要做："世界范围内，绝大多数废水既没有被收集也没有被处理。此外，废水收集本身也不是废水处理的代名词。在许多情况下，收集废水只是收集未经任何处理直接排入自然环境中的废水。农业径流几乎从未被收集或处理，因此这些类型的废水流量指标实际上是不存在的。"

大部分废水未经处理就排放至生态系统，对人类健康和自然环境造成深远的影响。

作为联合国水机制的旗舰出版物，《联合国世界水发展报告 2017》向读者传达了如下思想：长期以来被人们忽视的废水不仅可以解决日益严重的水短缺问题，其所含的丰富营养物、矿物质和能源也可以被经济高效地重新获取。在《联合国水机制废水管理分析简报 2015》的基础上，本书新增了循环经济、创新和许多区域层面的考虑。

本书是联合国水机制 31 个成员单位和 38 个合作伙伴共同努力的结果。废水相关问题不局限于可持续发展目标（SDG）6 和废水目标，而是涉及多个可持续发展目标。

在此，我要感谢联合国水机制的所有同事，以及联合国教育、科学及文化组织及其世界水评估计划，谢谢他们对本书高质量地出版所做的贡献和协调。本书对实现可持续发展目标具有深远的影响。

国际劳工组织总干事兼联合国水机制主席

盖·莱德

Guy Ryde

原版序三

《联合国世界水发展报告 2017》是系列年度主题报告中的第四本，主要围绕废水问题展开。废水经常被人们忽视，但却在水资源管理和提供与水有关的基本服务方面发挥着重要作用。

废水不仅仅是水管理问题，还影响着环境和一切生物，对成熟和新兴的经济体也有着直接的影响。此外，废水中还含有许多有用的物质，如营养物、金属和有机物，这些物质可以被提取并用于其他生产目的。因此，废水是一种有价值的资源，如果得到可持续管理，它将成为循环经济的核心支柱。改善废水处理方式，优势巨大，对社会和环境也大有裨益。

废水的概念本身就是一个矛盾。如果用水事出有因，它不应被视为"浪费"。废水也常被称为"使用过的水"（法语为 eaux usées）、"残留水"（西班牙语为 aguas residuales）或"使用后的水"（德语为 Ab-wasser）。本书中，使用过的水不是待处理的废物，而是一种资源。

在编写 2017 年联合国世界水发展报告时，我们就意识到废水具有多种不同的定义，而且不同的人对废水有不同的理解。工程师、城市规划师、环境管理者和学者已经在许多报告中从各个方面阐述了废水问题，并表达了自己独到的见解以及对相关词语的理解，更不用说众多联合国机构了。我们竭力收集这些材料，这点单从参考文献列表的长度即可看出，目的是为了以平衡、基于事实和中立的方式再现当前的知识背景，其中涵盖废水管理的最新发展以及循环经济带来的各种好处和机会。

改善废水管理对绿色增长至关重要，特别是在《2030 年可持续发展议程》的大背景下。可持续发展目标（SDG）6.3 明确提出，减少污染，改善废水处置、管理和处理以及其对环境水质的影响。该目标与实现其他几个可持续发展目标高度相关。

最大限度地开发废水作为有价值的和可持续的资源的潜力，需要创造一个有利的变革环境，包括适当的法律和监管框架、融资机制和社会接受度。我们相信，如果政府愿意付诸行动，当前诸如知识缺乏、能力不足、废水数据和信息不全的障碍都可以快速、有效地被克服。

本书主要针对国家级的决策者和水资源管理者，但我们希望，本书也能引起广大社区工作者、学者和那些有意为所有人建立一个公平、可持续未来人士的兴趣。

本书是联合国粮食及农业组织、联合国开发计划署、联合国欧洲经济委员会、联合国环境规划署、联合国亚洲及太平洋经济社会委员会、联合国教科文组织、联合国西亚经济社会委员会、联合国人类住区规划署、联合国工业发展组织和世界水评估计划共同努力的结果。此外，本书还得益于下列机构和人士的投入和贡献：联合国水机制成员单位和合作伙伴、世界水资源评估计划技术顾问委员会成员，以及数十名科学家、专业人员和提供相关材料的非政府组织。与之前的版本相似，本书也推崇社会性别主流化。

我们谨代表世界水评估计划秘书处对上述机构、联合国水机制成员单位和合作伙伴，以及作者、编辑和其他参与者表示深深的感谢，是他们共同完成了这本独特而又权威的报告。我们相信，该报告会在世界范围内产生重大影响。

我们特别感谢意大利政府对本项目的资金支持，感谢翁布里亚区在佩鲁贾的拉克罗姆贝拉别墅为世界水评估计划秘书处提供办公场所。本报告的最终定稿离不开他们的协助。

我们特别感谢联合国教科文组织总干事伊琳娜·博科娃女士，感谢她对世界水评估计划和世界水发展报告的大力支持。我们还要感谢国际劳工组织总干事、联合国水机制主席盖·莱德先生对本报告的指导。

最后，但同样重要的是，我们要衷心感谢世界水评估计划秘书处的所有同事，其名字见后面的致谢部分。如果没有他们的奉献和专业付出，本书不可能完成，尤其是 2016 年意大利翁布里亚及周边地区发生地震带来了诸多挑战和困难的情况下。

联合国世界水评估计划协调人　　　　　　　本书主编

斯特凡·乌伦布鲁克　　　　　　　理查德·康纳

本书编写团队

出版负责人
Stefan Uhlenbrook

主编
Richard Connor

流程协调员
Engin Koncagül

研究人员
Angela Renata Cordeiro Ortigara

出版人员
Diwata Hunziker

出版助理
Valentina Abete

图形设计
Marco Tonsini

文字编辑
Simon Lobach

世界水评估计划技术顾问委员会
Uri Shamir（主席），Dipak Gyawali（副主席），Fatma Abdel Rahman Attia，Anders Berntell，Elias Fereres，Mukuteswara Gopalakrishnan，Daniel P. Loucks，Henk van Schaik，Yui Liong Shie，László Somlyody，Lucio Ubertini 和 Albert Wright

2016 年联合国世界水评估计划秘书处
协调人：   Stefan Uhlenbrook
副协调人：   Michela Miletto
项目组：   Richard Connor，Angela Renata Cordeiro Ortigara，Francesca Greco，Engin Koncagül 和 Lucilla Minelli
出版：   Valentina Abete，Diwata Hunziker 和 Marco Tonsini
沟通：   Simona Gallese，Laurens Thuy
管理和支持：   Barbara Bracaglia，Lucia Chiodini，Arturo Frascani，Lisa Gastaldin
信息技术和安全：Fabio Bianchi，Michele Brensacchi，Francesco Gioffredi

致谢

联合国世界水评估计划在此特别感谢联合国粮食及农业组织、联合国开发计划署、联合国欧洲经济委员会、联合国环境规划署、联合国亚洲及太平洋经济社会委员会、联合国教科文组织、联合国西亚经济社会委员会、联合国人类住区规划署和联合国工业发展组织，感谢他们为编写联合国世界水发展报告做出的突出贡献。此外，我们还要感谢联合国水机制成员单位和合作伙伴，以及所有在本报告多轮审查时提供建设性意见和评论的组织、机构和个人。

本书的最终定稿离不开世界水评估计划技术顾问委员会的审查、评论和指导。

我们要衷心感谢联合国教科文组织总干事伊琳娜·博科娃，感谢她对本报告的支持。我们还要特别感谢联合国教科文组织自然科学助理总干事史凤雅、联合国教科文组织水科学处负责人兼国际水文计划（IHP）秘书布兰卡·希门尼斯·西斯内罗斯，以及国际水文计划的所有同事，感谢他们对本书的协助。

我们特别感谢联合国教科文组织驻阿拉木图、北京、巴西利亚、开罗和新德里办事处的慷慨相助，在他们的帮助下，摘要分别被翻译成俄语、汉语、葡萄牙语、阿拉伯语和印地语。另外，联合国教科文组织德国委员会也把摘要翻译成了德语。

我们感谢意大利政府提供的资金支持以及翁布里亚区政府提供的设施支持。另外，挪威外交部也对本书提供了资金支持。

目录

第一部分　基线和背景

第二部分　专题重点

第四部分　应　对　方　案

污水处理厂

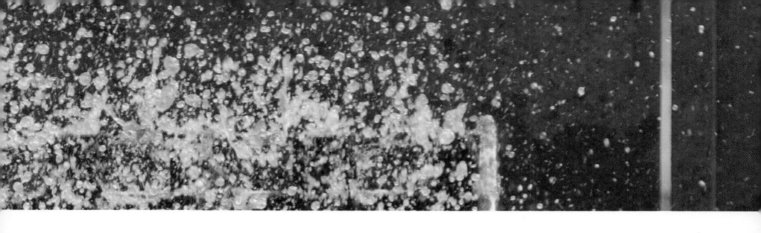

摘　　　要

使用水资源的大部分人类活动会产生废水。随着人类对水资源的总体需求不断加大，产生的废水总量和其中的污染物质也在全球范围内不断增长。

除了最发达国家，其他国家大部分的废水未经适当处理便直接排放到自然环境中，对人类健康、经济生产力、淡水水质和生态系统都造成了恶性影响。

尽管废水是水资源管理中的关键环节，但是人们往往视用过的水为负担，随手弃之，或厌恶它，选择视而不见。然而这些忽视所造成的后果却显而易见。那些最直接的影响，包括生态系统退化和被污染的淡水水源引发水生疾病等，对社区的福祉和人类的生计将造成深远的影响。废水作为一个重要的社会和环境问题，我们如果持续对它束手无策，将会使我们为实现2030年可持续发展议程所付出的其他努力也大打折扣。

随着对水的需求不断增长，人们逐渐意识到废水可以成为稳定的水源，而转化的关键是要将废水管理模式从"处理和丢弃"转为"再利用、循环和资源回收"。废水已不再是个亟须解决方案的问题，而成为了人类社会应对挑战的解决办法的一部分。

废水还可以经济有效、可持续地产出能源、营养物和其他有用的副产品。从废水中提取资源不仅有益于人类和环境的健康，还有利于实现粮食和能源安全，以及减缓气候变化。发展循环经济时要平衡经济发展、自然资源保护和环境可持续，而废水就是可以被广泛开发利用的珍贵资源。

如果我们现在开始采取行动，毫无疑问，它的前景是光明的。

世界上的水：水量和水质

预计未来几十年全球对水资源的需求将显著提高。农业消耗了超过70％的水资源，此外工业和能源生产对水资源的需求也将大幅攀升。快速的城镇化以及城市供水和卫生系统的扩张，也需要大量的水。

气候变化情景分析预测，水循环变化将使水资源在时间和空间上的分配更加不均，水资源供需之间的矛盾将进一步加大。世界范围内，很多流域发生洪水和干旱灾害的频率和严重程度将发生变化。干旱会造成严重的社会经济和环境影响。除了其他众多因素，叙利亚危机还是由历史性的干旱（2007—2010年）触发的。

全球2/3的人口目前居住的地区每年都将经历至少长达1个月的干旱。约5亿人口所在地区的水资源消耗量超过了当地可再生的水资源总量。高度脆弱地区的非可再生资源（如化石地下水）不断减少，这些地区已经高度依赖从水资源富集的地区引水或在积极寻找其他经济上负担得起的替代水源。

可用水资源量还与水质紧密相关，当水源受到污染时，各种用水户的需求都无法得到满足。未经处理的污水排放日益增加、加上农田径流和未经适当处理的工业废水，导致世界各地的水质持续恶化。如果这样的排放趋势持续下去，未来数十年水质将继续恶化，尤其是在那些干旱的资源贫乏国家，将威胁人类和生态系统的健康，引发缺水，并阻碍经济可持续发展。

废水：全球趋势

平均来看，高收入国家 70% 的城市和工业废水得到了处理，而中高收入国家和中低收入国家的处理率仅为 38% 和 28%。在低收入国家，仅 8% 的废水得到了处理。基于这些数字得到的结论如今经常被引用，那就是全球约 80% 的废水未经处理就直接排放了。

在高收入国家，加强废水处理的动力要么是维持环境质量，要么是将废水作为替代水源应对缺水危机。然而，排放未经处理的废水仍然是人们的习惯做法，尤其是在发展中国家，因为这些国家缺乏基础设施、技术和体制能力，以及足够的投资。

废水、卫生、人类健康和可持续发展议程

获得改善的卫生设施可以显著地降低健康风险，而加强废水处理可以进一步提高健康收益。自1990 年以来，21 亿人的卫生设施获得了改善，但还有 24 亿人得不到改善的卫生设施，将近 10 亿人仍然随地便溺。

然而，提高卫生设施普及率不等同于改善废水管理或提高公众安全。目前只有 26% 的城市和34% 的农村的卫生和废水处理设施得到了安全管理，有效阻止人们在整个卫生处理过程中接触排泄物。

在千年发展目标的经验基础上，《2030 年可持续发展议程》设置了更加全面的水目标，而不仅仅只是供水和卫生。可持续发展目标 6.3 提出："到2030 年，通过以下方式改善水质：减少污染，消除倾倒废物现象，把危险化学品和材料的排放减少到最低限度，将未经处理废水比例减半，大幅增加全球废物回收及其安全再利用"。低收入和中低收入国家的废水处理率极低，这表明需要通过低成本的解决方案和安全的水资源再利用方法来落实目标6.3，而这关乎整个可持续发展议程能否成功实现。较之高收入国家和中高收入国家，实现该目标对低收入国家和中低收入国家而言，经济负担较重。

治理挑战

对社会、公众健康和环境而言，管理人类废物收益巨大。在卫生服务方面每投资 1 美元，社会可以得到 5.5 美元的收益。

克服在执行水质管理规定过程中遇到的现实困难对公共部门而言尤其具有挑战性。为了改善水质和保护水资源，负责废水管理各个方面的个人和机构需要遵从和满足集体利益。只有当所有人都遵守规则，确保水资源不被污染，才可能获得收益。

在各个层面推动公众参与政策制定可以提升公众参与度，提高主人翁意识。这包括选取合适和实用的卫生设施，确保资金到位，并长期维护设施。加强边缘群体、少数民族、极度贫困人口、边远地区人口、居住在城市非正式定居点人口的参与特别重要。尤其要加强女性的参与，因为当人类废物管理不善时，她们的健康首当其冲地受到影响。

废水管理周期的技术现状

废水中大概 99% 为水，1% 是悬浮质、胶质和溶解物质。

排放未处理或未适当处理的废水会有 3 种后果：①危害人类健康；②对环境造成负面影响；③对经济活动造成不良影响。

以循环方式控制和调节各种废水是改善废水管理的最终目标。废水管理周期主要分为以下 4 个阶段。

1. 避免或减少源头的污染

相比传统的末端治理，水污染控制应优先考虑预防和减少废水。这包括禁止和控制特定污染物质的使用，通过管理、技术和其他手段彻底消除或限制污染物进入废水。治理污染地区和污染水体的补救措施远比预防污染的成本要高。

监测和预报向大自然和周边水体排放污染物的行为是改善废水管理的必要措施。如果没有监测，就无法给问题定性，政策的有效性也无法衡量。

2. 废水收集和处理

集中处理涉水废物一直是改善卫生和处理生活、商业、工业废水最通行的做法。全球大概 60%的人的排泄物进入了排污系统（尽管只有一小部分收集的污水得到了实际处理）。其他做法，如现场系统，就非常适合农村地区和人口不密集的地区，但在人口密集的城市使用就会很昂贵且有难度。

可能以后在很多国家，大型废水集中处理系统都不再是最佳的城市废水处理方案。适合个人或小群体的分散式废水处理系统目前在全球呈现增长趋势。这种处理方式使得营养和能量回收更便捷，节约了淡水，人们在干旱季节的用水也能得到保障。

建设这种处理设施所需的投资大概是传统水处理厂的 20％～50％，而且运行和维护成本更低（大概是传统活性污泥处理厂的 5％～25％）。

低成本的排污系统已经成为各收入阶层社区修建卫生设施的选择之一。它们和传统的排污系统设计理念不同，更注重将固体污物与系统中的污水分离。这种系统非常适合社区管理，方便扩大现有规模，将分散的系统连接到集中处理系统中也非常便捷。这种系统曾被用在难民营。但其缺点就是不适合排放雨水。

生态系统可以有效提供经济的废水处理服务。当然，生态系统必须是健康的，其承载的污染物（以及污染物的特性）可以被调节，而且也不能超过其纳污能力。

3. 将废水作为替代水源

几个世纪以来，人们使用未经处理或稀释后的废水进行灌溉。再生水为工业和城市提供了可持续、稳定的供水，尤其是现在更多的城市依赖远距离调水或其他水源满足用水需求。

总体来说，如果水资源再利用的目的是为了满足生产需求，水资源再利用在经济上会更合算。处理后的废水水质满足使用者的要求（如量身定制的水处理）可以提高成本回收率。当淡水价格反映了淡水的机会成本、排污费考虑了废水处理的成本时，废水利用将会更具竞争力。

利用经过处理或经过半处理的废水来提供生态服务可以提高资源利用率，可以减少淡水的利用量、循环和再利用营养物、通过减少水污染来发展渔业和其他水生生态系统，以及可以回补含水层等，对生态系统大有裨益。

4. 回收有用的副产品

废水作为能源、营养物等的来源的巨大潜力远远未得到开发。

以生产沼气、加热或冷却以及发电等方式可以重获能源。污水处理厂的污泥和生物固体处理技术可以现场回收能源，使得污水处理厂从主要的能源消耗者变得能源平衡，甚至成为能源生产者。能源回收还可以减少运行成本和碳足迹，通过碳信用额度和碳排放交易计划增加收益。能源和营养物的联合回收也是可以办到的。非现场能量回收方式包括在集中处理厂通过热处理焚烧污泥。

从废水或污水污泥中回收氮和磷的技术也在不断发展。无论从技术还是投资方面看，从化粪池和

公厕等就地回收磷是可行的，可以直接将化粪池污泥转变为有机肥料或有机矿物肥料。此外，与污水生物固体相比，粪便污泥出现化学污染的风险较低。

尿液收集和利用很可能将很快成为生态废水管理的重要组成部分，因为尿液中的氮和磷分别占人类排泄物中氮和磷的 88％和 66％，而氮和磷对作物生长至关重要。未来数十年可开采的磷矿资源将日渐稀缺，甚至枯竭，从废水中回收氮和磷具有现实性和可操作性。

城市废水

城市废水的组分差异很大，因为其中的污染物是由家庭、工业、商业活动及机构排放的。生活废水通常不含有毒物质，但是目前人们越来越关注生活废水中残留的药物，即便其含量很低，但也可能会造成长期的影响。

城市化进程的加快带来了很多挑战，包括城市废水的激增。然而这种增长也带来了机遇，我们可以抛弃过去（不合适）的水管理方式，采用创新手段，包括利用处理过的废水和副产品。

在发展中国家，非正式聚居点（贫民窟）不断扩大带来的最大挑战之一便是废水。与 2000 年相比，2012 年贫民窟人口更多，而且预计未来还将增加。贫民窟的居民总是使用无下水道的公共厕所，在露天便溺或抛扔装在塑料袋子中的粪便（即"飞行厕所"）。由于缺水、维护困难、收费等原因，公共厕所还未得到广泛使用。对女性而言，寻找到合适的地方如厕尤其困难，个人安全难以保障，如厕时非常尴尬，也难以保证卫生。

工业

与废水的实际水量造成的危害相比，工业污染物的毒性、流动性和含量等因素，可能对水资源、人类健康和环境的危害更大。从理念到设计，从运行到维护，第一步就是要在源头将污染物的排放量和毒性降到最低。这包括选用对环境更加友好的原材料，还有可生物降解的化学品，以及对员工加强教育和培训，以更好地应对污染事件。第二步就是要尽可能在工厂内循环再利用水，最大化地减少排放。

中小企业和非正式的行业往往将废水排放到城市管道或直接排入大自然。将废物排入城市管道或

地表水的企业都必须遵守排放规定，否则须缴纳罚款。现在很多排污口都会安装污染物处理装置。然而，有时企业会发现交罚款比安装处理装置更便宜。

有一个值得注意的机遇是，企业互助合作可以实现工业废水的利用和循环。在毗邻的生态工业园区，这种合作能够很好地利用各种废水、水资源和副产品。对中小企业而言，这无疑能有效地降低废水处理的成本。

农业

过去50年，灌溉面积已经翻倍，畜牧业增长了两倍多，内陆水产业有超过20倍的增长。

作物种植中大量使用化肥（营养物）和其他农业化学品，当所施肥料远远超过作物的吸收能力时，或当肥料被水冲刷时，会造成水污染。高效的灌溉可以显著减少水和化肥的流失。畜牧业和水产业还会排放营养物。

农业会排放许多其他形式的污染物，包括有机物、病原体、金属和其他新型污染物。过去20年间，新的农业污染物不断出现，畜牧业和水产业可能排放抗生素、疫苗、生长促进剂和激素。

生活废水经有效处理后安全使用，可以提供宝贵的水资源和营养物。除了提高粮食安全，农业的水资源再利用对改善营养状况等也大有裨益。在中东、北非、澳大利亚、地中海地区以及中国、墨西哥和美国，城市废水再利用非常普遍。在城市和城市边缘地区，废水再利用非常成功，这是因为废水免费，很容易收集，而且城市附近往往有农产品市场。

区域层面的考虑

非洲面临的与废水相关的最主要的挑战之一就是缺乏收集和处理废水的基础设施，这导致废水污染了有限的地表水和地下水。非洲城市发展很快，现有的水管理系统已经无法满足日益增长的需求。然而，现状也意味着城市废水管理有很大机遇，可以应用多用途技术再利用水资源，并回收有用的副产品。大力开展宣传活动，才能使政策制定者理解在社会经济发展、环境质量和人类健康管理方面存在"不作为的成本"。

利用安全处理后的废水已经成为许多阿拉伯国家提高可用水量的手段之一，并成为水资源管理规划中的重要组成部分。2013年，阿拉伯国家收集的71％的废水得到了安全处理，其中21％经过处理的废水得到了再利用，主要用于灌溉和地下水回补。水资源综合管理和水-能源-粮食-气候变化纽带管理方式提供了一个框架，促使我们思考如何通过改善废水的收集、运输、处理和利用，实现阿拉伯地区的水安全。

生活废水的副产品，如盐、氮和磷，都蕴含着经济价值，可以改善亚太地区人们的生活。东南亚地区的案例研究表明，通过处理废水获得的副产品（如化肥）的经济效益远远大于废水处理的成本，这证明从废水中回收资源是可行并能产生效益的商业模式。我们需要进一步支持城市和地方政府更好地管理城市废水，并利用好这个资源。

欧洲和北美地区经过改善的卫生设施覆盖率非常高（95％），废水处理程度在过去15～20年也有所提高。尽管三级处理已逐渐增多，但仍有大量被收集的废水未经处理就被排放，尤其是在东欧。人口和经济变化使得部分较大的集中处理系统的运行情况不尽如人意，比如前苏联地区就有部分超大、未根据现实变化调整的处理系统。该地区的很多城市都面临维修和更换老化基础设施带来的投资压力。

拉丁美洲和加勒比地区的城市废水处理率自1990年以来几乎增长了一倍，估计目前城市污水系统收集了大概20％～30％的废水。能取得这个成绩，主要得益于水和卫生普及率不断提高、许多服务提供商的财务状况改善（近几年成本回收情况取得了进展），以及过去10年该地区经济社会快速发展。另外一个重要因素就是该地区经济融入了国际市场。处理后的废水可以为许多城市提供水资源，尤其是位于干旱地区的城市（如利马）或需要通过修建长距离调水工程满足用水需求，特别是满足干旱季节用水需求的城市（如圣保罗）。

创造有利环境，促成变革

废水处理的改进、水资源再利用程度的提高和有用副产品的使用，可以减少生产和经济活动中水资源的开采量和资源的流失，支持向循环经济转型。

适当的法律和监督框架

有效的管理框架要求执行机构拥有必要的技术

和管理能力，能独立开展工作，拥有强制执行相关规定和指导方针的权力。信息如果公开，而且获取便利，可以提高公众对规定实施和强制执行的信任度，提高达标率。政府应采取灵活和渐进的方式才能取得进展。

政策和监督工具若要在地方上实施，就需要因地制宜。因此，"自下而上"的模式和小型的地方（分散式）废水管理服务需要获得政策、机制和资金方面的支持。

水资源再利用和废水副产品利用等也需要新规定来规范。现在关于相关产品质量的法规很有限或缺失，市场的不确定性会抑制投资。投资和法律激励措施可以鼓励和培育相关产品市场（如强制要求在人工化肥中添加回收后的磷）。

成本回收和适当的融资机制

废水管理和卫生经常被视为昂贵和投资密集的产业。大型的集中处理系统确实如此，往往需要大量的前期投资，中长期来看，为避免系统快速退化也需要相对高昂的运行和维护费用。如果机制建设和人力资源发展长期缺乏投资，这个问题还会更严重。然而，废水管理如果缺乏投资，造成的损失会更大，尤其对健康、社会经济发展和环境将会造成直接和间接的巨大损害。

分散式废水处理系统可以减轻投资集中处理系统的资金压力。如果设计和建设合理，这种低成本的技术可以提供令人满意的出水水质，当然运行和维护水准不能过低，以免系统发生故障或失灵。

废水再利用可以为废水处理增加收入来源，尤其是经常性或长期被缺水困扰的地区。很多不同的商业模式都在实施，并证实成本和效益可以回收。然而，售卖处理后的废水的收益无法维持水处理厂的运行和维护。营养物（主要是磷和氮）和能源的回收可以带来显著的收益，帮助回收成本。

尽管废水利用和资源回收的收益可能不够抵销成本，但水资源再利用的效益可能比通过修建大坝、海水淡化、跨流域调水和通过其他方式增加可用水资源量的效益要高。

即使方便到打开水龙头即可出水，自来水的价值总体来说还是被低估了，与成本相比，价格偏低。只有当经处理的废水价格比自来水还低时，公众才会接受废水再利用。只有将各种渠道的水资源按照成本准确地定价，才能鼓励投资，并使社会上

每个人，包括穷人，都可以获得负担得起的服务。

最大限度地减少对人类和环境的危害

直接排放未经处理的废水会严重影响人类和环境健康，包括食品、水等媒介所传播疾病的爆发，水污染，生态多样性的损失和生态系统服务的弱化。当弱势群体，尤其是妇女和儿童，接触到部分处理或未处理的废水时，需要被特别地关注。尤其是在发展中国家，由于贫困和教育程度低的原因，弱势群体对废水利用造成的健康危害知之甚少，这将进一步加剧风险。无论何时，如果人类可能受到废水的危害（比如通过食品或直接接触的方式），就需要采取更严苛的风险管理手段予以防控。

知识和能力建设

废水产生、处理和利用的相关数据和信息对政策制定者、研究人员、从业人员和公共机构非常重要，有了数据和信息才可以制定国家和地方行动方案、保护环境、安全地实现废水的生产性利用。废水量以及废水成分的相关知识是保护人类、环境健康和安全的必要信息。然而，国际社会尤其是发展中国家，普遍缺乏水质和废水管理方面的数据。

无论是新技术还是已发展完善的技术，只要是合适的、负担得起的，都应该转让到发展中国家。需要开展研究增进国际社会对新型污染物的认识，完善消除废水污染物的方法。此外，有必要进一步理解诸如气候变化等外部因素是如何影响废水管理的。

为了加强废水管理，有必要确保相应的能力建设到位。废水管理行业的组织和机构能力有时候很不足，会使得大型集中式污水管理系统或是小型、就地处理系统的投资面临困境。

公众意识和社会认可

即便污水利用工程在技术上设计合理，投资可以到位，适当的安全措施已经被考虑，如果没有充分考虑社会的认可和接受程度，水资源再利用项目也可能流产。由于公众对健康危险的认知不够、信任度不高，废水利用总是面临强大的阻力。提高公众意识，加强公众教育是克服社会、文化和用户障碍的主要手段。这种提高公众意识的活动需因地制宜，根据用户的文化和宗教背景进行调整。

我们需要就水资源再利用对健康的影响进行评估、管理、监控，并定期报告，以获得公众的认可，将废水再利用的效益最大化，将负面影响最小化。在饮用水（自来水再利用）方面，我们需要深入开展信息传播活动，使公众对系统建立信任，不再对此产生厌恶的情绪。

结语

未来世界对淡水的需求不断增加。然而，水资源是有限的，过度开采、污染、气候变化还会带来巨大挑战。当社会大力提倡循环经济时，不可以忽视改善废水管理带来的巨大机遇。

序言

WWAP｜Stefan Uhlenbrook、Angela Renata Cordeiro Ortigara 和 Richard Connor
参与编写者：Sara Marjani Zadeh（FAO）

水资源状况：可用水量和水质

在南苏丹博尔的一条河流里采集水样

序言从两个主要方面概述了当前世界水资源的状况，而且这两个因素与废水处理直接相关，即水的可用性和周边水质。经适当处理的废水可用来解决供水短缺问题，废水处理程度直接影响周边水质，间接影响可用水量。决定未来可用水量和水质的外部驱动因素，如人口增长和气候变化，也需特别关注。

全球废水的产生和处理

虽然关于废水产生、收集和处理的数据严重缺乏，但很显然，全球大部分废水既未被收集也未被处理。此外，废水收集本身也不是废水处理的代名词。在许多情况下，收集废水只是收集未经任何处理直接排入自然环境中的废水。农业径流几乎从未被收集或处理，因此这些类型的废水的相关指标实际上是不存在的。

根据联合国粮食及农业组织（FAO）的全球水资源及农业的信息系统（AQUASTAT）数据库，全球淡水取用量每年约 $3928km^3$，其中约 43.69%

（即每年 $1716km^3$）在农田灌溉时通过蒸发被消耗掉，剩下的 56.31%（即每年 $2212km^3$）以城市废水、工业污水和农业排水的形式流入自然环境（见图 0.1）。

一个国家的收入水平往往可以反映出该国的工业和城市废水处理程度。平均来说，高收入国家 70% 的工业和城市废水得到了处理，而处理率在中高收入国家和中低收入国家仅为 38% 和 28%。在低收入国家，仅 8% 的工业和城市废水得到了处理（Sato et al.，2013）。这使得贫困地区尤其是贫民窟人们的生活水平更加恶化。由于缺乏水与卫生服务，他们经常直接接触甚至饮用废水。

图 0.1 被抽取的淡水的最终用途：全球主要用水行业的耗水量和产生的废水量（2010 年前后）

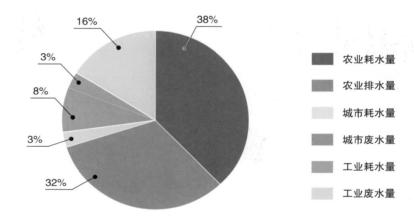

资料来源：AQUASTAT（日期不详a）、Mateo-Sagasta等（2015）和Shiklomanov（1999）。Sara Marjani Zadeh（联合国粮食及农业组织）制图。

由图 0.1 中数据得出的结论如今经常被引用，那就是全球约 80% 的废水未经处理就直接排放到自然环境中（WWAP，2012；UN-Water，2015a）。

当然，地区不同，废水处理率也会有重大差异。在欧洲，71% 的城市和工业废水得到了处理，而在拉丁美洲，该比例降到 20%。在中东和北非地区（MENA），约 51% 的城市和工业废水得到了处理。非洲国家废水管理能力普遍偏低，其中一大因素是它们没有足够的资金建设废水管理设施。撒哈拉沙漠以南非洲 48 个国家中，有 32 个缺乏有关废水产生和处理的可用数据（Sato et al.，2013）。

地处湿润地带的高收入国家和地区（如北美、北欧和日本）均制定了严格的废水排放、处理、使用或处置条例，而且公众对环境质量也有超强的保护意识。而地处干旱地区的高收入国家和地区（如北美部分地区、澳大利亚、中东和南欧）则情况有别，考虑到农业和其他行业间的用水矛盾日益加大，它们常常把处理过的废水用于农业灌溉。

随着下水道系统持续扩大，废水量也不断增加，现有的处理设施已无法满足当前的废水处理需求，而且有时会导致处理过的废水水质不达标。

即使废水经过收集和处理，但最终排放的废水的水质也可能会受到设施运行和维护不当以及暴风雨期间溢流的影响；如果出现后一种情况，废水通常会绕过处理厂。也就是说，大部分废水是未经处理（或处理不当）排放到水体中，影响了下游水质（及可用水量）。

全球可用水量——缺水现象逐年严重

水资源（地表水和地下水）的更新即蒸发、降水和径流的无限循环。水循环由全球气候驱动：气候变化影响降水量和蒸发量，降水量和蒸发量决定径流大小和可用水量（通过自然和人工蓄水调节）。过去几十年的观察结果和气候变化情景预测均表明，水循环动态在空间和时间上的变化日益加剧（IPCC，2013）。水资源供需之间的差距也逐渐拉大。

最新研究表明，全球 2/3 的人口目前居住的地区每年都将经历至少长达 1 个月的干旱（见图0.2）。值得注意的是，全球面临水资源短缺的人口中有 50% 居住在中国和印度。干旱时期的真实供水压力会被年平均可用水量掩盖，因此逐月评估缺水现象尤为必要。如图 0.2 所示，基于网格的评估可轻易地按国家整合，并可提供更多有关各国水量变化的信息。平均值容易产生误导，特别是在澳大利亚、巴西、智利、俄罗斯和美国等水资源量和用水量空间分布明显不均的国家。

| 图 0.2 | **1996—2005 年每年净取水量与可用水量比值超过 1.0 的月数** |

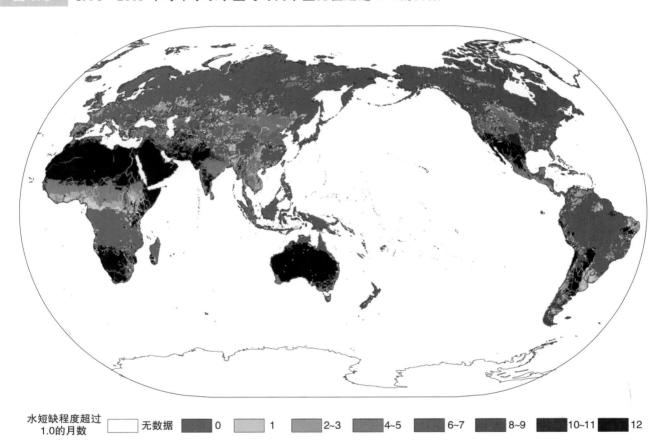

水短缺程度超过 1.0 的月数 ☐ 无数据 ▨ 0 ▨ 1 ▨ 2~3 ▨ 4~5 ▨ 6~7 ▨ 8~9 ▨ 10~11 ▨ 12

注　本图显示的是全球各季度月平均蓝水缺水程度（分辨率：30′×30′）。网格单元级的水短缺程度指网格单元内蓝水足迹与该网格单元产生的蓝水量和上游蓝水流入量之和的比值。图中数据统计时期：1996—2005年。

资料来源：Mekonnen和Hoekstra（2016年，第3页，图3）。中文版地图进行了重绘。

约 5 亿人口所在地区的水资源消耗量超过了当地可再生的水资源总量（Mekonnen et al.，2016），包括印度部分地区、中国、地中海地区、中东、中亚、撒哈拉沙漠以南非洲干旱地区、澳大利亚、南美洲中西部地区，以及北美洲中西部地区。不可再生资源（如化石地下水）不断减少的地区已经变得非常脆弱，且高度依赖从水资源富集的地区调水。

虽然洪水和干旱都是自然现象，构成了水循环时空变化的一部分，但由于气候变化和人类活动，全球许多河流流域发生洪水和干旱的频率和严重程度也随之发生了剧烈变化。土地利用变化（包括城市化）、河道渠化和其他人类活动会改变集水区的蓄水能力，影响洪峰径流、地下水补给和枯水径流。蓄水能力变化和产流将造成与水有关的灾难频发。洪水（Hirabayashi et al.，2013）和干旱（IPCC，2013）发生的频率极有可能随温度升高而变化。一系列预测（见图 0.3）结果显示，印度、东南亚和中东非等地区的洪水频率将大幅增加（图 0.3 中用蓝色表示，且发生百年一遇洪灾的频率也呈上升趋势），而其他地区的洪水频率预计会下降（图 0.3 中用黄色或红色表示）。

图 0.3　预测的洪水发生频率的变化

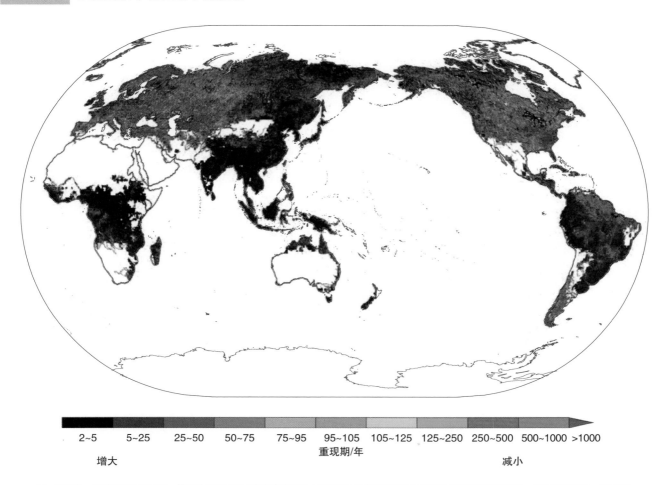

| 2~5 | 5~25 | 25~50 | 50~75 | 75~95 | 95~105 | 105~125 | 125~250 | 250~500 | 500~1000 | >1000 |

重现期/年

增大　　　　　　　　　　　　　　　　　　　　　　减小

注　以百年一遇的洪水为例说明。模拟的结果显示了未来情景RCP 8.5下11个全球环流模型（GCM）输出结果的中位数，并比较了2071—2100年和1971—2000年的差异。

资料来源：Hirabayashi 等（2013年，图1a）。中文版地图进行了重绘。本次转载已经麦克米伦出版公司《自然气候变化》期刊的许可，©2013年。

水太多（洪水）或太少（干旱）通常伴随的是水太脏，也就是说，在这两种极端情况下，水中污染物浓度较高，导致废水使用的必然性大为增加。

如果各地区不进一步采取行动来减少洪灾风险，到 21 世纪末，全球河流泛滥所造成的经济损失可能会增加 20 倍。除了气候变化，洪水多发区超过 70% 的洪水应归因于当地单纯追求经济增长（Winsemius et al.，2016）。经济合作与发展组织（OECD，2015）引用了 Winsemius 和 Ward（2015）基于模型设置的气候情景，结果表明：到 2080 年，洪水给城市地区带来的损失每年高达 0.7 万亿~1.8 万亿美元。

全球来看，干旱可能是气候变化造成的最大威胁；但具体到地区，如在沿海地区，海平面上升是最大威胁，在洪水或滑坡高发区，洪水或滑坡可能是最大威胁。从社会经济和环境的角度出发，干旱的危害极其显著：农业生产率下降，生态系统功能中断，食品价格上涨，不安全和饥荒引发大规模人口迁移。除去其他因素，叙利亚危机还是由2007—

2010 年的一场历史性干旱引发的。那段时间，冬季降水非常少（部分是由于气候变化），60％的农业用地无法耕种，即使拥有先进的知识和技术也无济于事。数千农民的生计因此受到影响，他们不得已从农村迁往城市，导致该地区对食品进口的依赖性增加，食品价格上涨，非正式居住区增多，失业率居高不下，社会动荡加剧。由于内战和其他原因，一场大规模的人口迁移开始了（Kelley et al.，2015）。增强旱灾抵御能力的措施多种多样，其中一项是视废水为可靠的水源，用于农业等多种领域。

预计未来几十年全球对水资源的需求将显著提高。农业消耗了全球超过 70％的取水，此外，工业和能源生产对水资源的需求也将大幅攀升（WWAP，2015）。改变消费模式和饮食习惯，如多吃肉等含水量较高的食物（1kg 牛肉需水 1.5 万 L），将会使缺水现象更加严重。因此，世界经济论坛（WEF）连续 5 年将水危机评估为全球重大风险之一也就不足为奇了。2016 年，水危机被确定为未来 10 年人类和世界各国最需要关注的全球风险（WEF，2016）。

周边水质❶

水资源的可用性与水质本质上相关。水资源预

图 0.4　非洲、亚洲和拉丁美洲地区河流中粪大肠菌群（FC）的浓度估值（2008 年 2 月至 2010 年）

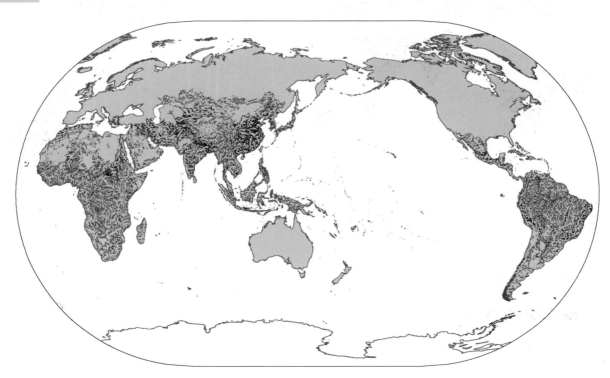

© CESR, University of Kassel, April 2016, Water GAP3.1

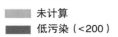

2008年2月至2010年粪大肠菌群浓度 x（每100mL 样品中含有的菌落总数）
对应表示的污染程度：

- 未计算
- 低污染（<200）
- 中度污染（200~1000）
- 严重污染（>1000）

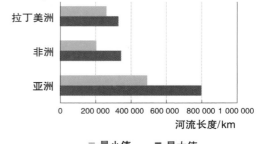

① "低污染"表示可以直接接触，"中度污染"表示适合灌溉，"严重污染"表示超出可用阈值。
② 柱状图显示了估算的2008—2010年间各地区受到严重污染的河流长度的月平均值的最大值和最小值。

资料来源：UNEP（2016，第20页，图3.3）。中文版地图进行了重绘。

❶　本部分内容主要根据《简况报告》（UNEP，2016）编写。该报告全面概述了当前的水质问题。

处理成本虽高，但如果缺少这一环，地表水和地下水受污染后会被限制其用途。预计未来 10 年内，水质将进一步恶化，特别是在干旱地区的资源贫乏国家，这还将进一步危及人类健康和环境，限制可持续经济发展（Veolia/IFPRI，2015）。随着人类居住区的扩张和工业生产率的提高，废水未经处理直接排放将造成物理、化学和生物污染，影响人类和环境的健康。

人类和动物排泄物中的粪大肠菌群（FC）可作为地表水中潜在病原体的测量指标。全球水质监测计划的早期调查结果显示，在非洲、亚洲和拉丁美洲地区，约 1/3 的河段受到病原体的严重污染

（见图 0.4），将数百万人的健康置于危险中（UNEP，2016）。尽管一些国家的卫生设施覆盖率有所提高，废水处理水平有所改善（UNICEF/WHO，2015），但是为了避免污染物的增加，这两方面需要同时进行。这就解释了为什么过去 20 年来非洲、亚洲和拉丁美洲河流内的粪大肠菌群急剧增长。

有机污染（以 BOD 测定）对内陆渔业、粮食安全和生计具有重大影响，尤其是靠淡水渔业谋生的贫困农村社区。在非洲、亚洲和拉丁美洲地区，约 1/7 的河段受到严重的有机污染（见图 0.5），而且连续几年不断恶化（见图 0.6）（UNEP，2016）。

图 0.5 非洲、亚洲和拉丁美洲地区河流中生化需氧量（**BOD**）的估值（**2008 年 2 月至 2010 年**）

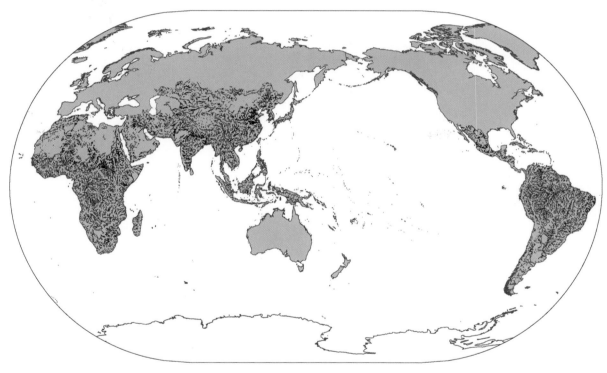

© CESR、University of Kassel, April 2016, Water GAP3.1

2008年2月至2010年BOD的估值 x（mg/L）对应表示的污染程度：

未计算　　　　中度污染（4~8）
低污染（<4）　　严重污染（>8）

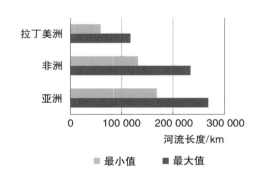

① 污染程度的划分以德国的水质标准为基础。
② 柱状图显示了估算的2008—2010年间各地区受到严重污染的河流长度的月平均值的最大值和最小值。

资料来源：UNEP（2016，第33页，图3.13）。中文版地图进行了重绘。

图 0.6　1990—1992 年和 2008—2010 年河流中 BOD 的变化趋势

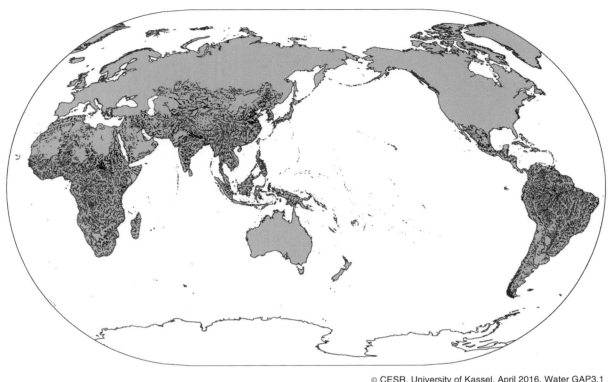

© CESR, University of Kassel, April 2016, Water GAP3.1

- 未计算
- 没有增长
- 增长
- 增长，需特别关注

注　标记为"增长，需特别关注"的河段在2008—2010年的污染程度已达到严重污染，或者这些河段在1990—1992年已达到严重污染，但在2008—2010年污染物浓度又有所上升。

资料来源：UNEP（2016，第34页，图3.15）。中文版地图进行了重绘。

全球超过 80% 的废水未经充分处理就排放到自然环境中。

集约化农业产生的废物中，残留的农药和动物粪便所含的营养物（氮、磷、钾）的释放会进一步加剧淡水和沿海海洋生态系统的富营养化，并增加地下水污染。拉丁美洲和非洲地区的多数湖泊都出现了人为原因造成的磷含量剧增的情况，加快了富营养化进程。

由于经济增长、工业发展、农业集约化和城市扩张，越来越多的废水未经适当处理即排放或不经处理即排放，导致全球地表水和地下水水质进一步恶化。水污染严重影响水的可利用量。因此，为缓解水资源短缺问题，我们需要妥善管理废水。

第一部分

基线和背景

第1章

WWAP | Richard Connor、Angela Renata Cordeiro Ortigara、Engin Koncagül 和 Stefan Uhlenbrook
参与编写者：Birguy M. Lamizana-Diallo（UNEP）、Sara Marjani Zadeh（FAO）、Manzoor Qadir
[联合国大学水资源、环境及健康研究所（UNU-INWEH）]

引　言

污水处理厂

引言简单介绍了本报告的结构框架，其中包括在更广泛的水资源管理背景下管理废水遇到的主要问题和挑战，以及废水作为极易被忽视却有价值的资源的重要性，特别是在缺水条件下。

废水是水循环的关键组成部分，从淡水抽取、处理、分配、使用、收集和处理后再利用到最终返回环境补充后续取水，整个水管理周期中废水都需要进行妥善管理（见图1.1）。然而多数情况下，人们往往忽视了水管理周期中水使用后的管理环节。

与供水问题相比，废水管理几乎从未得到任何经济和政治上的关注，尤其是在缺水的国家或地区。但本质上，废水管理和供水是息息相关的，忽视废水会对供水持续性、人类健康、经济和环境造成严重的不利影响。

图 1.1　水循环中的废水

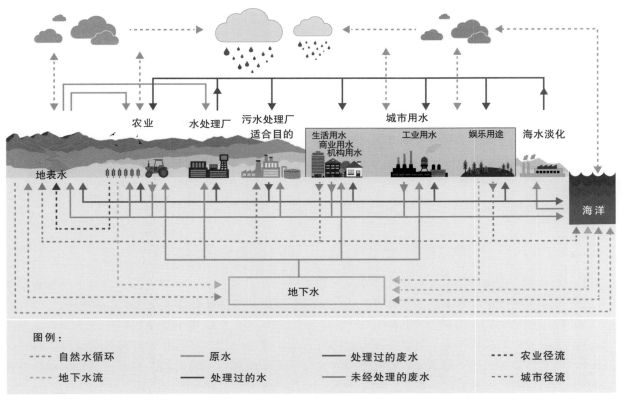

资料来源：WWAP。

人们总是低估废水的价值，视用过的水为负担，随手弃之，或厌恶它，选择视而不见。这种观念需要改变，人们应正视废水的价值：废水是水、能源、营养、有机物和其他有用副产品的可负担得起和可持续的潜在来源。改善废水管理，包括水和其他关键成分的回收和安全再利用，为发展提供了大量机会。尤其是在循环经济❶盛行的当下，经济发展应与资源保护和环境可持续性保持平衡，环保和可持续经济对水质具有积极的影响。

废水，又称"使用过的水"或"污水"，可以从多个层面进行定义。但就其本身而言，目前暂时没有一个被普遍接受的定义。例如，废水曾被定义为"已经使用过且含有溶解或悬浮废物的水"（US EPA，日期不详a）或"人为活动造成的影响水质的水"（Culp 和 Culp，1971，第 614 页）。废水也曾被视为等同于污水，但这一定义仅限于经下水道流走的使用过的水（来自家庭生活、工业生产或机

---

❶　定义见术语表。

构），而未将未收集的城市居住区和农业系统的地表径流考虑在内。然而，由于城市和农业径流被严重污染（且可能与其他废水流混合），因此它们也是废水管理周期的重要构成部分。

本报告采用了 Raschid-Sally 和 Jayakody（2008）提出的废水定义。该定义涵盖内容广泛且全面，联合国环境规划署（UNEP）的《病态之水》报告，以及联合国人类住区规划署（UN-Habitat）（Corcoran et al.，2010）和联合国水机制废水管理分析简报（UN-Water，2015a）都曾引用过该定义：

> 废水被认为是下列一种或多种的结合体：生活污水，如黑水（排泄物、尿液和粪便污泥）和灰水（洗涤水和洗澡水）；商业机构和组织（包括医院）产生的污水；工业污水、雨水和其他城市径流；以及农业径流、园林排水和水产养殖循环水。（Raschid-Sally et al.，2008，第1页）

其他几个相关术语同样难以界定。例如，"再利用""回收利用"和"再生"。在某些情况下，这3个词可作为同义词使用；但在其他情况下，每个词都有明确定义，只是定义方式不同。

本报告中使用的术语在定义上与2030年可持续发展议程（见第2章）和其他几项国际"标准"一致，详见术语表。但遗憾的是，这些术语并不能完全区分处理、部分处理或未处理的废水，而这在许多情况下又是必不可少的信息。在本报告中，我们尽力明确规定现有或要求的处理"等级"。但重要的是，我们要承认现有的关于多个术语的不同解释，并认识到我们需要进一步努力制定一套明确的定义，以确保与废水相关的监测和报告的一致性。而且这对于选择合适的指标也尤为重要［例如，参见《世界水发展报告2015》中专栏1.1"千年发展目标中'安全'与'改善'的涵义"（WWAP，2015，第15页）］。

历史上，人们常把废水和其他形式的废弃物排入地表水，给下游城市、乡镇和村庄的水体造成严重污染（见专栏1.1）。随着废水收集和处理系统（UNEP，2015a）的发展以及固体废物管理的改进，大多数发达国家自19世纪末20世纪初以来已减少甚至摒弃了上述做法，由此，公共卫生得到显著改善。但从全球来看，排放未经处理的废水仍然是人们的习惯做法，尤其是在发展中国家，这直接影响了人类健康（对妇女的危害更大）、环境和经济生产力（见表1.1）。

专栏 1.1　古代的废水系统：以古罗马为例

整个人类历史长河中，废水管理已经实施了数千年，并不断得到发展和完善。例如，伊特鲁里亚人开发了渠道系统用以收集不同的水流；之后，罗马人效仿并根据自身需求改进了这些技术。

公元前7世纪左右，塔克文·苏佩布（Targuinius Superbus）修建了罗马的第一条下水道。该下水道由一个露天管道系统构成，可将7座山丘山谷谷底沼泽地（当时是居住区）的污水排出，并将其输送到台伯河。排水系统不断演变，最终罗马人建成了复杂的由石头覆盖的下水道，类似于现代的排水沟。公厕粪便先进入主要排污系统，然后通过中心管道流入最近的河流或溪流。

罗马排污系统中最先进的当属马克西玛下水道，该下水道近乎全部埋在地下，是罗马最大的废水收集器。马克西玛下水道最初是一个露天的淡水运河，公元前2世纪和公元前1世纪左右，罗马人用凝灰岩在其周围建造了墙壁和拱顶，把它改造成了一个巨大的地下通道。

马克西玛下水道，又名罗马"最伟大的下水道"（名字直译而来），是水利工程和建筑领域的一大杰作。它是最令人震撼的古代卫生设施之一，为古罗马广场的建造提供了必要的排水设施，成为罗马卫生网络的核心系统，为罗马周围的山丘提供卫生服务。皮拉内西有一幅雕刻作品为污水管，1778年，罗马的废水正是通过此类污水管排入帕拉提诺桥附近的台伯河。

最终，台伯河受到严重污染，影响了罗马人饮用台伯河水以及使用台伯河水进行烹饪、洗涤等。城市下游的污水排放已经不足以保证上游适当的水质。更有甚者，由于排水系统排的是污水和城市径流（即"合流下水道系统"），如遇强降水，街头两侧的开口处经常出现回流，将罗马人置于未经处理的污水中。

为了将街道积存的雨水排入马克西玛下水道，罗马人建造了一种特殊的圆形排水沟，其外形似大面具，寓意河神吞水（著名的真理之口或许也源于此）。罗马排污系统的另一特色是使用公共厕所或租用夜壶需要缴费，开创了用户使用卫生服务设施需要支付费用的先河。

1889 年有关马克西玛下水道和其他一些下水道的研究记载，部分下水道修复后可接入"现代"排污系统并用于项目建设。时至今日，罗马仍从中受益。

资料来源：Ammerman（1990）、Bauer（1993）、Narducci（1889）、Lanciani（1890）和 Bianchi（2014）。Chiara Biscarini 和 Lucio Ubertini（联合国教科文组织国际水文计划意大利国家委员会）撰写。

表 1.1   未经处理的废水对人类健康、环境和生产活动的负面影响示例

影响的方面	示　例
健康	• 由于饮用水质量下降，疾病负担增加 • 由于洗澡水质量下降，疾病负担增加 • 由于食品不安全（被污染的鱼、蔬菜和其他经灌溉生产出的产品），疾病负担增加 • 在废水灌溉区工作或玩耍，增加疾病风险
环境	• 生物多样性下降 • 水生生态系统退化（如出现富营养化和死亡层） • 恶臭 • 休闲娱乐机会减少 • 温室气体排放增加 • 水温升高 • 毒素在生物体内累积
经济	• 降低工业生产率 • 降低农业生产率 • 如果不安全的废水用于灌溉，所收获作物的市场价值就会降低 • 减少水上娱乐活动（减少客流量，或降低游客付费游玩的积极性） • 减少鱼类和贝类捕捞量，或降低鱼类和贝类的市场价值 • 增加医疗保健经济负担 • 增加国际贸易壁垒（出口） • 增加水处理成本（用于人类饮用和其他用途） • 降低受污染水体附近房地产的价格

资料来源：UNEP（2015b，第 15 页，表 1）。

目前只有少量废水经过处理，处理后再利用的水更是少之又少。因此，各国和各地区还有很大的机会以可持续的方式再利用处理过的水，并回收废水中含有的有用的副产品。如加以适当控制，废水再利用也有助于减轻地表和地下淡水供应的负担，特别是在干旱和半干旱地区以及其他经常或长期被缺水困扰的地区。

1.1　废水水流

废水水流因其来源及含有的成分类型不同而不同，其成分取决于其来源。图 1.2 描绘了主要废水水流的整个周期，从其源头生成到最终命运。未被收集的废水（及其所有成分）最终都会终结在水生环境中。被收集但未经处理的废水的最终命运也是如此，在某些情况下，被收集但未经处理的废水占

比相当可观（参见图 4.4 和图 4.5）。废水处理可以分离废水中的水和其他成分，然后再利用或以其他方式进行处置。

废水管理周期

以循环方式控制和调节各种废水是改善废水管理的最终目标。废水管理周期主要分为以下 4 个阶段或步骤：

（1）避免或减少源头的污染，如污染负荷和产生的废水量。这包括禁止和控制特定会造成污染的物质的使用，通过管理、技术和其他手段，彻底消除或限制污染物进入废水；还包括减少产生的废水量（例如需求管理和提高用水效率）。

（2）清除废水水流中的污染物。通过一系列运行系统（包括收集废水的基础设施）和处理过程，

去除废水所含的各种成分（即污染物），使其能够安全使用或返回到水循环，把对环境的影响降到最低。废水处理类型和级别取决于污染物的性质、污染负荷和预期的污水最终用途。

（3）使用废水（即水再利用）。可控条件下安全使用经处理或未经处理的废水大有裨益。以往，处理过的废水主要用于灌溉。随着技术发展，现在处理过的废水如果质量达标已经可以用于其他用途。

（4）重获有用的副产品。废水的各种成分可直接被提取（例如热量、营养物、有机物和金属）或经由辅助转化过程提取（例如污泥沼气或微藻生物燃料）。废水中含有大量的有用物质，如氮和磷可以转化为肥料，这为节省成本的废水成分提取技术提供了机遇。

图 1.2　废水的流动

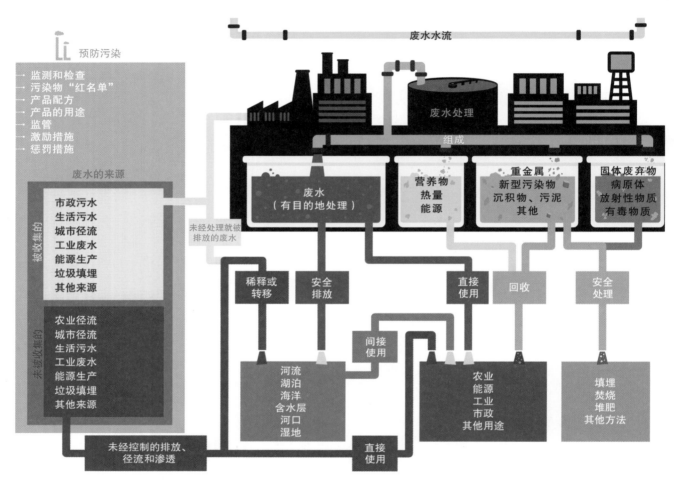

资料来源：WWAP。

废水管理周期的另一个作用是减轻废水对人类健康、经济和环境造成的负面影响。

考虑到改善废水管理的多重好处，其中几个过程可以被认为是经济高效的，有助于提高废水管理的价值，以及支持供水和卫生系统的进一步发展。

假设水质要求可以和用水地点相对应的话，建立根据水质从高到低逐级重复使用水的多用途系统比在流域内每个取水点进行水处理更加经济（UNEP, 2015c）。

1.2　视废水为资源：抓住机遇

实际上，废水管理目标不只是单纯地减少污染，也包括获取废水价值，其价值获取如果没有其他原因的话，作为补偿废水管理和增强系统经济可持续性的付费，它是一种附加手段。

然而，废水管理已经是几种不同资源的循环过程的重要组成部分，在循环经济中发挥核心作用。废水适当处理后可用于农业和发电，提高粮食安全和能源安全，同时有助于缓解水需求增加带来的供水压力。这将对淡水供应、人类和环境卫生、创收（生计）和减贫产生积极的影响。此外，水再利用还可以产生新的商机，推动绿色经济的发展。

水生生态系统（例如池塘、湿地和湖泊）如果以可持续的方式进行管理，可为加强废水管理提供额外的低成本解决方案。虽然生态系统服务中废水有计划地使用和功能市场是一个相对较新的概念，但经过评估，生态系统服务中经处理的废水对环境和经济具有有利的影响。

因简单方便和个人需求而随意使用未经处理的废水的事件时有发生，尤其是在没有适当的安全控制措施的情况下。直接使用某些类型的未经处理的废水相对容易实施，但是在某些情况下，开发处理系统用于回收某些特定人类活动产生的废水的成本过高。废水产生地点和时间与其最终用途之间也可能存在差异。因此，废水管理系统需要根据其特点（例如污染物的来源、组成和等级）以及废水的预期最终用途（包括任何有用的副产品）制定，因为这些因素将最终决定废水源是否合适和实用。

从经济上来说，不少人支持优化淡水利用效率、管理废水资源和消除（或至少减少）使用点的污染。由于运输成本较低，使用源头或源头附近的废水通常会提高收益。但现实是，当前只有极少量废水得到了处理，发展中国家更少，这说明如果有适当的激励措施和商业模式承担废水管理的巨额成本，水再利用和回收有用的副产品将展现出无穷潜力。最近的市场研究也显示，发展中国家正加大投资力度处理水和废水。据估计，世界各地公用事业的水基础设施和废水基础设施的年度资金支出分别为 1000 亿美元和 1040 亿美元（Heymann et al.，2010）。

由于废水管理按地方层级实施，因此响应措施和技术解决方案需要因地制宜（见第 3 章）。在这方面，废水管理［包括卫生和粪便污泥管理（FSM）］与水资源和固体废物管理可进一步整合。这就需要建立跨机构协作的治理结构和问责制，并遵守废水使用规定和可回收副产品的提取或使用规定。最重要的是，废水管理计划需要从源头"上游"开展，以补充终端"下游"解决方案。

用水压力持续紧张，这在某种程度上也推动了废水利用。人口增长、城市化、消费方式改变、气候变化、生物多样性丧失、经济增长和工业化等都会对水资源和废水造成影响，污染大气、土地和水。改进废水管理将有助于减轻其中一些压力的影响。

从资源的角度（见图 1.3）出发，可持续的废水管理要求：①制定可以预先减少污染负荷的支持性政策；②为优化资源利用率量身定制处理技术；③考虑到资源回收的好处。该视角采用了预防原则和污染者付费原则，促进了创新性财务机制的实施。各国政府有责任为公平的费率结构提供政策环境，确保现有基础设施的运行和维护，并为废水管理吸引新投资。

图 1.3　资源视角的废水管理框架

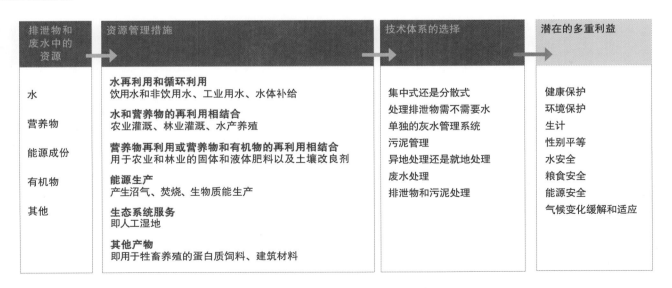

资料来源：Andersson 等（2016，第 27 页，图 3.1）。

第 2 章

WWAP｜Angela Renata Cordeiro Ortigara、Richard Connor
参与编写者：Birguy M. Lamizana-Diallo（UNEP）、Marianne Kjellén（UNDP）、Carlos Carrión-Crespo 和 María Teresa Gutiérrez（ILO）、Pay Drechsel［国际水管理研究所（IWMI）］、Manzoor Qadir（UNU-INWEH）、Kate Medlicott（WHO）、Shigenori Asai（日本水论坛）

废水和可持续发展议程

波兰华沙大学的屋顶花园

本章详述了 2030 年可持续发展议程背景下的废水管理情况，尤其是为促进协同增效和解决水目标与其他可持续发展目标（SDG）之间的潜在冲突所需的努力。

2.1　2030 年可持续发展议程

2015 年 9 月 25 日，193 个联合国会员国在大会上正式通过了"2030 年可持续发展议程"以及一系列发展目标，旨在消除贫困、保护环境、确保人人共享繁荣。2030 年可持续发展议程共包括 17 个可持续发展目标（见图 2.1），其中每个目标又包括未来 15 年内需要完成的具体目标（UNGA，2015a）。可持续发展目标是联合国会员国根据千年发展目标（MDGs，2000—2015 年）的进展和经验教训提出的一系列新的发展目标，各发展目标之间相互联系，不可分割。

图 2.1　可持续发展目标

资料来源：UN（日期不详）。

千年发展目标 7c 要求会员国到 2015 年将无法持续获得安全饮用水和基本卫生设施的人口比例减半。据报道，与饮用水有关的目标已提前 3 年完成（UNICEF/WHO，2012），而卫生目标尚未实现。事实上，自 1990 年以来，已有 21 亿人获得了改善的卫生设施，但还有 24 亿人得不到改善的卫生设施，将近 10 亿人仍然随地便溺（UNICEF/WHO，2015）。

千年发展目标的经验表明，水资源管理不仅是供水和卫生问题，还需要一个更广泛、更详细和更具体的发展目标。因此，2030 年议程的可持续发展目标 6 提出通过广泛、包容和综合的方式改进水资源管理。该目标特别强调饮用水、环境卫生和个人卫生，水质和废水，水资源利用效率和水资源短缺，水资源综合管理，保护生态系统，国际合作和能力建设，以及利益相关方参与（见表 2.1）。

可持续发展目标将用一套全球指标来监测和审

查其进展，但这也取决于各国的国家级废水处理和水质目标（UNGA，2015a）。

2030 年议程进展将依据 SMART 原则来衡量，即该任务的明确性、可衡量性、可实现性、相关性和时限性。为制定和实施指标框架以监测 2030 年议程可持续发展目标和具体目标在各国的进展，联合国专门成立了跨机构的 SDG 专家组（IAEG-SDG）。会员国也可根据实际情况制定各自的国家和地区指标，以补充联合国大会上拟定并获得批准的全球指标。

由于可持续发展目标 6.3 与废水管理最为密切相关（UN-Water，2016a），因此为跟踪可持续发展目标 6.3 的进展，联合国会员国提出了 2 个全球性指标，即：

6.3.1　安全处理过的废水的比例：就家庭生活（污水和粪便沉淀物）和经济活动（如工业）造成的废水而言，安全处理过的废水量占废水总量的比例。

6.3.2　环境水质良好的水体的比例：一个国家内环境水质良好的水体（水域）占该国家所有水体的比例。根据环境水质核心指标，"良好"指该环境水质不会破坏生态系统功能，也不会影响人体健康。

按照可持续发展目标 6.3 的要求，改善废水管理和提高水资源再利用将有助于过渡至循环经济。

监测可持续发展目标 6.3 的各项指标面临的一大挑战是国际社会，尤其是发展中国家，普遍缺乏水质和废水管理方面的数据。可靠的数据无论是对公还是对私都能产生显著的社会、经济和环境效益，因为它们可以扩大宣传，促进政治承诺和投资，并为各级决策提供信息（UN-Water，2016a）。

为了实现可持续发展目标 6.3，各会员国应加大对新基础设施（灰色或绿色，视当地情况适当组合）和适用技术的投资力度，改善废水处理和利用。此外，各会员国还需投资升级目前的基础设施，运

表 2.1   可持续发展目标 6 和各项指标

可持续发展目标 6 为所有人提供水和环境卫生并对其进行可持续管理	
目　标	指　标
6.1　到 2030 年，人人普遍和公平获得安全和负担得起的饮用水	6.1.1　获得安全管理饮用水服务的人口比例
6.2　到 2030 年，人人享有适当和公平的环境卫生和个人卫生，杜绝露天排便，特别注意满足妇女、女童和弱势群体在此方面的需求	6.2.1　享有安全管理卫生服务（包括提供肥皂和水的洗手设施）的人口比例
6.3　到 2030 年，通过以下方式改善水质：减少污染，消除倾倒废物现象，把危险化学品和材料的排放减少到最低限度，将未经处理废水比例减半，大幅增加全球废物回收和安全再利用	6.3.1　安全处理过的废水的比例 6.3.2　环境水质良好的水体的比例
6.4　到 2030 年，所有行业大幅提高用水效率，确保可持续取用和供应淡水，以解决缺水问题，大幅减少缺水人数	6.4.1　随着时间推移用水效率的变化 6.4.2　用水紧张：淡水取用量占可用淡水资源的比例
6.5　到 2030 年，在各级进行水资源综合管理，包括酌情开展跨境合作	6.5.1　水资源综合管理实施的等级（0～100） 6.5.2　水资源合作运行管理的跨界流域的比例
6.6　到 2020 年，保护和恢复与水有关的生态系统，包括山地、森林、湿地、河流、地下含水层和湖泊	6.6.1　随着时间推移与水相关的生态系统的程度变化
6a　到 2030 年，扩大向发展中国家提供的国际合作和能力建设支持，帮助它们开展与水和卫生有关的活动和方案，包括雨水采集、海水淡化、提高用水效率、废水处理、水回收和再利用技术	6.a.1　与水和卫生相关的政府开发援助金额，这也是政府协调支出计划的一部分
6b　支持和加强地方社区参与改进水和环境卫生管理	6.b.1　具有既定运行政策和程序且参与水资源和卫生管理的当地行政单位的比例

指标来源：UN-Water（2016a）。
资料来源：UNGA（2015a）。

营和维护现有和新的基础设施，提升水资源管理能力，监测和控制水和废水的质量（UN-Water，2015a）。由于当前废水处理水平整体存在差异，实现

可持续发展目标 6.3 给中低收入国家造成的经济负担远远高于中高收入国家（见图 2.2），使其在经济上处于劣势（Sato et al.，2013）。

图 2.2   收入水平不同的国家中，2015 年未经处理废水的比例（基线）和 2030 年未经处理废水的比例（愿景，相比 2015 年水平下降了 50%）

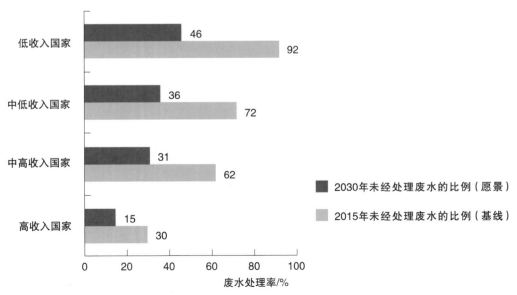

资料来源：根据 Sato 等（2013）的数据。

2.2 潜在的协同作用和冲突

实现 2030 年可持续发展议程需要各会员国共同管理可持续发展目标 6 与其他可持续发展目标之间的潜在冲突和协同作用。各会员国应仔细分析实现可持续发展目标和具体目标的条件，或许会发现实现一个目标有助于实现另一个目标。反之，实现一个目标也可能会妨碍另一个目标的实现，这就需要各国权衡利弊，找到可接受的解决方案（UN-Water，2016b）。

2.2.1 潜在的协同作用

可持续发展目标 6 的完全实现并不是各具体目标单独实现后的整体累加。例如："为了支持良好的环境水质（6.3）和保证健康的水相关生态系统（6.6），增加卫生设施（6.2）必须与改善废水处理

（6.3）相协调。同样，良好的环境水质（6.3）大大提高了安全饮用水的供应量（6.1），而安全饮用水必须以可持续的方式提供（6.4），且不影响与水有关的生态系统（6.6）。提高回收利用和安全再利用（6.3）及用水效率（6.4）可增加饮用水（6.1）及其他用途的水（6.4）的供应量，也可减少对与水有关的生态系统的影响（6.6）。水资源的可持续供给和使用（6.4）、良好的环境水质（6.3）和健康的水相关生态系统（6.6）是相互依赖的。"（UN-Water，2016b）

可持续发展目标 6.3 是实现其他可持续发展目标和实现消除贫困这一首要目标的先决条件（见专栏 2.1）。适当的废水收集和处理有助于保护河流流域的水质及其提供的商品和服务，减少与水相关的患病人数（可持续发展目标 3.3 和 3.9），提高健康和经济效益，减轻贫困（可持续发展目标 1.1 和 1.2）。

专栏 2.1　贫困、废水管理和可持续发展——多重联系

根据 2030 年可持续发展议程（UNGA，2015a），消除贫困是全球面临的最大挑战。贫困是多层面的，包括资源匮乏（如身体虚弱和营养不良）、得不到服务、缺乏教育，以及粗暴和屈辱造成的心理创伤（Narayan et al.，2000；UNDP，2010）。居住在世界最贫穷地区的人们最容易受到与环境相关的健康问题的困扰（WHO，2016a）。

腹泻通常与不安全的饮用水、环境卫生和个人卫生相关（Prüss-Üstün et al.，2014）。低收入国家贫困社区获得改善水源和卫生设施的人数显著偏低（UNICEF/WHO，2015；UNICEF/WHO，2014）。

儿童首当其冲地面临卫生条件差和废水管理水平低下造成的健康问题。通过手部卫生、环境卫生和供水不足风险的降低，2012 年大概有 36.1 万名 5 岁以下儿童免于死亡（Prüss-Üstün et al.，2014）。每日的水收集工作主要由女孩和妇女承担（UNICEF/WHO，2011）。贫困条件下，家庭责任更加繁重，而这种维护家人健康的重担则大量落在妇女身上。

最弱势群体和最贫穷社会成员从改善卫生和废水管理中获益最多。因此，对社会和经济发展而言，加大对农村和城市卫生设施以及废水收集和处理的投资收益巨大。在卫生服务方面每投资 1 美元，社会可以得到 5.5 美元的收益（Hutton et al.，2004）。回收营养物质或提取能源不仅可以解决废水问题，还可以为创收带来新的机会，扩大贫困家庭的资源基础（Winblad et al.，2004）。以堆肥厕所为例，其成本低但潜力大，可用于提高农业生产力、增加营养，减少露天排便对健康和环境的影响（Kvarnström et al.，2014）。

资料来源：Marianne Kjellén（UNDP）和 Johanna Sjödin（斯德哥尔摩国际水研究所、联合国开发计划署水治理中心）。

水相关疾病和营养不良患者无法正常工作和上学，加重了贫困循环（UNDP，2006）。特别是在发展中国家，投资水和废水管理将打破不安全的水和腹泻等疾病之间的联系，从而获得高额收益。长期腹泻加剧了儿童的身体不适和营养不良，营养吸

收不足和食欲不振又常常导致儿童发育迟缓（UNICEF/WHO，2009）。因此，改善卫生条件和废水管理有助于增强儿童营养吸收（可持续发展目标 2.2），减少儿童可预防性死亡（可持续发展目标 3.2），提高儿童在学校的出勤率和表现（可持续发

展目标 4.7)。

疾病负担降低后，妇女照顾生病的家庭成员的时间也随之减少，这样便有更多的时间参与正式经济 (可持续发展目标 8) 和社会政治决策。妇女通常是家庭中主要的看护人员，负责所有成员的供水问题，同时还负责农业中灰水或废水的管理及使用；因此，改善卫生条件和废水管理对她们也大有益处 (见专栏 2.2)。具有包容性和对性别敏感的水管理政策也有助于实现两性平等 (可持续发展目标 5)。

专栏 2.2　性别角色和废水的安全使用介绍

在废水处理不足和用废水进行灌溉普遍存在的情况下，正如世界卫生组织 (WHO, 2006a) 所描述的和 Amoah 等 (2011) 所阐明的，可以在食物链 (从农场到餐桌) 的关键控制点采取安全措施。从农场转向批发和零售的环节中，对性别角色必须多加关注 (Drechsel et al.，2013)。在风险意识低且不容易培养良好习惯的地方，如何最佳地激励和触发行为变化以及鼓励采用性别敏感的风险缓解措施显得尤为重要 (Drechsel et al.，2013)。在许多国家，妇女不仅承担卫生和健康的主要责任，还负责灰水或废水的使用，如约旦 (Boufaroua et al.，2013)、突尼斯 (Mahjoub，2013) 和越南 (Knudsen et al.，2008)。这种联系为创新培训方法创造了巨大的潜力，有助于提高社区对废水安全使用的接受度 (Boufaroua et al.，2013)。

资料来源：Carlos Carrión-Crespo 和 María Teresa Gutiérrez (ILO)。

废水处理的改进和水资源再利用程度的提高 (可持续发展目标 6.3)，可以减少生产和经济活动中水资源的开采量和资源的流失，支持向循环经济转型。交易废水副产品，如能源、水和有用物质，可以提高企业的环境绩效和竞争能力。这些交易通常是互惠互利的，反过来也可以降低企业的生产成本、耗水量和废水处理成本 (可持续发展目标 8.2 和 8.4)。

建立适应气候的废水基础设施网络可以减少灾害造成的直接经济损失 (可持续发展目标 11.5)，同时提高人类住区在遭受自然灾害 (如洪水和干旱) 后的恢复能力 (可持续发展目标 13.1)。改善

废水管理也能大大地减少温室气体排放 (可持续发展目标 13.2)。在规划和开发新的定居点和水资源项目 (可持续发展目标 11.6) 时，废水可以视作可靠的水源。

可持续发展目标 6.3 的实现也有助于减少陆地和海洋生态系统面临的陆源污染 (可持续发展目标 14 和 15)。

2.2.2　潜在的冲突

如果可持续发展目标 6.3 与其他可持续发展目标之间不是互利关系，平衡相关冲突的需求和权衡利弊则很重要。

消除饥饿、增加粮食供应 (可持续发展目标 2.1) 及实现小规模粮食生产者的生产力和收入翻番 (可持续发展目标 2.3)，对于消除贫困 (可持续发展目标 1) 至关重要。实现可持续发展目标 2，意味着提高农业生产力。农业生产力的提高可能会导致用水需求加大和除草剂、农药及化肥使用率提高；但是，如果这些资源管理不当，水的质量和数量都会随之下降。减少食物垃圾的同时也需要在农业生产中采用最佳的做法 (见专栏 2.3)。

专栏 2.3　食物浪费造成的水损失

农业是全球用水量最高的行业。有些食物 (如蔬菜) 的含水量非常高 (在某些情况下，含水量高于 90%)。例如，欧洲的食品制造业，平均每人每天消耗约 $5m^3$ 的水 (Förster，2014)。全球每年浪费的食物多达 13 亿 t (WWF，2015)，由此损失的水资源达到 $250km^3$ (FAO，2013a)。浪费食物指丢弃供人类消费但因变质、过期或由于其他原因而不想要的食物 (FAO，2015)。被浪费的食物还包括没有收获的农作物 (例如，因为市场价格低)。全球被浪费的食物中，肉类和谷物尤为突出，分别占 21.7% 和 13.4% (Lipinski et al.，2013)。

资料来源：University of Kassel。

改善正式和非正式居住点的饮用水覆盖率 (可持续发展目标 11) 对于人类享有水和卫生设施的权利而言至关重要。这需要加强废水收集和处理，以避免对水质、人类健康和环境产生不利影响。

如果就污染和废水未经处理排放而言，促进经济增长 (可持续发展目标 8) 和发展小规模产业

(可持续发展目标 9.3) 与实现可持续发展目标 6.3 之间也存在潜在的冲突。促进经济发展或使发展中国家小规模产业享有完善的金融服务需要各国遵守环境卫生和安全法规，为此我们需要创建一个有利的环境，要求小规模产业在获取金融服务的同时遵守环境规则。

最后，减少国家内部和国家之间的不平等（可持续发展目标 10.1），意味着我们要确保所有人都能获得足够的废水管理服务。这也是实现可持续发展和确保子孙后代享有足够优质水的关键所在。

第 3 章

UNDP | Marianne Kjellén、Johanna Sjödin
英国邓迪大学水法、政策和科学中心（受联合国教科文组织支持）| Sarah Hendry
参与编写者：Erik Brockwell、Anna Forslund［斯德哥尔摩国际水研究所（SIWI）］, Florian Thevenon、Lenka Kruckova（WaterLex）, Nataliya Nikforova（UNECE）

治　　理

乌干达可持续发展区域会议

本章从多个角度描述了废水管理的治理框架，包括多个执行者及其不同的作用、法律和监管手段、经济挑战和融资机会，以及社会和文化层面的问题。

废水管理面临诸多挑战。如果废水未经处理直接排放，即使在地理上或时间上与污染源相隔甚远的群体也可能会受到影响。出于这个原因或其他原因，社会必须集体行动，促进人类健康，保护水资源免受污染。相关治理挑战涉及法律、制度、财政、经济和文化等层面。

本章深入探究了政策制定流程、法规和融资，以及制度遵从和政策实施时遇到的相关社会文化挑战。

3.1 执行者及其作用

为实现水质改善和水资源保护目标，个人和组织必须服从集体利益并按集体利益行事。政策意图或废水管理目标应转化为法律和法规，并把责任分配给不同的执行者。政策成果在很大程度上取决于社会各级如何在合理的成本范围内履行其职责。表3.1概述了与废水管理有关的治理功能。从政策制定、立法到研究和能力开发，该表概述了政策实施过程中典型的主要和次要角色以及必要的跨领域协作。大多数角色与废水管理集中解决方案有关，其中可替代的、当地性的卫生和排水服务可能需要额外的执行者。另外，低收入地区或偏远地区可能缺乏负责任或有能力的执行者来引导政策的制定和实施，这就需要政策制定者的特别支持和关注。无论何处，法规必须建立，执法资源必须充足。克服水质法规实施过程中的实际困难，对于公共部门极具挑战性，即使在高度发达国家也不例外。

跨部门协调合作在废水管理和其他领域都是一大挑战。目前在水和土地管理领域有几种综合的、跨部门的方法（上游—下游动态、城市水资源等），有助于克服"筒仓"思想；如果没有这些方法，执行者可能会各自追求狭隘的或相互冲突的利益（UNDESA，2004；GWP，2013）。另外一项特别的挑战是如何协调需要多种技术或设施覆盖不全的系统，但该挑战可以通过确保下水道延伸到服务区域的所有地方，或通过现场整合各种实际解决方案（例如，把由运输车辆提供的粪便污泥管理或由家庭管理的公厕

集成到一个前后统一的运行系统）来解决。

公私合作提供废水服务促使人们重新审视现有法规，该现象在 20 世纪 90 年代尤为突出。为了与当地的私人公司或国际公司签订合同，要求其接管之前由政府部门或半国营机构提供的服务，许多国家制定了新的许可方式和监督运行方式（Finger et al.，2002）。人们越来越认识到，改善监管和监督对私人服务提供者和公共服务提供者都是必需的（Kjellén，2006；Gerlach et al.，2010）。

运行规模存在重大差异。高收入国家主要以大型基础设施为主，这得益于其规模经济；但另一方面，大型基础设施需要超强的集中管理和技术能力。在低收入国家，大规模集中系统往往避开了非正式或低收入居住区。权力下放也是一种策略，不仅可以解决集中系统的不均衡的服务覆盖，还可以帮助社区应对不完整的服务覆盖（见第 15 章）。

世界上约 2/3 的人口获得了改善的卫生设施（UNICEF/WHO，2015）。下水道接入大型集中系统在高收入国家、中国城市地区以及拉丁美洲中等收入国家最常见（Kjellén et al.，2012）。大多数人仍依赖分散或自助服务，有时会得到非政府组织的支持，但通常情况下，中央政府不会提供任何援助（见图 5.1❶）。可持续发展目标 6（见第 2 章）提出到 2030 年人人享有适当的和公平的环境卫生和个人卫生（UNGA，2015a），承认各地的水处理系统不可能完全一样。

替代性系统的规划、建设、融资和运行，应当引导居民参与，这有利于提高当地的领导能力、创业能力和促进实用工程建设。业主可采取适当行动，且也有责任减少径流量和影响，但管理排水问题对地方来说确实不易。一般情况下，市政机构或公共工程部门主要负责城市径流。但是，为了避免污染、乱扔垃圾和倾倒废物，所有居民和企业的合作也至关重要——这需要结合宣传、激励和监管。巴基斯坦卡拉奇的奥兰吉试点项目就是一个典型的例子：在慈善家的帮助下，该社区设法建造了一个由当地社区支付的且能够负担得起的共管式公寓

---

❶ 译者注：英文原版书中标注为"see Figure 5.1"，疑似有误。

表 3.1

废水治理的执行者及其角色和功能

功能 \ 执行者	立法者/政治家/政策制定者	监管者（环境、健康、经济）	系统所有者（城市部门、流域管理机构）	操作者/服务提供者	学术界、政策研究所/智库	生产者（消费者）（农业、工业和家庭）	民间团体、非政府组织
制定法律	通过包容性协商过程制定并正式通过法律	分享其对治理所能发挥作用的期待	分享其对治理所能发挥作用的期待	分享其对治理所能发挥作用的期待	为制定法律提供信息	通过参与活动分享其对治理所能发挥作用的期待	分享民间团体对治理过程的意见，为制定法律提供信息
制定政策	通过包容性协商过程制定并采取政策来实施法律	分享有关当前情况和政策偏好的信息	分享有关当前情况和政策偏好的信息	分享有关当前情况和政策偏好的信息	为制定政策实依据的信息	分享有关当前情况和政策偏好的信息	分享有关当前情况和政策偏好的信息
规划、协调和预算	确定规划、协调和预算的模式	通过对相关工作的建设性参与来分享其偏好	牵头协商；确定提供服务的标准；分配预算	通过建设性的参与活动分享其偏好	通过建设性的参与活动分享其偏好	通过建设性的参与活动分享其偏好	通过建设性活动分享其偏好
提供废水管理资金	决定补贴和融资的方式	调控费用和服务质量	制定战略性财务规划、决定收费标准	收集有关投资需求和供应成本的信息	可以提供信息和建议	支付费用，提供有关支付意愿和支付能力的信息	监督财务同责；增强服务成本的意识
废水基础设施开发、废水服务提供和废水设施运行	指导制定基础设施建设和运行标准和规范	调控费用和服务质量（包括对污染防治措施的遵守等）	协调空间规划、选址和分区决策，根据服务和产品类型，准备招标	建设、维护、运行、计费、征税、客户关系	监控流程、充当诚信公约（反腐工具）的社区见证人	参与讨论选址、分区，可接受性等	监控流程、充当诚信公约（反腐工具）的社会见证人
监督和执行法规	确定监管框架	监管框架的落实（包括从服务者和许可证从业者处收集信息，进行检查等）	上报可疑行为	按要求提供信息	开展长期研究、分析进程	按要求提供信息	向执法机构上报可疑行为
补救机制（包括司法机构）	确定补救机制的主管部门	责任方或参与诉讼的一方	责任方或参与诉讼的一方	责任方或参与诉讼的一方	专家（法庭之友）	责任方或参与诉讼的一方	参与诉讼的一方和/或专家（法庭之友）
法律依从和污染防治	制定对预防措施进行奖励、对污染行为进行惩罚的制度	实施激励措施（包括对污染预防用水效率开展监测和宣传）	支持相关行动的实施	遵守法规和组织	支持相关行动的实施	使用清洁生产和新技术、纠正废物处理措施；改善农业生产	宣传预防污染和提高用水水平
宣传和沟通	确立政策目标，保护开展沟通的空间	宣传预防污染和提高用水效率	提高公众意识，向公众提供信息，要求行为符合规定	宣传预防污染和提高用水效率	开展长期研究、分析进程；提高意识	与合作伙伴和普通受众就政策信息开展对话	增强意识
能力开发	制定各部门政策和能力建设	监测相关能力建设的开展，激励能力建设	支持能力建设	废水管理技能发展和专业化提供服务	提供培训和教育		
研究和创新	重视对研究的需求，支持研究和开发（R&D）	重视研究和开发研究	重视研究需求，引导研究和开发	参与研究和开发、测试新技术	研究污染物、污染负荷、生态功能、系统相互作用、人类行为	参与研究和开发，参与新技术的测试	重视研究需求，参与研究

注：底纹与责任的轻重有关：颜色最深，表示起领导作用；颜色最浅，表示参与度最低。

资料来源：作者和参与编写者。

排污系统（Hasan，1988）。

3.2 政策、法律和法规

全球废水政策框架是在全球水资源、环境与发展政策工具以及环境原则（如预防原则、污染者付费原则）（UNCED，1992）的基础上建立的，包括2030年可持续发展议程（UNGA，2015a）。享有水和卫生设施的基本权利（UNGA，2010；UNGA，

2015b）得到全球认可会对废水政策产生影响，这将呼吁各国制定政策，提高卫生设施覆盖率和保护水资源免受污染（UNGA，2014）。

地方机构和国家政府制定的关于水资源管理、提供用水服务以及废水和固体废物管理的政策均体现了这些全球议程。政策制定者设定目标，接受一般性原则或与这些原则相关联，这可以被纳入综合性法律和具体的法规中（见图3.1）。

图 3.1 制定政策和实施政策的体制层次

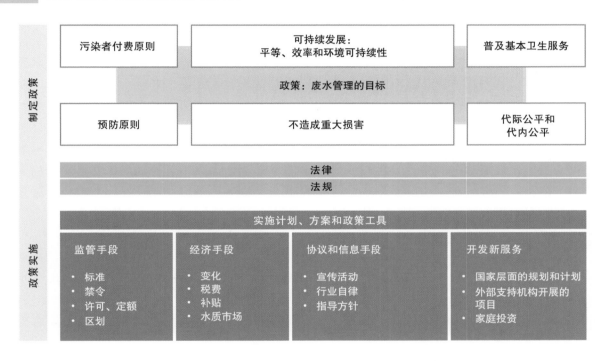

资料来源：作者编写内容，Johanna Sjödin设计。

3.2.1 法律框架

像上述政策一样，适用法律也需要由不同层级来执行。

当废水（例如污水或农业径流）流入国际河流和国际湖泊或国际含水层时，国际义务就变得举足轻重。目前，全球有两大主要用于解决跨界淡水问题的条约：

（1）《联合国国际水道非航行使用法公约》（UN，1997；2014年生效）要求各国采取一切适当措施防止对共享国际水道的其他国家造成"重大损害"（第7条），并要求各国合作保护国际水道（第8条）。许多区域性公约也仿效国际习惯法采用这些原则。

（2）《跨界水道和国际湖泊保护和利用公约》

（以下简称《水公约》）由联合国欧洲经济委员会作为区域性文书制定（UNECE，1992）。《水公约》于1996年生效，自2013年以来一直向全球各地的联合国会员国开放。《水公约》详述了跨界影响、可持续性、预防原则和污染者付费原则（第2条），以及控制污染物排放和废水排放事先取得许可的义务。

这两个公约为制定区域性及双边条约和协议提供了法律框架。国际环境法适用于包括危险废弃物在内的固体废弃物管理和空气污染管理。所有这些物质都可能影响水质，即使水源有时远离排放点。

就区域一级而言，《欧盟水框架指令》（2000/60/EC）（EU，2000）适用于包括废水在内的水质管理。《废弃物框架指令》采用"3R"原则（减少使用量、再利用和再循环）、预防原则和污染者付费原则（2008/98/EC）（EU，2008）。固体弃废物

立法与不需要水的卫生设施和污泥管理高度相关。《水公约》中关于水与卫生的议定书（UNECE/WHO，1999；2005年生效）要求缔约方制定涵盖整个水循环（包括卫生方面）的国家和地方目标。通过改善水资源管理，保护水生态系统；通过预防、控制和减少与水有关的疾病，维护人类健康和福祉。其他区域性水资源条约，如南部非洲发展共同体（SADC）于1995年签订并于2000年修订的《非洲南部地区共享水道议定书》（SADC，2000）和《关于湄公河流域可持续发展的合作协定》（MRC，1995），也体现了联合国的水道公约（UN，1997）和国际习惯法的一般规定，如不造成损害和对计划采取的措施要事先发出通知等规定，但未规定跨境废水管理的细节。

大多数污染控制法由国家或地方制定和执行。但是，在跨界流域，一国排放的废水很可能会对下游另一个国家产生影响。

国际和区域框架可以帮助各国管理诸如此类的跨境影响。专栏3.1举例说明了区域、国家和地方各级如何采取行动共同管理水和废水。

专栏3.1 共同保护多瑙河和黑海水质的国际制度框架

多瑙河是欧洲第二长河，流经19个国家后注入黑海。历史上，保护多瑙河国际委员会*负责多瑙河流域的航运事宜。多瑙河、黑海地区的合作就是不同国家的执行者在跨界、区域和国家法律框架内共同实现多个目标的典型例子。

保护多瑙河国际委员会，作为总体管理小组，制定了参与战略，要求利益相关方共同参与。资金主要通过全球环境基金（GEF）的国际水域项目获得，其中包括与参与国和国际委员会合作确定并实施的近500个项目的投资组合，相当于50多亿美元的治污减排投资（Hudson，2012）。

污水缺乏处理也是该投资项目的重要推动力。2010年，布达佩斯中央废水处理厂作为"多瑙河生活"项目的一部分开始运行。通过该处理厂，布达佩斯95%的废水在回到环境之前可以被有效处理，其中所含的营养物和能源被回收。

* 欲了解更多信息，请访问 www.icpdr.org/main/danube-basin。

3.2.2 管理

就环境保护而言，管理通常指使用许可证和执照、采用排放或废水质量标准，或按土地利用进行分区（Sterner，2003）。管理还包括根据要求设定不同用途下废水处理和再利用的标准，以支持收集系统和处理设施的建立。"经济"管理用于城市服务，包括提供饮用水和城市废水管理。经济管理应确保技术和服务标准得到满足，费率和投资金额足以支付服务成本，并为未来投资提供合理的回报率（Groom et al.，2006）。解决方案也需要根据特定的背景制定，并反映出发展阶段的不同。控制或禁止使用某些物质也可以防止其进入废水水流中（见专栏4.2和5.4.1小节）。

相关的法规可以通过指定"二级处理"或使用"最佳可行技术"（可进一步定义）来明确废水处理程度或过程。法规还可以通过制定排放标准来控制污水水质。如果下游受纳水体需要满足相关的环境标准，这些标准可以用来应对未来的发展趋势和累积效应。

如果一个国家对废水鲜有规定或根本没有规定，而且该国资源有限，世界卫生组织则建议只衡量少量与水质相关性最高的关键参数，而不是采用无法执行的更广泛的标准（Helmer et al.，1997）。为了控制对下游的影响，该国可以发布含更多参数在内的指导方针。

大型集中式系统受益于规模经济，但需要时间来开发，且难以适应不同的社会经济环境（见第12章）。在低收入国家，政策意图和监管指令规定的做法通常与实际做法有很大差异（Ekane et al.，2012，2014）。

全球非正式的城市居住区同样面临着特别的挑战。废水相关服务（例如深坑排空和污泥清除公司）由非正式的私营机构提供，相关政府机构未给予适当控制或任何支持。如果粪便污泥不能得到妥善收集、运输或循环利用，将对人体健康产生重大影响。

工业废水可以就地进行处理，并立即被回收利用，或排入市政废水水流中（见第6章）。

水能否再被利用取决于水源和预期的用途。在澳大利亚，有几个州已经制定了废水使用目标，联邦政府也对水的再利用提供了广泛的指导（NRMMC/EPHC/NHMRC，2009）。另外一些国家也已就废水再利用（包括直接饮用）制定了监管框架（ATSE, 2013）。

如果回收废水是为了饮用，安全预防措施则尤为重要。这需要连续使用水质保护技术、先进控制系统，进行多重过滤，尤其要做好水质记录，经过这些系统处理后，水质普遍高于其他（未净化的）水源的水质。尽管如此，为建立对该系统的信任，还需要开展广泛的宣传活动和公众的参与（见第 16 章）。

未经处理的废水经常用于农业灌溉和水产养殖（见第 7 章和第 16 章）。

尽管黑水中含有许多有价值的营养物，但若使用不当也会对工人和食品消费者造成危害（WHO, 2006a）。

3.3 融资

废水管理成本高，且易受到集体行动问题的困扰；废水管理会造福公众和子孙后代，而不单是投资改善废水处理或减少污染的人受益。另外，只有当所有人（或足够数量的执行者）都遵守规则，确保水资源不被污染，才可能获得真正的收益。卫生和废水管理比饮用水供应更复杂，成本更高（Jackson, 1996; Hophmayer-Tokich, 2006）。

经济手段可用于刺激预防污染，但若要使其更有效，还必须结合信息、宣传和有效监管。污染物排放或排污税的责任规定可以根据污染者付费原则确定（Olmstead, 2010）。

集中式废水处理基础设施的资金来源主要是投资。在大多数国家，新的基础设施往往是通过转移公共资金获取资金支持（OECD, 2010）。其中一些低收入国家主要依靠援助来为其水资源和环境卫生部门提供资金支持（WHO, 2014a）。中等收入国家同样依靠援助。在巴拿马，由于政治党派强烈反对费用上涨，20 年来，该国费用始终保持不变（WHO, 2014a; Fernández et al., 2009）。

巴西、加纳和摩洛哥试行的 TrackFin❶ 倡议表明，他们不愿将资源直接分配给卫生和废水。根据联合国水机制全球卫生系统和饮用水分析及评估（GLAAS）调查报告，我们发现，尽管农村卫生服务覆盖率很低，但大多数资金仍被用于城市饮用水供应（WHO, 2014a）。扶贫政策或提高负担能力等措施可以用来解决水和废水费用等问题。GLASS 的调查结果还显示，超过 60% 的国家表示有关提高卫生设施负担能力的计划已经到位，但只有半数被广泛使用（WHO, 2014a）。

一旦基础设施到位，相关运营、维护费用和未来的资本成本将逐渐依靠用户付费来承担。但是，收回全部成本往往存在很多问题。在中低收入国家，比较常见的是卫生设施的运行和维护费用由政府补贴承担（WHO, 2014a）。或者，如果政府补贴不足，资金缺乏可能会导致维修延期、运行错误和系统退化。

对社会、公众健康和环境而言，管理人类排泄物收益巨大。在卫生服务方面每投资 1 美元，社会可以得到约 5.5 美元的收益（Hutton et al., 2004）。但多数情况下，收益是很难用货币来衡量的，我们需要承认并确定一些方法来评估投资带来的更广泛的社会和环境效益，并投入财政资源来实现这些投资（UNEP, 2015b）。

废水利用的潜在经济和环境效益是巨大的（UNEP, 2015b）。但由于大多数城市地区的用户打包支付饮用水、污水处理和废水处理费用（不可能仅支付一项服务而不支付其他服务），而且效益很难以货币形式获得，因此，水再利用项目多数依靠税收补贴（Molinos-Senante et al., 2011），而非由用户付费提供资金支持。

通过粪便污泥管理进行营养物回收时，有几种商业模式是可行的（见第 16 章）。图 3.2 仅提供了一种简单的模式，即一个公用事业单位通过收取排污费和出售处理过的粪便污泥实现了全部成本回收（Strande et al., 2014）。

评估项目时，成本效益分析（CBA）是最常用的和普遍认可的经济分析工具。分析不采取行动所造成的损失和采取行动要付出的成本有助于评估废水投资的经济效益（UNEP, 2015b）。Guest 等（2009）强调了利益相关者早期参与决策制定的重要性，在无需证明经济效益或成本节约的情况下即可确保提案的接受度。

---

❶ TrackFin：跟踪对环境卫生、个人卫生和饮用水的资金支持。更多信息，请参见 http：//www.who.int/water_sanitation_health/monitoring/investments/trackfin/en/。

图 3.2   粪便污泥管理的资金流模式

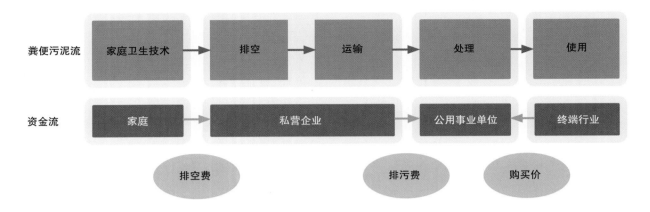

资料来源：Strande等（2014，第279页，图13.3）。

3.4   社会文化层面

在各个层面推动公众参与政策制定可以提升公众参与度，提高其主人翁意识。这包括选取合适和实用的卫生设施，确保资金到位，并长期维护设施（见表 3.1）。特别要注意惠及边缘群体、少数民族、在偏远农村地区或非正式城市居住区生活的极端贫困人口，以及妇女。如果人类排泄物得不到安全管理，妇女会首当其冲地遭受健康问题的冲击。

公众认知影响了决策制定，并限制了决策实施，尤其是对水再利用而言。例如，在某些情况下，即使是经济合理的水再利用方案也是不可行的，因为人们认为废水处理不充分，仍含有粪便污物。因此，决策者在制定水再利用方案时需重点考虑什么类型的水适合什么样的用途，确保水能安全、适当地被使用，并被公众认可。另外，认知、风险意识和性别分工也是重要的决定因素，决定着人们如何在粮食生产中使用废水时保护自己和他人的健康（见专栏 2.2）。

此外，政策实施也可能会涉及复杂的社会政治问题。腐败现象在水和废水服务中很常见，部分原因是因为服务提供者的垄断地位和大额投资项目的建设频率（Transparency International，2008）。在污染许可及监督和执行方面，腐败行为也很猖獗，但人们往往选择"视而不见"。当腐败已成常态化，倡导公正执法将显得尤为重要（Rothstein et al.，2015）。

各国应通过建立更严格的反腐制度，促进水资源管理的公正性；通过提高透明度、问责力度和部门参与性，减少腐败机会（UNDP WGF at SIWI/Cap-Net/Water-Net/WIN，2009；WIN，2016）。

第4章

WWAP│Angela Renata Cordeiro Ortigara、Richard Connor
参与编写者：Jack Moss［私营供水商国际联盟（AquaFed）］，Kate Heal［国际水文科学协会
（IAHS）］，Birguy M. Lamizana-Diallo（UNEP），Peter van der Steen、Tineke Hooijmans［联合国
教科文组织水教育学院（UNESCO-IHE）］，Sarantuyaa Zandaryaa［联合国教科文组织国际水文
计划（UNESCO-IHP）］，Manzoor Qadir（UNU-INWEH），Kate Medlicott（WHO）

从技术方面看废水

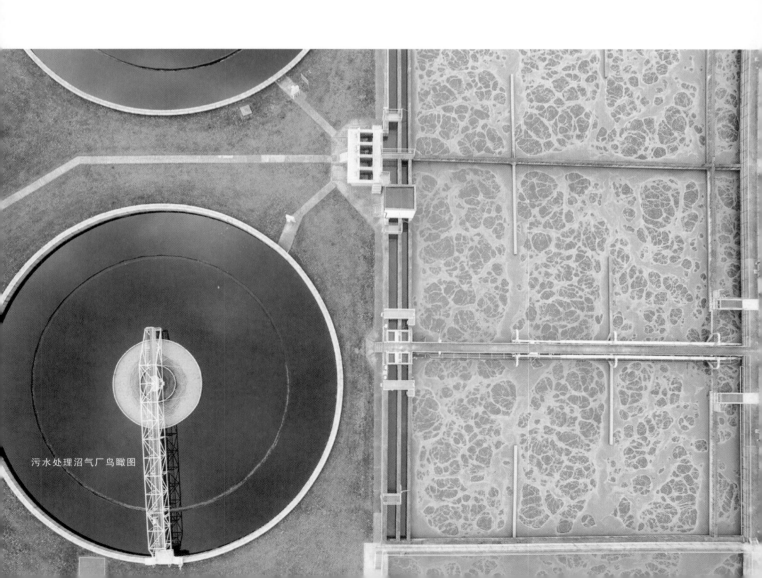

污水处理沼气厂鸟瞰图

本章针对非水行业内的专业人士，阐述了不同来源的废水处理的技术现状、废水处理不当造成的潜在影响、废水收集和处理技术，以及废水数据和信息需求。

4.1 废水的来源和成分

有一组统计数据经常被引用，即废水大概99%为水，1%是悬浮质、胶质和溶解固体（UN-Water，2015a）。废水的来源不同，其所含的具体成分也会有明显差别，但到目前为止，水一直是废水的主要成分。另外，不同来源的废水也会含有其他一些浓度不同的成分（见表4.1）。

表4.1 废水的来源及其主要成分

来　源	主　要　成　分
生活废水	人类排泄物（致病微生物）、营养物和有机物；此外，也可能含有新型污染物（如药物和内分泌干扰物）
城市废水	含有多种污染物，包括致病微生物、营养物、有机物、重金属和新型污染物
城市径流	含有多种污染物，包括不完全燃烧的产物（如化石燃料燃烧时产生的多环芳烃、炭黑或烟灰）、橡胶、机油、重金属、不可降解的有机垃圾（特别是道路和停车场常见的塑料制品）、悬浮颗粒物、肥料和杀虫剂（草坪用）
农业径流（地表径流）	致病微生物、土壤肥料营养物、农药和杀虫剂
畜牧生产	有机负荷（通常情况下，含量很高）和兽药残留（如抗生素和人造生长激素）
陆上水产养殖	沉淀池的污水通常富含有机物质、悬浮固体（颗粒）、溶解营养物、重金属和新型污染物
工业废水	污染物取决于行业的种类（详见表6.4）
矿山开采	尾矿排水通常含有悬浮物、碱性物、酸性物（pH值需调节）、溶解盐、氰化物和重金属，也可能含有放射性元素（详见表6.4）
能源生产	能源部门产生的水通常是热污染（热水）源，含有氮（如氨、硝酸盐）、总溶解固体、硫酸盐和重金属（详见表6.4）
垃圾渗滤液	有机污染物、无机污染物、高浓度金属和有害的有机化学物质

资料来源：US EPA（2015，日期不详 b）、UN（日期不详 b）、Akcil 和 Koldas（2016）、Government of British Columbia（1992）及 Tchobanoglous 等（2003）。

虽然人类粪便中的大多数细菌本身并不致病，但生活和城市废水中极有可能细菌含量很高，一旦发生感染，大量致病微生物（如细菌、病毒、原生动物和蠕虫）将通过粪便在环境中传播。为了减轻疾病负担，消除病原体通常是废水处理系统的首要目标。

工业和采矿活动以及固体废物管理产生的废水（如垃圾渗滤液），也可能含有有毒的有机化合物，如碳氢化合物、多氯联苯（PCBs）、持久性有机污染物（POPs）、挥发性有机化合物（VOCs）和氯化溶剂。极少量的某些有机化合物就会污染大面积水域。例如，1L汽油足以污染100万L地下水（Government of Canada，日期不详）。

"新型污染物"（见专栏4.1）可定义为"环境中不常被监测但有可能进入环境并严重影响生态系统和/或人体健康的任何合成或天然存在的化学物质或任何微生物"（USGS，日期不详）。废水中存在的新型污染物主要有药物（如抗生素、镇痛药、消炎药、精神治疗药物等）、类固醇和性激素（如避孕药）、个人护理用品（如香水、防晒霜、防蚊液、微珠和防腐剂）、农药和除草剂、表面活性剂和表面活性剂代谢物、阻燃剂、工业添加剂、化学品、增塑剂和汽油添加剂。目前鲜有机构管理或监测新型污染物。因此，我们需要进一步通过研究来评估它们对人体健康和环境的影响。在政府监管（见专栏4.2）和私营部门的参与下，我们相信新型污染物的使用和排放将有所减少。

在经处理和未经处理的城市废水、工业废水和农业径流中都能发现新型污染物的踪迹，只是浓度有所不同，它们随废水流入河流、湖泊和沿海水域（UNESCO，2011）。常规的废水处理和水净化流程无法有效地消除新型污染物。因此，饮用水中也能检测到新型污染物的存在（Raghav et al.，2013）。先进的废水处理技术（如膜过滤、纳滤、超滤和反渗透）只能去除一部分化学品和药物活性化合物（González et al.，2016）。新型污染物可能会通过饮用水和农产品威胁到人体健康，这点的确令人担忧。

目前只有少量研究评估了个别污染物对人体健康和生态系统健康的影响，而对累积影响尚未开展任何研究。有科学证据表明，许多被认定为新型污染物的化学品即使在非常低的浓度下也可能导致人类和水生野生生物的内分泌失调，从而引起出生缺陷和发育障碍，并影响生育能力和生殖健康（Poongothai et al.，2007）。此外，这些污染物还能诱发恶性肿瘤，提高细菌病原体的抗性，包括多重耐药性。

资料来源：Muñoz 等（2009）。Sarantuyaa Zandaryaa（联合国教科文组织国际水文计划）撰写。

微珠常见于某些消费产品中，如洁面乳和牙膏。使用后，这些由聚乙烯或聚丙烯构成的球形颗粒将最终混入废水中。一旦微珠进入废水系统，几乎没有废水处理设施能够将其从水流中清除。虽然它们对水生生物和公共卫生造成的风险尚不明确，但颗粒本身可能含有毒素或能吸附水中的其他毒素（Copeland，2015）。

2015 年 12 月，美国政府责令美国制造商自 2017 年 7 月 1 日起停止使用微珠，自 2018 年 7 月 1 日起停止出售含有微珠的产品。2016 年 6 月，加拿大政府根据《加拿大环境保护法》（CEPA）将微珠列入有害物质，进一步控制和禁止使用微珠（Government of Canada，2016）。2016 年 9 月，英国政府也宣布，禁止在化妆品和个人护理品中使用微珠（DEFRA，2016）。

微珠可以用杏仁和杏壳等天然原料来代替，而且有几家大型公司已经宣布将终止使用塑料微粒产品。公共部门和私营部门的联合行动有效消除了关于推迟禁用这些物质的经济争论。

4.2　排放未经处理或处理不当的废水造成的影响

排放未经处理或部分经过处理的废水到环境中会污染地表水、土壤和地下水。废水排入水体后，或被稀释并流至下游，或渗透到含水层，影响淡水的水质和可利用量。废水排入河流和湖泊后的最终目的地一般是海洋。

排放未经处理或处理不当的废水可造成下列 3 种后果：水质降低，影响人体健康；水体和生态系统恶化，影响环境质量；间接影响经济活动（UNEP，2015b）。图 4.1 显示了废水的成分及其影响。

4.2.1　对人体健康的影响

家庭卫生设施自 1990 年以来已得到明显改善，但由于隔离防护不当、排空和运输过程中出现泄漏以及污水处理设施失效，废水对公共卫生的危害依然存在（见图 4.2）。据估计，目前只有 26% 的城市和 34% 的农村卫生和废水处理设施得到了安全管理，有效阻止人们在整个卫生链中接触排泄物（Hutton et al.，2016）。

卫生和废水相关疾病普遍发生在废水处理设施覆盖率低、食品生产时非正规使用未经处理的废水以及高度依赖受污染的地表水（饮用或娱乐）的国家。2012 年，在中等收入国家和低收入国家，约 84.2 万人死于饮用水受污染、洗手设施缺乏和卫生服务不当或不足（WHO，2014b）。

改善卫生和废水处理也是控制和消除许多其他疾病的重要干预措施，例如，霍乱和一些被忽视的热带病（NTDs）——登革热、麦地那龙线虫病、淋巴丝虫病、血吸虫病、土源性蠕虫和沙眼都可以通过该措施得到有效控制（Aagaard-Hansen et al.，2010）。获得改善的卫生设施可显著降低健康风险（见图 4.3），提供安全管理的卫生服务和安全处理的废水可以进一步实现健康收益。

图 4.1　废水的成分及其影响

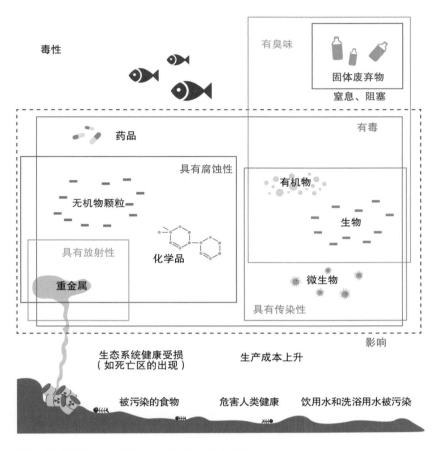

资料来源：根据Corcoran等（2010，第21页，图5）改编。

图 4.2　用于估算卫生设施和废水安全管理比例的粪便废物框架

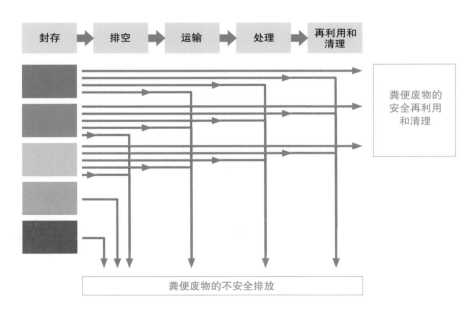

资料来源：根据UNICEF/WHO（2015，第44页，图39）改编。

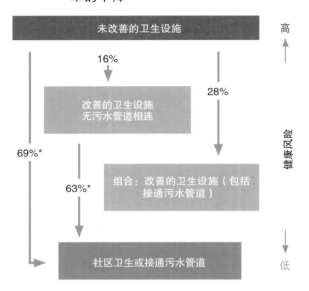

图 4.3 卫生设施的转变及由此带来的腹泻发病率的下降

* 这些估值是基于有限的证据得出的，因此应被视为初步结果，并没有被用于估算目前的疾病负担。

资料来源：WHO（2014b，第12页，图11）。

4.2.2 对环境的影响

向环境中排放未经处理的废水容易影响水质，减少可直接饮用的水资源量。水质是衡量全球水安全的重要因素，越来越多的人开始关注水质问题（见序言）。自 1990 年以来，人口膨胀、经济增长和农业扩张造成大量废水，且废水未经处理（或只是最简单的处理）直接排放，非洲、亚洲和拉丁美洲的大部分河流遭到严重污染（UNEP，2016）。废水管理不善也会直接影响生态系统及其提供的服务（Corcoran et al.，2010）（见第 8 章）。

过量氮和磷引发的富营养化会导致有毒藻类大量繁殖，减少生物多样性。废水未经处理排入海洋造成缺氧死亡区迅速增长，约 24.5 万 km² 海洋的生态系统遭到破坏，渔业、人类生计和食物链也受到影响。（Corcoran et al.，2010）。

4.2.3 对经济的影响

任何人类社会的经济发展都离不开淡水可利用量，水质差也是制约经济发展的一大因素。水质差会阻碍农村和城市周边地区的农业生产力发展。受污染的水直接影响使用水的经济活动，如工业生产、渔业、水产养殖和旅游业（UNEP，2015b），使受污染产品的出口间接受到限制（甚至会被禁止）。

例如，在加勒比地区，许多小岛屿国家几乎完全依赖礁石开展旅游业、渔业和保护海岸线（Corcoran et al.，2010），但现在这些礁石已经受到未经处理直接排放的废水的严重侵蚀。虽然自然环境受污染会阻碍经济发展，但是旅游业本身以及日益增长的对环境友好型设施的需求，会刺激对自然环境的投资，并推动废水管理的改善。

> **废水排放危害环境时，会产生外部成本（外部效应），使用废水的潜在效益便随之消失。**

如果废水的排放危害环境，那么就会产生外部成本（外部效应），在这种情况下，使用废水的潜在效益就消失了。改善废水管理需尽量减少废水造成的负面影响，并寻求效益最大化。如果废水被认为是一种经济商品，对其进行适当处理，对产生废水和消费废水的行业而言都大有好处（UNEP，2015b）。

4.3 废水的收集和处理

有关加强废水收集和处理系统的机遇问题将在第 15 章加以阐述，本部分只是从更偏向技术的层面简单叙述废水收集和处理的基本流程。本质上来说，目前全球只有两种废水收集和处理系统：

（1）非现场系统，废水通过废水管网运送到处理厂或处置点。

（2）现场系统，废水囤积在深坑或化粪池中。相关机构定期排空这个收集池，或在其他位置重新建一个深坑或化粪池。某些现场系统设有滤池，可使部分处理过的水从化粪池渗入地下；如果系统陈旧或负荷过重，会严重污染某些区域。在排空后，废物被转去处理和/或处置。现场系统还包括小型污水系统，可将废水运送到附近的处理厂。

工业产生的废水可以现场处理，也可以排放到城市废水系统，但前提是取得排放许可，且没有超出水质指标的限值。农业部门（如畜牧生产、温室大棚）产生的废水如经过妥善收集和处理可用于灌溉或其他目的。

图 4.4 和图 4.5 分别显示了乌干达首都坎帕拉和孟加拉国首都达卡的废水管理系统，从中我们可

图 4.4   乌干达坎帕拉的废水管理系统

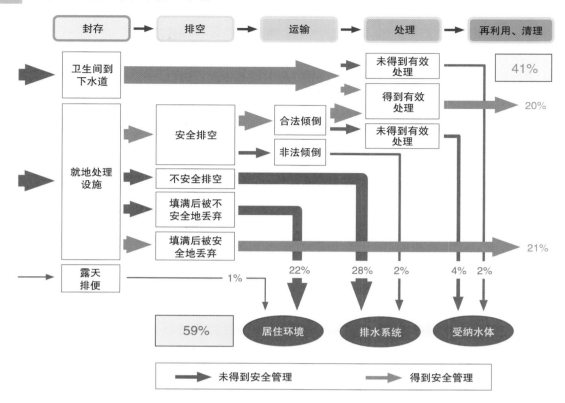

资料来源: Peal等（2014，第571页，图6）。

图 4.5   孟加拉国达卡的废水管理系统

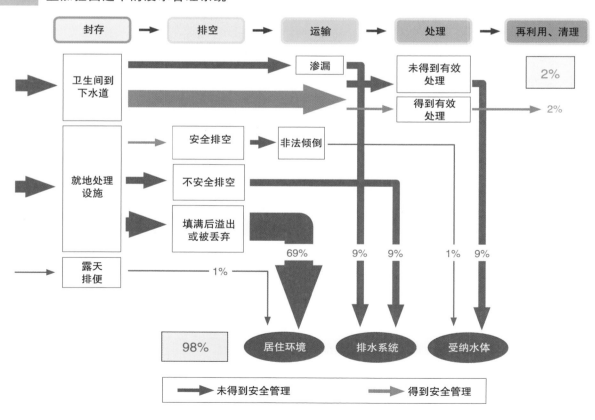

资料来源: Peal等（2014，第570页，图4）。

以看出不同国家废水管理系统的差异。这两幅图还显示，亟须提高废水管理系统的效率，以增加安全管理的废水比例。

4.3.1 废水收集

废水运输管网可分开或组合运行。也就是说，分流制系统用不同的管道分别输送污水和城市径流，而在合流制系统中，污水和城市径流则用同一个管道输送。分流制系统，如适当安装、运行和控制，将减少待处理污水的数量，从而避免溢流；此外，还能有效地处理暴风雨条件下产生的周期性大城市径流。但是，分流制污水管道的运行并不能总像预期一样有效，例如，当缺乏控制时，排污管可能会被非法接入径流管道。

污水管网的终点应该是一个污水处理厂，目的是去除废水中所含的污染物，使其能够再次被安全使用（按需处理）或返回到水循环，从而把对环境的影响降到最低。

废水处理可以使用集中式处理或分散式处理的方法。集中式处理，即从用户密集区（如城市地区）收集废水，然后在一个或多个地点进行处理。集中式处理系统耗费的收集成本占废水管理总预算的 60% 以上，尤其是在人口密度低的社区（Massoud et al.，2009）。

分散式处理系统结合了现场处理系统和/或集群处理系统，常用于个人住房、分散和低密度社区以及农村地区。经过比较，分散式处理系统能够降低收集成本，但取得的效益远不如集中式处理系统，而且其运行和维修需要像集中式系统一样有效。

目前鲜有机构管理或监测新型污染物。因此，我们需要进一步通过研究来评估它们对人体健康和环境的影响。

4.3.2 废水处理

废水处理包括一系列物理、化学和生物过程，以去除废水所含的多种成分。

物理过程主要是借助自然力（即重力）和物理屏障（如主要用于杀菌消毒的过滤器、薄膜或紫外线）来去除废水所含物质。当下最流行的是薄膜法。薄膜能有效去除农药、药物和个人护理产品中的有机微污染物，经其处理后的废水质量较高（Liu et al.，2009）。薄膜处理系统的特点是能量消耗高，运行和维护要求高（Visvanathan et al.，2000）。

化学过程通常用于消毒和去除废水中的重金属。化学辅助一级处理（例如使用铁盐或聚电解质）可以去除废水中的生化需氧量和固体废物，但由此产生的污泥通常难以处理和消除（UN‐Water，2015a）。技术表明，通过化学高级氧化可以去除废水中的内分泌干扰物（EDCs）（Liu et al.，2009）。

生物过程类似于河流、湖泊和溪流中自然发生的降解。现代废水处理厂中一般都装有生物反应器，生物反应器在精细控制的条件下能够促进生物化学降解，从而清除污染物，稳定污泥。

上述过程可以是需氧的，也可以是厌氧的。前者往往需要更多的能量来维持反应器内的有氧条件，以促进有机废物转化为生物质（污泥）和二氧化碳（CO_2），同时抑制甲烷（CH_4）的形成。甲烷产生的温室效应远远高于二氧化碳（Cakir et al.，2005）。相比之下，厌氧处理过程中能耗少，污泥产量低，虽生成 CH_4，但 CH_4 可以被捕获当作能量来源。

物理、化学和生物过程相结合，实现不同"级别"的废水处理：预处理、一级处理、二级处理、三级处理和四级处理（更多详情，请参阅术语表）。

根据成分种类、污染负荷、处理过的废水的预期用途和经济承受能力，选择最合适的技术组合。表 4.2 举例说明了一些处理技术，以及其适用的废水种类、优势和劣势。

废水处理的副产品之一是污水污泥。污泥富含营养物质和有机物质，可以作为土壤改良剂和肥料使用（见第 16 章）。然而，在许多情况下，污水污泥的这一有利价值并未得到实现，因为人们担心其含有病原体、重金属和其他化合物。废水中含有的有用副产品还包括沼气（即 CH_4）和热量，回收后可供处理厂或邻近社区使用。

废水处理系统的管理和运行是一个复杂的过程，受益于系统组件链的风险评估方法。该评估有助于确保系统在预期的效率水平下正常运行，并突出链路中可能导致健康和安全问题的事项（见专栏 4.3）。

表 4.2　　　　　　　　　　　　　不同类型的废水处理系统及其优劣势

类　型	废水性质	优　势	劣　势	去除成分
化粪池系统	生活废水	简单、耐用、易于维护、占用面积小	处理效率低；需要进行二级处理；流出物有恶臭；重复多次才能消除有害成分	COD、BOD、TSS，油脂
堆肥厕所	人类排泄物、厕纸、增碳剂、食物垃圾	减少浪费，支持营养物回收利用，如农业中的污泥再利用	为了保护环境和人体健康，需要合理设计和维护	体积减小 10%～30%；病原体
厌氧过滤器	预处理过的、COD/BOD 之比较窄的生活和工业废水	操作简单；如果安装适当，并对废水进行预处理，可延长使用寿命；处理效率高；占用面积小	过滤材料会带来建造成本高；过滤器易发生堵塞；流出物有恶臭	BOD、TDS、TSS
厌氧处理（如生物消化槽和 UASB 等）	人类排泄物、动物粪便和农业废物	资源回收利用；产生的气体可以用于发电、烹饪和照明	运行和维护程序复杂，可导致气体泄漏或减少产量，且消化槽易被固体物堵塞；厌氧处理几乎不能去除营养物	COD、BOD、TSS，油脂
稳定塘：兼性塘、厌氧塘和熟化池	生活、工业和农业废水；适用于中小型城镇	熟化池能够有效去除细菌，但需要定期疏导，如果不这么做，会导致严重后果；回收的沼气可作能量来源	土地密集型；有时，藻类会释放出大量 BOD 和 SS，但相对无害；有时，需在温暖天气下处理的工艺也能在温和天气中完成	BOD、SS、TN、TP
用浮萍处理废水的稳定塘	生活和农业废水	无堵塞风险；营养物去除率高	土地密集型；需要不间断地收割；不适宜多风地区	BOD、SS、TN、TP、金属
人工湿地	生活和农业废水；适用于小型社区；工业废水需进行三级处理	能源需求低或不需要；维护成本低；集美观、商业和居住于一体	土地密集型；系统常发生堵塞	TSS、COD、TN、TP
需氧生物处理（如活性污泥法）	生活和工业废水；曝气装置由不锈钢制成，不易被废水侵蚀，适用于工业制浆造纸厂、化学工业和其他恶劣环境	有效去除 BOD，加快去除氮和磷；与其他方法相比，该方法快速且经济高效，无恶臭	维护要求高；对深水区无效（因此，池普遍偏浅），严寒天气下亦无效；去除少量细菌，生产大量污泥	BOD、SS、TN、TP
膜系统：微滤、超滤、纳滤、RO	经过预处理的废水；可以和生物过程（MBR 和 MBBR）结合使用	可封闭水循环，产生高纯度再利用水	成本高，运行、维护要求高，功耗高	微滤和超滤可清除所有生物制剂和大分子；纳滤可清除简单的有机分子；RO 可清除无机离子

注　BOD：生化需氧量；COD：化学需氧量；MBBR：移动床生物膜反应器；MBR：膜生物反应器；RO：反渗透；SS：悬浮物；TDS：总溶解固体；TN：总氮；TP：总磷；TSS：总悬浮物；UASB：升流式厌氧污泥床。

资料来源：Birguy M. Lamizana-Diallo（联合国环境规划署）和 Angela Renata Cordeiro Ortigara（世界水评估计划）根据 WHO（2006）和 UN-Water（2015a）提供的信息编制。

管理废水处理系统通常需要一个长而且包含多方面的互联组件（管道、泵、处理设施等）链。评估和管理组件相关风险需采用与环境影响评价、健康和安全评估以及资产管理相似的技术。目标是确定潜在风险（可根据废水性质、严重程度、出现的可能性和后果等进行分类），并针对每项风险实施控制措施。

"跟踪流向"过程是一个很好的方法。首先，列出所有污染物的类型（物理、化学、细菌组成等）、浓度及其发生和排放频率，这些因素可能会受到气象条件和污染者行为的影响。此步骤对于识别和预测整个组件链中的影响和事件至关重要。

接下来，检查流向中（资产链和过程链）的每个环节，以确定它如何运作、什么情况下会发生故障、与污染物的相互作用、故障造成的影响以及解决故障需要多长时间等。其中一些故障可能是由污染物和基础设施之间的相互作用引发的。例如，大量污染物会腐蚀管道和设备，或阻塞和堵塞泵。另外一些故障可能是由"外部"事件引起的，如电气故障、交通事故或故意破坏。

还有相当数量的健康和安全风险也会影响操作人员和公众，如溺水和释放危险气体、人身伤害和长期疾病。组件链终端是排放点。超出排放点的下游用户（无论是自然环境还是其他用水者）的敏感度也需要进行评估。如果在风险评估过程中对下游用户的利益没有给予适当考虑，废水管理的有效性和形象将会受到严重影响。

有效的风险评估通常需要几种不同但互补的技能来完成。

资料来源：Jack Moss（AquaFed）。

4.4　数据和信息需求

全球普遍缺乏废水收集和处理方面的数据，尤其是（但不仅仅是）在发展中国家。Sato 等（2013）分析称，181 个国家中，只有 55 个国家拥有废水产生、处理和使用的可靠信息，69 个国家只有一两个方面的数据，剩余 57 个国家没有任何相关信息。而且，约 2/3（63％）的国家的数据是 5 年前统计的。联合国粮食及农业组织的 AQUASTAT 数据库记录了各国的城市废水情况，各国与废水有关的信息都可以在"水资源"和"水利用"栏中找到。但是，其中一些数据可能是 5 年前统计的。

数据收集的关键挑战是需要生成全国性的数据，因为这些数据要足够详细、前后一致，且与其他国家具有可比性。

GLASS，联合国水机制的一项由世界卫生组织执行的计划，介绍了各国的卫生系统和饮用水覆盖率。GLASS 计划还给出了有关治理、监测水情数据和人力资源等方面的信息。从 2016—2017 年报告周期开始，融资也将包括在内，为废水管理增添一些其他信息。

联合国统计司（UNSD）负责制定官方统计的基本原则，以指导国家统计机构的工作。2012 年，联合国统计司通过了环境经济核算体系中心框架（SEEA-CF），其中包括环境经济水资源核算体系（SEEA-Water）。SEEA-Water 提出了一个概念框架，有助于了解经济与环境之间的相互作用，并解决水资源数据需求问题（UNSD，2012）。SEEA-Water 包括一系列标准表格，需要各国填写其用于废水管理（包括测量废水水流）的财政支出。

全球还需努力加强区域级废水数据收集。经济合作与发展组织和欧盟统计局对内陆水域进行了联合调查，涉及废水处理厂的能力，以及工业、农业和人类居住区产生的污泥和化学排放物（Eurostat，2014）。联合国统计司和联合国环境规划署每两年在各国进行一次环境数据收集活动，经济合作与发展组织和欧盟统计局联合调查的国家除外。联合国统计司和联合国环境规划署主要收集可再生淡水资源、淡水抽取和使用、废水产生和处理，以及获得废水处理服务的人口等数据（UNSD，日期不详）。有关工业废料和废水的一般特性和质量等数据可在各国的"污染物排放与转移登记册"（PRTRs）中找到（见第 14 章）。

除了废水产生、处理和使用等信息外，联合国水机制（2015a）通过检查废水管理文献公开了其他相关数据缺口，如现有废水基础设施的状况、废水处理的效果、粪便污泥最终的处理结果以及废水灌溉的面积、质量和区域。AQUASTAT（日期不详）正在开发一个更加精细的废水生产数据集。

第
二
部
分

专题重点

第 5 章

UN-Habitat｜Graham Alabaster、Andre Dzikus、Pireh Otieno

城市废污水和城镇废污水

泰国曼谷 Klong Ong Ang 运河中的废水

本章讨论的是城市废污水和城镇废污水的来源及影响，重点强调了废水的未来前景。另外，本章还阐述了水循环和再利用的机会。

城市废污水是指特定人类居住区域和社区内源自人类生活及工业、商业和公共机构的废水。

城市废污水和城镇废污水的产生在很大程度上取决于城镇体系的形式和功能，因此，在未来几十年内，为了开发更加可持续的废水管理方法，必须严格审查当前和未来的城镇化模式。

图 5.1 显示了按区域划分的卫生设施覆盖情况，也就是正式的废水收集情况。很明显，尽管很多农村地区和正在经历无规划城镇化的地区在使用现场服务，但是大多数发达国家倾向于利用下水道收集废水（见第 15 章）。

图 5.1 不同卫生系统覆盖的人口所占比例

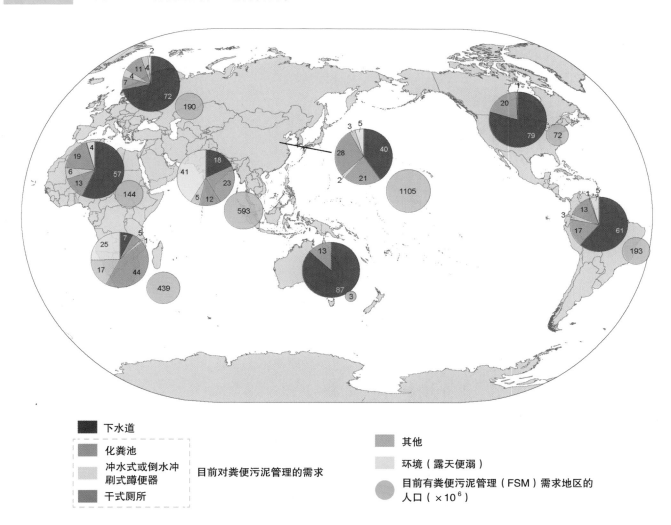

下水道

化粪池

冲水式或倒水冲刷式蹲便器

干式厕所

目前对粪便污泥管理的需求

其他

环境（露天便溺）

目前有粪便污泥管理（FSM）需求地区的人口（×10^6）

资料来源：Cairns–Smith 等（2014，数据基于世界卫生组织、联合国儿童基金会联合监测项目，第25页，图8），由波士顿咨询集团提供。中文版地图进行了重绘。

5.1 城镇化及其对废水产生的影响

世界各地的城镇都在面临着巨大的挑战。城市发展的加速、家庭和工作方式的变化以及非正规住区的扩张将为城镇服务带来越来越多的挑战。同时，我们还将遭受极端事件、气候变化和冲突地区移民带来的不利影响。城镇化格局的变化将会带来更多的不平等现象，一些发达地区的贫困人口跟发展中地区的贫困人口面临着同样的挑战。到 2030年，全球对能源和水的需求预计将分别增长 40％和

50%（UN-Habitat，2016）。这些增长大部分将发生在城市。因此，这些城市将需要新的废水管理方法。同时，废水管理也可能为粮食生产和工业发展等面临的问题提供一些解决方案。

5.2 城镇类型

大多数情况下，农村和城市是根据地理边界定义的，而不是根据人口密度或其他特征。但是，为了了解城市废水的产生，有必要考虑对"城镇"进行进一步的分析。不同的城镇形式不仅以不同的方式产生废水，而且为废水收集、处理和使用提供潜在选择（见表5.1）。根据对典型城镇形式的分析，以下类型涵盖了发达国家和发展中国家的大多数情况。

表 5.1   城镇类型与废水处理

城 镇 类 型	可能拥有广泛的下水道网络	存在现场排水系统的可能性	贫民窟人口	处理类型	SUDS*	废水产生水平	再利用或恢复潜力
大型城镇中心	是	不太可能	大量	集中式或分散式	最佳	高	高
相邻城市组合而成的大型城镇中心	是，但是每个中心不分开	不太可能	非常多	集中式	最佳	高	高
较小型城镇中心	不太可能	很有可能	可能有	分散式或化粪池		中	高，小范围
大型村庄和小城镇	非常不太可能	非常有可能	可能有	化粪池		低	可能有
农村地区	不存在	非常有可能	不太可能有	集中式		微不足道	微不足道，内部再利用

* SUDS：可持续的城镇排水系统。
资料来源：作者。

（1）大型城镇中心，包括大城市、具有明确的中央商务区（CBD）的城镇地区以及随着与中央商务区的距离不断增加而人口密度逐渐下降的发达郊区。这些大型中心可能通过运输通道与较小的卫星中心相连（或不连接）。这些城市通常有广泛的下水道网络，但是有些城市，像尼日利亚的拉各斯，下水道管网的服务不太好（见专栏5.1）。

（2）由几个邻近的城市组合而成的大型城镇中心。两个或者两个以上的城镇中心逐渐发展，人口密度不断增加，或早或迟合并成为一个大城市。在这些地区，每个城镇中心的发达区域都有广泛的下水道网络（形成方式可能各不相同），并且通常有独立的处理机构和市政管理机构。这种类型的城镇中心也有很多区域没有下水道，比如加纳的阿克拉-特马城市区和大马尼拉市较小的城镇中心组成的聚合体。

（3）较小型城镇中心，通常是具有小型CBD的城镇，可能是一些沿着主要道路线性扩张的小型卫星城市。这些较小的城镇中心的下水道网络通常是非常有限的，主要依靠现场卫生设施进行废水处理。它们可能从地理位置上离其他中心比较近，但是却有着不同的市政管理机构，因此职责不同。

（4）大型村庄和小镇。这些地区通常相当紧凑，但却与城镇中心不同，因为它们几乎没有扩张。这种类型的城镇还包括基于工业或者商业活动发展起来的定居点，比如大学校区、机场和矿山。

（5）农村地区通常几乎完全由现场系统服务，没有任何正式的下水道系统。但是一些城镇的径流管理系统可能会存在于农村地区。

上述中心的划分要依据该地区的人口数量来定。比如，在中国，一个人口500万的城镇中心可能被认为是一个"小城市"。此外，每种类型都可能包括贫民窟的人口。由于大城市的工作机会更多，居民对低成本住房的需求更大（UN-Habitat，2016），大城市的贫民窟比例往往更高，但对较小的城镇中心而言，贫民窟也构成了挑战。

在未来一二十年内，人口为50万~100万的较小城镇中心的城镇化率将会最高（UN-Habitat，2016）。这将极大地影响废水的产生及对废水进行分散处理和使用的潜力。

　　虽然拉各斯每天产生 150 万 m³ 的废水（每年约 5.5 亿 m³），但是这个大城市没有中央污水处理系统。对废水进行非现场处理的处理厂提供的服务只能覆盖不到 2% 的人口，并且仅厕所废水连接到化粪池和渗水坑系统。其他家庭废液直接排放到了房屋前或大街上的排水沟中，这些排水沟大部分是露天的。最终，这些废水渗入水体或被暴雨冲入水体。用于收集厕所废水的化粪池和渗水坑系统经常污染浅层地下水——这是大多数中低收入居民的重要水源。此外，这个大城市没有粪污处理厂，未经处理的粪污被排放到拉各斯潟湖，尤其是伊多、马科科、安洁根等地区。废水管理不足造成这座大城市的水系和环境受到粪便污染，这是一个重要的健康问题。政府的忽视、腐败、极端贫困，加上无控制的人口快速增长，导致了拉各斯现有城市基础设施的破败。据估计，拉各斯现有人口 1800 万，年增长率为 3%。预计到 2020 年，拉各斯的人口将超过 2300 万。这就迫切需要各方共同努力，尽力减少水资源受到的污染。

资料来源：Major 等（2011）和 NLÉ（2012）。

5.3　城市和城镇系统中废水的来源

　　城市废水的组成可能会存在很大差异，因为其中的污染物是由各种生活、工业、商业活动和机构排放的。

　　精确的城市形态和立法、制度环境通常决定了如何收集和处理废水（见第 3 章、第 4 章和第 15 章）。但是，在大多数国家，只有一部分废水被正式收集。大部分的废水（主要在低收入环境中）通常被排放到距离最近的地表或者非正式的排水渠中。

　　在已经高度工业化或处于发展进程中存在立法环境薄弱环节的经济体，大部分废水在处理和排放之前是混合在一起的。在污水下水道已规范设置的地方，所谓的"合流制下水道"仍然很常见。如果用大量的水来冲洗这些污水，污水会被稀释，这是一个逻辑上完美的方法（UN-Habitat，日期不详）。

　　值得注意的是，在很多情况下，大量的合法排放到破败的和/或运行不好的污水处理网络中的废水实际上并没有到达废水处理厂。因为管道破裂，很多废水损失在输送途中，或被排放到地表，最终污染地下水和地表水源。还有许多社区擅自干预干渠下水道系统，对水进行非法再利用。

贫民窟的卫生和废水的产生

　　废水是发展中国家非正规住区（贫民窟）增长所面临的最大挑战之一。尽管 2000 年以来，贫民窟人口在城镇地区的比例略有下降（以百分比表示）（见图 5.2），但是 2012 年时的贫民窟人口数还是要比 2000 年时的多。在撒哈拉沙漠以南的非洲地区，62% 的城镇人口生活在贫民窟。我们可以在刚刚摆脱冲突的国家和西亚看到这种最令人担忧的情况，这些地区生活在贫民窟的人口比例分别从 67% 和 21% 增长到了 77% 和 25%（UN-Habitat，2012）。

　　贫民窟的种类、形式和人口密度各不相同。但是，大多数缺少硬化的道路、耐用的住房、水、卫生设施和排水系统。在这些情况下，粪便和固体废物被排放到地表排水渠和沟渠。固体废物处理不良导致排水系统堵塞，从而造成废水泛滥。从毒性和健康风险方面考虑，未收集的废水和城市径流通常与下水道中的废水无异。尽管很多贫民窟依赖现场卫生设施，但是粪便没有得到密封，并且依然会产生废水，因为这里的居民常常会将公共厕所当成带有所谓的"洗澡水桶"的个人浴室。

　　贫民窟居民通常不得不使用没有下水道的公共厕所，在露天便溺或者抛扔装在塑料袋子中的粪便（即"飞行厕所"）。由于缺水、维护困难、收费等原因，公共厕所还未得到广泛使用。对德里贫民窟的一项研究发现，一个五口人的低收入家庭可能会将 37% 的收入用于公共厕所设施（Sheikh，2008）。对女性而言，寻找到合适的地方如厕尤其困难，这使得她们的个人安全难以得到保障，如厕时非常尴尬，也难以保证卫生。

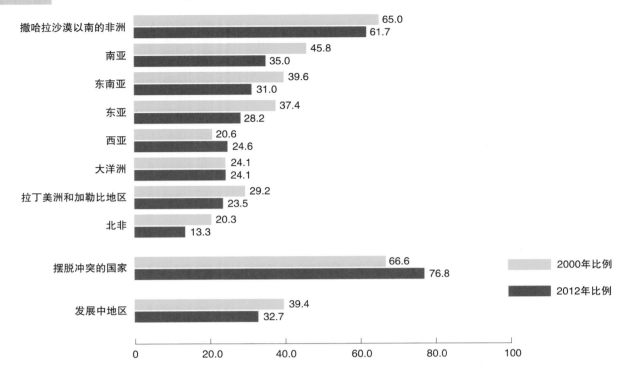

図5.2　2000年和2012年生活在贫民窟的城镇人口比例（单位：%）

	2000年比例	2012年比例
撒哈拉沙漠以南的非洲	65.0	61.7
南亚	45.8	35.0
东南亚	39.6	31.0
东亚	37.4	28.2
西亚	20.6	24.6
大洋洲	24.1	24.1
拉丁美洲和加勒比地区	29.2	23.5
北非	20.3	13.3
摆脱冲突的国家	66.6	76.8
发展中地区	39.4	32.7

注　该图中提到的摆脱冲突的国家为：安哥拉、柬埔寨、中非、乍得、刚果（金）、几内亚比绍、伊拉克、老挝、黎巴嫩、莫桑比克、塞拉利昂、索马里和苏丹。

资料来源：基于UN-Habitat（2012，第127页，表3）的数据。

5.4　城市废污水和城镇废污水的组成

受多种因素的制约（包括家庭用水和商业化、工业化水平），世界各地废水的精确组成各不相同。表5.2给出了选定的参数（UN-Water，2015a）。由于工业废水比例较高，发达地区的 BOD 与 COD❶ 的比率可能会低于发展中国家。这将会降低水的生物处理适用性。比如，在某些地区，高水平的无机物质、硫酸盐和碱度可能会影响废水处理后的适用性。硫酸盐容易导致产生硫化氢，它会腐蚀下水道。水的碱度或者硬度高很可能会造成石灰沉积，并且会影响水作为工艺用水的适用性。表5.3给出了在不同来源的废水中可能发现的一些主要污染物（另见表4.1）。

表 5.2 选定国家的未经处理的废水的组成　　　　单位：mg/L

参数	美国	法国	摩洛哥	巴基斯坦	约旦
生化需氧量	110～400	100～400	45	193～762	152
化学需氧量	250～1000	300～1000	200	83～103	386
悬浮物	100～350	150～500	160	76～658	—
总钾和总氮	20～85	30～100	29	—	28
总磷	4～15	1～25	4～5	—	36

资料来源：UN-Water [2015a，第28页，表5，基于 Hanjra 等（2012）的数据]。

---

❶　生化需氧量（BOD）是需氧生物有机体在特定时间段内，以一定温度分解给定水样中存在的有机物质所需的溶解氧量。

化学需氧量（COD）检测是间接测量水样中（不能通过生物方法被氧化的）污染物的标准方法。化学需氧量越高，测试样品中的污染物就越多。

如果未处理废水的 BOD 与 COD 的比率为 0.5 或 0.5 以上，则认为废物可以很容易地通过生物手段处理。如果该比率低于 0.3，则废物可能含有一些有毒成分，或者需要驯化的微生物来使其达到稳定。

表 5.3

表 5.3 　　　　　　　　　　主要废水污染物及其来源和影响

污染物	主要代表参数	来源				污染物的潜在影响
		废水		径流		
		生活	工业	城市	农业和牧场	
悬浮物	总悬浮物	×××	←→	××	×	・美学问题 ・污泥沉积 ・污染物吸附 ・保护病原体
可生物降解的有机物质	生化需氧量	×××	←→	××	×	・耗氧量 ・鱼的死亡 ・化粪条件
营养物	氮和磷	×××	←→	××	×	・藻类生长过快 ・对鱼类的毒性（氨） ・新生儿疾病（硝酸盐） ・地下水污染
病原体	大肠杆菌群	×××	←→	××	×	・水传疾病
不可生物降解的有机物质	农药、一些洗涤剂等	×	←→	×	××	・毒性（各种） ・泡沫（洗涤剂） ・氧气转移减少（洗涤剂） ・非生物降解性 ・气味臭（即酚类）
金属	具体成分（As、Cd、Cr、Cu、Hg、Ni、Pb、Zn 等）❶	×	←→	×		・毒性 ・抑制生物污水处理 ・污泥农业使用问题 ・地下水污染
无机溶解固体	总溶解固体，导电性	××	←→		×	・盐度过高——对农场造成伤害（灌溉） ・对植物的毒性（一些离子） ・土壤渗透性问题（钠）

注　表中"×"表示污染物浓度，"×"越多，污染物浓度越高；"←→"表示污染物的浓度是可变的；空白则表示该污染物对相应水体的污染通常不重要。

资料来源：Von Sperling（2007，第 7 页，表 1.2）。

特别危险源产生的废水

相对来说，生活废水中没有有害物质。但人们还是越来越担心废水中有没有常用药物存在，即使浓度很低，因为低浓度的药物也可能产生长期影响，特别是一些已知的内分泌干扰物（Falconer，2006）。

在生产过程中使用"红色名录"中物质（见表5.4）的行业需要确保其遵守排放许可，但是通常情况下它们并不会遵守。另外，监管环境差别也很大。特别值得注意的是，一些小型的家庭手工业和企业，常被"允许"排放上述物质，或者自行违法排放。一些日常生活和生产活动，比如从电池中回收铅、小规模采矿和矿产加工以及汽车车库和洗车行的运营等都可能造成严重的风险。关于这些非正规行业，没有太多公开的资料。

一些小型医院和诊所（以及一些较大的机构），特别是在发展中国家，会排放未经处理的医疗废物。当集约型农业的废水和畜牧业中广泛使用抗生素所产生的废水排放到城市下水道时，会导致城市废水的浓度较高，从而引起抗菌素耐药性（AMR）等额外风险（Harris et al.，2013）。

其他点源可能包括为危险区域或者工业区域提供服务的集约型农业单位以及大型雨水排水口。表5.5 给出了不同商业机构和工业行业废水的产生量。尽管该表未体现，但我们还是能注意到，食品和饮料加工企业废水中 BOD 往往较高。这种类型的废水不仅不难处理，还为能源回收提供了一个巨大机会（见第 6 章）。

---

❶　译者注：如表中所示，原书将砷（As）归为金属，但我们一般认为其是非金属。

表 5.4 红色名录物质

序号	项 目	序号	项 目
1	1，2-二氯乙烷或1-乙基-3-（3-二甲基氨丙基）碳二亚胺（1，2-DCE或EDC）	12	六氯丁二烯（HCBD）
		13	六氯环己烷（HCH）
2	艾氏剂	14	马拉硫磷
3	阿特拉津	15	汞
4	保棉磷	16	五氯酚（PCP）
5	镉	17	多氯联苯（PCB）
6	DDT异构体	18	西玛津
7	敌敌畏	19	三丁基锡（TBT）
8	狄氏剂	20	三氯苯（TCB）
9	异狄氏剂	21	氟乐灵
10	杀螟硫磷	22	三苯基锡（TPT）
11	六氯苯（HCB）		

资料来源：Environment Agency（2009，第4页）。

表 5.5 工业废水数据示例

工业类型	废水产生量/(m³/t)	范围/(m³/t)	COD均值/(kg/m³)	COD含量范围/(kg/m³)
酒精精炼	24	16～32	11	5～22
啤酒和麦芽酒	6.3	5～9	2.9	2～7
咖啡	—	—	9	3～15
奶制品	7	3～10	2.7	1.5～5.2
鱼类加工		8～18	2.5	
肉类和家禽	13	8～18	4.1	2～7
有机化学品	67	0～400	3	0.8～5
石油提炼厂	0.6	0.3～1.2	1.0	0.4～1.6
塑料和树脂	0.6	0.3～1.2	3.7	0.8～5
制浆造纸（组合）	162	85～240	9	1～15
肥皂和洗涤剂	—	1～5	—	0.5～1.2
淀粉生产	9	4～18	10	1.5～42
糖精炼	—	4～18	3.2	1～6
植物油	3.1	1～5	—	0.5～1.2
蔬菜、水果和果汁	20	7～35	5.0	2～10
葡萄酒和醋	23	11～46	1.5	0.7～3.0

资料来源：Doorn等〔2016，第622页，表6.9，基于Doorn等（1997）的数据〕。

5.5 城镇类型以及废污水使用的潜力

城市废污水和城镇废污水使用的潜力由几个因素决定：一是废水交叉污染的程度；二是其用途及应用位置。水资源短缺及新水源的成本和可用性也是重要因素。很明显，最好限制将有害物质排放到下水道，特别是限制那些使废水难以处理的物质。

例如，城市径流可以直接用于某些目的，但一旦与黑水结合，就需要进行额外处理。

废水再利用受立法因素驱动，但主要受经济因素驱动。如果已经用过的水的价格与常规淡水相近或者较低（包括运输成本），那么这种水就会被视为优于常规淡水。一些缺水的国家或地区，水再利用程度通常会很高。

水再利用在农业领域潜力巨大，这在许多国家已经得到了正式或者非正式的实践（见第 6 章和第 16 章）。城市边缘地区的废水再利用，提供了在城市附近生产农产品的机会。

5.5.1 饮用性再利用

将经过处理的城市废水作为饮用水并不常见，尽管这种技术在一些地方已经成熟（见 16.1.2 小节）。美国有些地方，像加利福尼亚州、弗吉尼亚州和新墨西哥州，还有一些国家，如澳大利亚、纳米比亚和新加坡，已经在饮用处理过的废水。通常情况下，这种水是安全的。但是，仍有些人认为这种"从马桶到水龙头"的再利用方式不太理想。

在间接回用为饮用水（IPR）的情况下，经过处理的废水被加到地下水或地表水中（接受额外的处理），最终成为饮用水，这种做法正在变得越来越普遍（见专栏 5.2）。经过三级处理后，水被排入储水库，储存 6 个月或者 6 个月以上。这种程度的处理似乎可以缓解公众对于"从马桶到水龙头"的水的担忧。实际上，大部分经过处理和未经处理的废水最终都被排放到水道中，并在下游用于供水。

5.5.2 非饮用性再利用：工业、商业、娱乐和城郊农业

如果再利用阶段接近生产环节，则本地水再利用将变得更经济可行。许多工商企业都需要生产用水，并且可以制定更好的内部流程，以减少耗水量和废水产生量，并且降低相关成本。企业可以直接重复利用一些未经处理的废水，只要它们的质量过关。这些水的来源包括用于冷却或加热的生产用水，工业、商业机构房顶收集的雨水或者机场停机坪、跑道收集到的雨水。

工业共生（见第 6 章）通常用于描述两个或多个不同行业为提高环保性能、交换竞争能力和优化彼此的材料、能源和水流而建立的合作和伙伴关系。水再利用项目的工业共生体通常设置在同一个区域。一个行业产生的废物成为另一个行业生产过程的原料。也就是说，工艺冷却水可用于热回收或者生产目的（Industrial Symbiosis Institute，2008）。有时候，这些合作伙伴共享公共设施的管理或者辅助服务的管理（见专栏 6.4）。

专栏 5.2　加利福尼亚州圣迭戈的废水间接回用为饮用水

圣迭戈的饮用水是循环水，因为这里的水有 85% 是从加利福尼亚州北部和科罗拉多河引来的。上游的住宅区，比如拉斯维加斯，将废水排入这里，然后废水经过处理，被当作饮用水。由于最近加利福尼亚州北部的限水令以及科罗拉多河的干旱，圣迭戈这个利用循环污水进行灌溉的城市投资了 1180 万美元用于废水间接回用为饮用水的研究。北城水回收厂的示范工程于 2013 年完工。当时，该厂先进的水净化设施每天能够生产 100 万加仑（约 378.54 万 L）的净化水，尽管这些水都没有被送到水库。

对于圣迭戈而言，废水间接回用为饮用水比回收更多的污水进行灌溉更为经济，因为灌溉水必须通过特殊的紫色管道输送，以将其与饮用水分离，而且扩建紫色管道基础设施的成本将高于废水间接回用为饮用水的成本。回收水也比海水脱盐便宜。举例来说，在奥兰治县，为两个四口之家提供足够的饮用水，废水间接回用为饮用水一年的成本是 800～850 美元。而因为要使用能源的关系，对等量的海水进行脱盐则需要 1200～1800 美元。

为了应对日益增长的人口和盐碱侵入地下水的问题，2008 年 1 月，加利福尼亚州奥兰治县水务处投资 4.8 亿美元建成了美国当时最先进的水回收厂。该厂每年的运营费用为 2900 万美元。经过先进的水处理工艺，一半的再循环水被注入蓄水层，构成一个防止海水入侵的屏障；另一半则进入渗滤池，通过土壤进行进一步的过滤，大约 6 个月后，进入饮用水井。2011 年，该厂估计每天能生产 3 亿 L 以上的水。

资料来源：节选自 Cho（2011）。

美国环境保护局（US EPA, 2004）为可将部分（有针对性地）处理的废水用于非饮用目的的城镇再利用系统列出了一个详细的列表，包括：

（1）公园、娱乐中心、运动场、校园和球场、公路分隔带和公路路肩，以及公共建筑和设施周围的景观区域的灌溉。

（2）单户和多户住宅周围景观区域灌溉、一般冲洗和其他维护活动。

（3）商业区、办公区和工业区周边景观区域的灌溉。

（4）高尔夫球场灌溉。

（5）商业用途，比如汽车冲洗设施、洗衣设施、窗户冲洗，以及农药、除草剂和液体肥料的拌和用水。

（6）观赏景观用水和装饰用水功能，比如喷泉、反射池和瀑布。

在双配水系统中，经过部分处理的废水通过与社区饮用水分配系统并行的管道网络传送给客户。再生水分配系统也成为废水和饮用水之外的第三种公用水设施。回收水系统的运行、维护和管理方式类似于饮用水系统（US EPA, 2012）。直接使用经过处理的城市废水，这种做法已经出现了一段时间，例如在佛罗里达州的圣彼得斯堡，一些住宅区、商业区和工业园区，以及资源回收发电厂、棒球场和一些学校，都使用了再生水。

向城市居民提供营养充足和安全的食物是一个巨大的挑战。城郊农业提供了一种解决方案，但需要足够的水。城市废水通常（一般是非正式地）不经过处理就使用，对农民和消费者都造成严重的健康风险。社会习俗和饮食习惯决定了这种做法有多危险。印度加尔各答的污水池塘是废水直接再利用的实例（见专栏 5.3）。

专栏5.3　加尔各答污水供给水产养殖系统：拥有百年历史的农民创新技术

近一个世纪前，印度加尔各答市的农民开发了一种将生活污水用于鱼类养殖和其他农业用途的技术。为了满足这个人口密集的印度城市对鱼类日益增长的需求，该技术被广泛应用。该技术被认为是独一无二的，是世界上最大的将垃圾转化为消费品的操作系统。来自大都市加尔各答（拥有 1300 多万居民）的废水和城市径流每天产生约 6 亿 L 污水。鱼类养殖对污水的大规模使用始于 20 世纪 30 年代。这些污水池是浇灌蔬菜的水源，早期在这些污水池中鱼类养殖的成功，刺激了污水喂养鱼类的大规模扩张。这种独特的养殖系统在最高峰时期面积曾达到 1.2 万 hm²。但是，近年来，由于城镇化压力日益加大，该地区这种养殖系统的面积出现急剧下滑，截至目前已经下降到了 4000hm² 以下，从而导致依靠这些湿地生活的贫困人口受到严重影响。即使在今天，加尔各答市消耗掉的大量的鱼也是在这种系统中生产的。有人呼吁政府将现有的依靠污水供给的水产养殖区定为保护区，保护其免受加尔各答市迅速增多的人口的进一步侵蚀。另外，还有 1.2 万 hm² 的这类土地用来种植蔬菜。

资料来源：节选自 Nandeesha（2002，第 28 页）。

5.6　城市径流管理

城市越来越关注气候变化的影响，这些影响包括可能更容易发生洪水灾害、气温升高的风险，以及对安全饮用水供应的需求会不断增加（State of Green, 2015）。气候变化适应性措施力求降低由暴雨事件导致的洪灾风险，但如果与城市开发协同发展，也可以解决与城市废水管理有关的一些问题。

地表径流形式的雨水可以为城市的水平衡做出贡献，并且可以收集起来建造有吸引力的娱乐设施。在这方面，丹麦就提供了一个很好的例子（见专栏 5.4），它展示了如何使用雨水资源打造更具有弹性和更宜居的城市。

专栏5.4　丹麦科灵市对工业区雨水径流的处理

科灵市当地的污水处理厂面临着要清理高污染工业区域的径流，从而保护附近小河生态系统的挑战。这条小河被来自工业区的油和有害物质污染。在这个工业区，装货使用的都是卡车，并且各种材料都被储存在存储场外面。为了解决这个问题，他们使用了 HydroSeparator® （"水力分离器"），这是一种自动化的、有效的解决方案，可以改善各种接收者的水质，同时以更低的总成本最大限度地减少对贮水池的需求。水力分离器的最大容量取决于以 200L/s

的流速向小河排放水的最大流量的要求。它由
两个标准的水力分离器组成，每个分别为
100L/s，可同时或分开运行。如今，该工厂以
非常低的运营成本自动运行，并且可以通过互
联网以及科灵市 Spildevand 废水处理厂连接的
SRO 系统来监测和控制。

资料来源：节选自 State of Green（2015，第
　　　　18 页）。

第 6 章

UNIDO | 联合国工业发展组织工业资源效率处、约翰·佩恩（John G. Payne ＆ Associates Ltd.）

工　　业

某发电厂的废水处理

本章介绍了工业废水的规模和性质，还强调了当在可持续工业发展背景下解决自然资源面临的挑战时，使用和再循环利用废水以及回收能源和有用的副产品的机会。

发达国家曾在18世纪时迎来工业革命的曙光，这同时标志着工业废水造成的社会困境的诞生。当时，人们都误以为"污染的解决方案是稀释""暴雨是大自然的净化剂"，而把废水排放到天然水道中。

随着时间的推移，社会和环境压力迫使工业部门减少其产生的废水量，并且在排放前对废水进行处理。如今，这发生了重大的转变——废水现在被视为潜在的资源，经过适当处理后可再次使用或循环利用，为工业带来了潜在的经济效益。这反过来也对更广义上的绿色工业、企业社会责任（CSR）、水资源管理和可持续发展构成了补充，包括可持续发展目标及具体目标6.3和6.a（见第2章）。

这些考虑因素主要适用于大型行业，其中一些行业影响了全球范围内的发展中国家，这些行业中许多正在从高收入国家转向新兴市场（WWAP，日期不详）。这些行业的规模及其具备的资源使它们能够抓住机遇转型为循环经济。但由于不具备这些条件，中小型企业（SME）和非正规工业往往将废水排放到市政系统或直接排放到环境中，这其中任何一种排放方式都会造成额外的挑战，并且会使这些企业错失向循环经济转型的机遇（见第5章）。

6.1 工业废水的规模

由于对工业废水量的报道有限，并且是零星的，这一潜在资源的实际规模在很大程度上是未知的。从全球来看，有关工业废水量的数据和资料非常缺乏。另外，需要把废水总产量和实际排放量区分开来，由于废水会被再利用，实际排放量一般会低一点。一项估计显示，到2025年，工业废水量将增加一倍（UNEP FI，2007）❶。

发达国家可以提供一些综合信息。比如，在欧盟，有限的数据显示，废水产生量已经在下降（Eurostat，日期不详）。这些数据还显示，在主要的工业领域，制造业是产生废水最大的行业（见表6.1）。此外，几个国家的数据表明，工业是造成污染的主要原因，因为只有部分废水在排放之前进行过处理（见表6.2）。

表 6.1 　　　　　　　　　　**2011 年不同工业类型的废水排放量（×10⁶m³）**

国　家	工业总量	采矿和采石	制造业*	电力生产和分配（不包括冷却水）**	建筑业
奥地利①	1487.2	—	889.6	363.3	—
比利时②	530.0	42.0	239.9	7.9	0.4
保加利亚	153.6	12.5	91.3	37.9	0.6
波斯尼亚和黑塞哥维那	9.5	—	9.5	—	—
克罗地亚	84.7	1.7	81.4	0.5	—
塞浦路斯⑤	1.9	—	1.9	—	—
芬兰	—	—	14.4	26.5	14.7
马其顿②	687.7	9.2	408.1	251.6	—
德国①	1534.6	227.6	1180.6	75.4	0.6
匈牙利④	154.3	17.8	129.7	3.9	0
拉脱维亚③	45.5	5.5	20.2	6.1	1.3
立陶宛	40.4	0.6	33.9	2.6	0.7

---

❶　推测起始数据的时间为报告发表的时间，即2007年。

国　　家	工业总量	采矿和采石	制造业*	电力生产和分配 （不包括冷却水）**	建筑业
波兰	—	342.9	484.6	79.8	6.6
罗马尼亚	—	47.3	—		3.6
斯洛文尼亚	—	0.1	42.8		0.1
斯洛伐克	192.2	20.5	163.0	7.9	0.1
西班牙①	6335.2	47.2	602.0	—	
瑞典①	878.0	26.0	839.0	14.0	
塞尔维亚	76.8	10.3	36.3	30.2	
土耳其①	528.7	41.9	460.8	26.1	—

① 2010 年数据。
② 2009 年数据。
③ 2007 年数据。
④ 2006 年数据。
⑤ 2005 年数据。
* 制造业包括：食品加工，纺织业，造纸和纸制品业，精炼石油加工业，化学原料和化学制品制造业，基本金属制造业，汽车、拖车、半挂车等运输设备制造业及其他制造业。
** 电力的生产和分配包括通过线路、输电干线和管道等永久基础设施（网络）提供电力、天然气、蒸气、热水等的活动。
资料来源：Eurostat（日期不详，表 7）。©欧盟，1995—2016 年。

表 6.2　　　　　　　　2007—2011 年处理后排放的工业废水占总排放量的百分比　　　　　　　单位：%

国　　家	2007 年	2008 年	2009 年	2010 年	2011 年
波斯尼亚和黑塞哥维那	0	56.0	62.5	65.4	58.5
保加利亚	59.7	57.1	49.6	50.8	46.8
克罗地亚	0	17.0	16.8	25.7	8.5
捷克	47.7	44.3	45.7	52.4	60.2
马其顿	4.4	25.9	7.2	—	
德国	46.7	—	—	46.5	
立陶宛	0	73.5	72.5	60.4	51.8
罗马尼亚	0	12.7	9.7	14.1	5.6
土耳其	0	38.1	—	71.9	

资料来源：Eurostat（日期不详，图 5）。©欧盟，1995—2016 年。

其中一个非典型的例子是加拿大，我们可以从这个国家获得非常详细的国家级信息（见表 6.3），它每两年对制造业、采矿和热电等产业进行一次工业用水调查（见专栏 6.1）。

据加拿大统计局（Statistics Canada，2014）报告，造纸业产生的废水几乎占整个制造业废水排放量的 40%，其中将近 80% 经过了二级处理或者生物处理，占循环水量的 32%，含有初级金属的占近 50%。总体而言，对于制造业，再循环率（循环水占取水的百分比）接近 51%。对于制造业中与水相关的费用，大约 38% 用于废水处理，将近 10% 用于再循环。热电是迄今为止用水量和排水量最多的行业，其中近 58% 的排水未经处理便流向地表水体。热电行业废水的再循环率很低，尽管这个行业产生的废水量大约是制造业的两倍。采矿行业却有所不同，这个行业的废水再利用率超过 100%（主要用于加工），而且由于存在脱水，排放量大于取水量。

虽然很多公司确实会根据规定采集并报告自己的废水数据，但是也存在一些例外，所有行业收集

和整理的数据在国家层面和全球层面存在巨大的差距。需要先缩小这些差距，然后水管理政策才能在

协调用水和耗水（产生和排放废水）方面取得进展，而后者经常被忽略。

表 6.3   **2011 年加拿大工业取水量、排水量和再利用水量**

项 目	总计	制造业	热电（含核电）行业	采矿业
总取水量/($\times 10^6 \mathrm{m}^3$)	27600	3677.5	23497.2	429.2
占总量百分比/%	100	13.3	85.1	1.6
总排水量[①]/($\times 10^6 \mathrm{m}^3$)	26900	3226.8	23082.6	587.9
占总量百分比/%	100	12.0	85.8	2.2
排水的处理情况				
未经处理/%		34.0	57.9	43.8
经过一级处理/%		17.9	—	47.6
经过二级处理/%		36.2	≪1	—
经过三级处理/%		12.0	—	—
再利用/($\times 10^6 \mathrm{m}^3$)	6000	1870.0	3711.2	465.1
占总量百分比/%	100	30.9	61.4	7.7
再利用率[②]（占取水量的百分比）/%		50.8	15.8	108.4
水的循环再利用情况				
生产用水/%		49.7		90.8
冷却、冷凝、蒸汽/%		50.0	98.1	—
污染控制/%			0.1	
其他		0.3	1.7	—

①   由于一些矿井中地下水涌出，排水量高于取水量。

②   "再利用率"为再利用水量占取水量的百分比。这些水可以反复进入同一个子系统，或者在另外一个子系统中反复使用，导致再循环率高于 100%。

资料来源：Statistics Canada（2014）。

专栏 6.1   **加拿大工业用水调查**

    加拿大对制造、采矿、化石燃料和核发电 3 个行业进行了工业用水调查。针对每个行业设计了不同的调查问卷，收集取水量的数据，包括水的来源、用水目的、水处理和可能的再循环等信息，以及在排放之前进行处理的量和程度。为了统计需要，这些调查问卷与数据用户合作开发，并且还通过单独会面的形式征求了调查对象的意见，从而确保调查问卷上问题的适用性，及保证该调查问卷能在合理的时间内填写完成。加拿大统计局采用邮寄的方式直接向调查对象收集数据。调查问卷在基准年度的下一年被寄出，并且直接邮寄给"环境管理员或协调员"。调查对象必须回答问卷上的问题，并在收到问卷后 30 天内寄回。一封说明调查目的、应寄回的日期和回答这些问题的法律要求的信件，会随问卷一起寄出。如果调查对象在问卷寄出后的 45 天内依然没有寄回问卷，他们会收到一封提醒的传真。

    关于调查问卷和报告指南，请访问：www23. statcan. gc. ca/imdb/p2SV. pl? Function＝getSurvInstrumentList&Id＝253674。

资料来源：Statistics Canada（日期不详）。

6.2 工业废水的性质

关于工业废水的一般特性和质量的数据相对容易获得。与实际水量相比，工业污染物因为毒性、流动性和成分等因素，可能对水资源、人类健康和环境的危害更大。污染物排放与转移登记册（PRTRs）反映了这一信息（见第 14 章），该登记册记录了发达国家的工业部门向水、土地和大气排放的某些选定污染物质的数量信息（高于某些阈值）（OECD，日期不详）。我们可以通过分析这些数据库，获得关于各种污染物中潜在可收回资源的整体水平的一般信息。

工业活动形式多样，所产生的废水也含有各种各样的污染物（见表 6.4）。这些污染物可以通过技术手段清除（或者"提取"），并且这种技术手段只会受到其行业内成本效益的限制。清除污染物会产生两种产品：经过处理的水和被回收的材料。这些水可能会在原工厂循环再利用，或者由另一个相关联的行业循环再利用，也或者可能只是简单地被排放掉，然后再重新返回水循环系统供他人使用。在美国，据估计，一些主要河流的水在到达大海之前已经被反复利用了 20 多次（TSG，2014）。有用的物质在这个过程中可以得到回收，如矿物质（磷酸盐）和金属（见第 16 章）。冷却水可以提供热量。残留的污泥可能会产生沼气，也可能会被直接处理掉。

表 6.4　　　　　　　一些主要行业废水中的典型成分

行　业	废水中的典型成分
制浆造纸	• 约 500 种不同的氯代有机化合物，如氯化木质素磺酸、氯代树脂酸、氯化酚和氯代烃 • 有色化合物和可吸收的有机卤素（AOX） • 以 BOD、COD、悬浮物（SS）、毒性和颜色为特征的污染物
钢铁	• 含氨和氰化物的冷却水 • 气化产物——苯、萘、蒽、氰化物、氨、苯酚、甲酚和多环芳烃 • 液压油、动物油脂和颗粒固体 • 酸性冲洗水和废酸（盐酸和硫酸）
采矿和采石	• 泥石浆 • 表面活性剂 • 油和液压油 • 不需要的矿物质，如砷 • 含有非常细小颗粒的煤泥
食品	• 高浓度的 BOD 和 SS • 随蔬菜、水果、肉类的种类以及季节不同而变化的 BOD 和 pH 值 • 蔬菜加工——高微粒、一些溶解有机物、表面活性剂 • 肉类——高浓度有机物、抗生素、生长激素、农药和杀虫剂 • 烹饪——植物有机物质、盐、调味品、着色材料、酸、碱、油脂
酿造	• 随过程不同而发生变化的 BOD、COD、SS、氮、磷 • 依酸性和碱性清洁剂而变化的 pH 值 • 高温
奶制品	• 溶解的糖、蛋白质、脂肪和添加剂残留物 • BOD、COD、SS、氮和磷
有机化学品	• 农药、药品、油漆和染料、石油化学品、洗涤剂、塑料等 • 原料、副产品、可溶或者颗粒状产品材料、洗涤剂和清洁剂、溶剂和高附加值产品，如增塑剂
纺织	• BOD、COD、金属、悬浮物、尿素、盐、硫化物、过氧化氢、氢氧化钠 • 消毒剂、灭微生物剂、杀虫剂残留物、洗涤剂、油、针织润滑剂、纺丝油剂、废溶剂、防静电化合物、稳定剂、表面活性剂、有机加工助剂、阳离子材料、颜色 • 高酸度或者高碱度 • 热量、泡沫 • 有毒材料、清洁废物、胶料
能源	• 化石燃料产生——油井和气井压裂造成的污染 • 热冷却水

资料来源：IWA Publishing（日期不详）、UNEP（2010）、Moussa（2008）。

6.3 解决资源挑战

如果废水被看作有益的投入，而不是需要处理的、人们不想要的工业活动的产物，那么，从废水的排放到主动地循环使用和回收就是一个合乎逻辑的优选过程。

6.3.1 减少污染和污染预防

与很多环境问题一样，第一步也是要防止或者减少污染。目标是要在源头将污染物的排放量和毒性降到最低。这是新型绿色环保工业工程的核心内容，消除污染和废水是这些工业工程从理念到设计，从运行到维护的一部分。然而，在已建成的工厂里，虽然可以有一定程度的改建，但是，减少污染可能是唯一的选择。这包括选用对环境更加友好的原材料、可生物降解的化学品以及加强员工教育和培训，以更好地应对污染事件。

6.3.2 去除污染物

将废水排入城市管网或者地表水的企业都必须遵守排放法规或其他规定，否则须缴纳罚款。所以，在很多情况下，排放废水之前需要在工厂进行管道末端处理。但是，在某些情况下，企业会发现交罚款比安装处理装置更便宜（WWAP，2015）。

混合废水需要通过复杂的处理装置，才能处理成一种符合当地法规的废水。因为必须要符合严格的规定，所以这种水的质量要求不可避免地会比其他水的要求高。通常情况下，处理含有多种污染物的废水比处理含有一种污染物的废水更加困难和昂贵，因此，常需对废水进行分离。此外，还应当避免将更多的高浓度废水与可能适合直接排放或再循环的废水流混合（WWAP，2006）。但是，在某些具体情况下，将不同来源的废水适当混合可能会为废水治理带来更好的效果。无论采用哪一种方式，合适的处理都可以优化废水的水质，为进入下一环节做准备。

治理手段可能有无数种，包括稳定池、产生沼气的厌氧消化和生物反应器、活性污泥、不同类型的膜、紫外线辐射、臭氧化、高级氧化和各种类型的湿地（见表 4.2）。2015 年，石油天然气、食品饮料和采矿业的污水处理费用预计占污水处理技术支出的一半以上，并且为达到严格的排放要求，预计在技术上的支出将进一步增长，比如采矿业（见专栏 6.2）。到 2020 年，工业水处理技术市场预计将增长 50%（GWI，2015）。

专栏 6.2　南非姆普马兰加英美资源集团伊马拉赫尼水再生利用项目

维特堡煤田位于南非东北部的伊马拉赫尼附近，伊马拉赫尼有大约 50 万人口。该地区的水资源短缺，目前已经难以满足其迅速增长的人口的用水需求，未来这一形势将会更加严峻。该地区已经开始了水再生利用计划，以确保对矿山多余的水资源以环保的方式进行管理。同时，该地区还在采矿活动中持续使用经过处理的废水，因此，该地区已不再需要进口水，不再与其他利益相关者竞争这一稀缺资源。

伊马拉赫尼水再生利用厂处理来自英美资源集团的 3 个动力煤采煤场作业的水，并使用脱盐技术。来自煤矿的水被转化为饮用水、工艺用水或工业用水和可以安全地排放到环境中的水。在处理过程中，石膏与水分离并被用作建筑材料。

一部分经过处理的水直接用于采矿作业，但是大部分用于社会用途，这部分水能够满足伊马拉赫尼日常用水需求的 12%，从而提供可靠的饮用水。英美资源集团正在尽量减少其水足迹和环境影响，同时能实现安全和不间断地获取煤的长期经济利益。与此同时，该集团还正在减少从其他地区进口水的需求，以及消除其参与的矿山不受控制的排放水的情况。

资料来源：改编自 WBCSD/IWA（日期不详）。

6.3.3 废水再利用和回收副产品

（1）厂内循环。总体而言，工业能够很好地将废水进行内部再利用或者回收。这可能涉及直接使用未经处理的废水，前提是其质量足以达到预期目的。冷却水、加热水和雨水都能用于洗刷、调节 pH 值和消防。然而，为达到预期目的而经过充分处理的生产用水有更大的回收潜力，例如，可用于输送材料、冲洗、水冷却塔、锅炉进料、满足生产线需求、除尘、清洗等（见专栏6.3）。废水是通过分散式废水处理系统的处理而达到这种质量要求的。虽然一般情况下这种技术被普遍采纳（如专栏6.2所示），并且处理与回收之间的差距有缩小的趋势（GE Reports, 2015），但是还存在一些障碍，比如实施、成本不超过收益、回收期长、维护和能源消耗增加。另外，废水流的位置和可用性（间歇生产、批量生产或连续生产）还必须符合其预期用途。

到 2020 年，工业水处理技术市场预计将增长 50%。

专栏 6.3　爱尔兰科克郡卡伯里奶制品厂创造性地利用废水

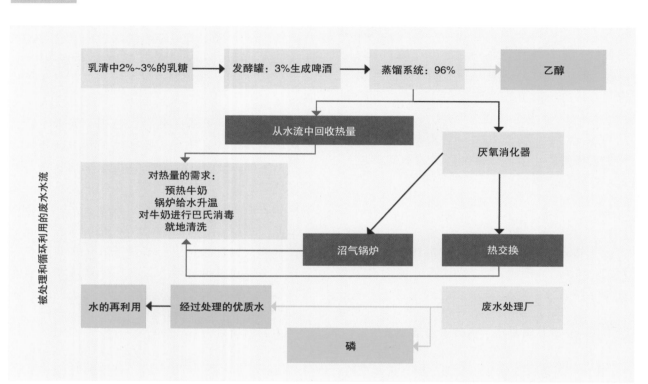

　　美国的乳制品加工业产生大量的废水：每生产 1L 牛奶要使用 1.5～3L 的水。通常而言，这种废水中有机负荷大约是城市废水有机负荷的 10 倍。乳清是奶酪制造的副产品。通常用来喂猪或者制造其他的产品。尽管如此，乳清还有很多剩余。如果当作废水来处理的话，是非常耗能的。乳清的主要成分是乳糖，乳糖在创造性的废水循环处理过程中可以发酵成乙醇。爱尔兰科克郡的卡伯里奶制品厂是世界上第一家这样做的乳制品生产商。

　　通过微滤和反渗透，从乳清中提炼出乳糖，将乳糖放入发酵罐变成啤酒，然后进入蒸馏系统，产生纯度为 96% 的乙醇，进入生物乙醇燃料市场进行销售。爱尔兰的所有生物乙醇都来自这个工厂，并且它是欧洲唯一一个不从巴西进口由甘蔗生产的乙醇的国家。

　　蒸馏过程中的水蒸气被回收并用于预热锅炉水，热水用于就地清洗（CIP）和巴氏灭菌，从而节约能源。

　　发酵产生的废物流被送到厌氧消化器，这一过程产生的生物气用来产生额外的热量。

　　来自厌氧消化器的温热废水流过热交换器，将流入的冷冻牛奶预热。这样一来，废水就被冷却到了合适的温度，排放到当地的河流中，但是不会影响环境。

　　同时，废水中磷含量较大，99% 的磷在排放之前必须除去。这些磷经过再循环将重新回到农田。

该工厂希望扩大规模，因为工厂目前从当地河流中取用的水量有限，工厂扩建后产生的废水经过处理后水质较好，可能适用于现场循环利用，特别是作为锅炉给水。此外，这种回收利用还能减少排放到河流中的废水量，特别是在河水因季节性原因水流量低而稀释能力降低时。使用高级氧化法改进原本已经很优质的废水比购买饮用水更便宜，但这一方法还在研究中。这些水将会进入反渗透设备，从而去除其中的矿物质。因为不与食品直接接触，所以这种方法还有其他的优点，比如减少膜污染和交叉污染。

　　资料来源：改编自 Blue Tech Research（日期不详）。

　　废水的使用或处理过的废水的循环使用是一个可重复多次的过程。这不仅通过降低淡水取水量降低了工业成本，尤其是在水资源稀缺的地区或时期，还有另外一个优点，那就是减少排放量。这样，满足监管标准的需要和承受罚款的风险都会被最小化。此外，这种做法有利于环境，并且会提高这种操作的社会接受性。

　　（2）工业共生体。对于工业废水使用和回收而言，有一个值得注意的机遇，那就是工业共生体工厂之间的合作（SSWM，日期不详）。这包括交换生产用水或者回收利用经过处理的废水，它们的目的与工厂内循环使用废水的目的相似。相邻行业之间也许可以采用废物登记的方式，比如蒸汽或者热废水、含有机物质和营养物质的废水，以及从经济角度考虑值得回收的未转化原料：油、使用过的溶剂、淀粉等可交易或可回收的物质（WWAP，2006）。这些处理技术的目的与工厂内处理的目的相同，并且可能会采用分散式系统。这些可能涉及为所有行业提供服务的专用集中式废水处理厂。

　　（3）生态工业园区。在生态工业园区中，工业共生体最为明显，这种共生体将相邻的产业战略性地定位，从而方便废水管理和循环利用（见专栏6.4）。对于中小型企业而言，这是节省废水处理成本的重要途径。其中几个重要的因素是满足需求的信息共享、合理接近性以及数量和质量方面的供应可靠性。热电联产（CHP或者废热发电）厂所需要的冷却水比传统方式要少得多，当其靠近工业综合体和分散式供电厂等对热力和电力有需求的实体时，就会更有效率（Rodríguez et al.，2013）。我们可以在很多国家发现生态工业园区的有趣例子，例如中国的上海化学工业园区（WWAP，2015）。

专栏6.4　丹麦凯隆堡工业共生体

　　凯隆堡工业共生体是一个"工业生态系统"，在这个封闭的循环中，一个企业的副产品会被其他企业用作资源。这个工业共生体开始于1961年，起源是开发一个新项目——炼油厂要使用齐斯湖的地表水，目的是为了节省有限的地下水。凯隆堡市政府负责建设管道，该炼油厂负责融资。

　　通过由经济优势驱动的不同行业公司之间的活动和个体合作，以及在凯隆堡市政府的支持下，凯隆堡工业共生体几十年来逐渐发展。如今，它已经成为一个主要由共生体合作伙伴共同出资的项目。

　　这个共生体会交换各种材料，包括废水，如下页图所示。

　　（1）水的阶梯式多级使用措施。Asnæs发电厂每年从挪威国家石油公司接收70万 m³ 的冷却水，这些冷却水被用作锅炉给水。它每年还使用挪威国家石油公司大约20万 m³ 经过处理的废水用于清洁。冷却水变成蒸汽，被挪威国家石油公司以及其他公司重新利用，比如当地的养鱼场。这样节约的当地水资源是非常可观的——每年节省近300万 m³ 的地下水和100万 m³ 的地表水（Domenech et al.，2011）。

　　电厂利用峡湾的盐水来满足一些冷却需求。因此，它可以减少对齐斯湖淡水的取用。所产生的副产品是热盐水，可以养活57个池塘的鱼。

　　（2）热的阶梯式多级使用措施。1981年，Asnæs开始为其新的区域供暖系统供应蒸汽。然后，诺和诺德公司和挪威国家石油公司作为蒸汽用户加入。凯隆堡市和丹麦政府鼓励这种供暖系统，从而取代了大约3500台油炉。

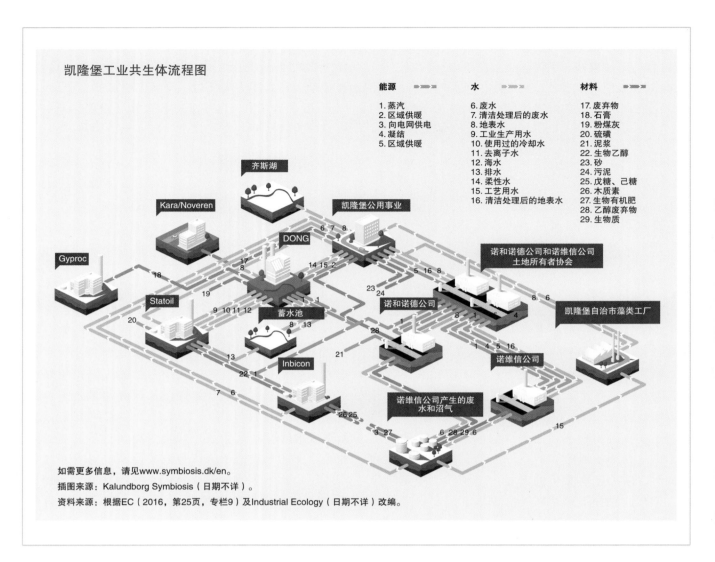

凯隆堡工业共生体流程图

如需更多信息，请见www.symbiosis.dk/en。

插图来源：Kalundborg Symbiosis（日期不详）。

资料来源：根据EC（2016，第25页，专栏9）及Industrial Ecology（日期不详）改编。

凯隆堡工业共生体是一个"工业生态系统"，在这个封闭的循环中，一个企业的副产品会被其他企业用作资源。这个工业共生体开始于 1961 年，起源是开发一个新的项目——炼油厂要使用齐斯湖的地表水，目的是为了节省有限的地下水。凯隆堡市政府负责建设管道，该炼油厂负责融资。

工业需要"投入少，产出多"，在水资源方面就意味着以更少的水投入生产。

生态工业园区废水管理的好处与内部循环利用的优点相似（SSWM，日期不详）。缺点则包括需要长期承诺来证明初始资本支出的合理性，并且需要进一步处理以满足一些行业的需求和可能的监管审批要求。

（4）多用途体系（MUS）涉及在河流流域中按照水质由高到低对水进行阶梯式多级使用，这其中可能会有工业组成部分。例如，生活废水可以被回收用于洗涤和冷却（UNEP，2015c）。

（5）城镇废水回收再利用。通过回收利用来自城市的废水，工业可以在生成废水的"方程式"的另一端起到帮助作用（见专栏6.5）。在许多国家，这种跨部门的水回用正在迅速增长（WBCSD，日期不详）。这是一种非常积极的可持续发展的措施，因为它减少了对淡水取水的需求，这对水资源匮乏的地区特别重要，并且会减少城市废水的排放。废水可用的时间及如何将废水运往目标工厂的问题也是需要解决的。在某些情况下，市政府将会针对可能不需要完全清洁、可饮用的水的特定行业处理废水。例如，在加利福尼亚，中部和西部流域市政水区提供不同质量、不同成本的回收水，包括炼油工艺用水。该州的水资源管理局还推动电厂使用废水进行冷却（California Department of Water Resources，2013）。

专栏 6.5 城市废水用于工业和能源

　　西班牙加泰罗尼亚南部的塔拉戈纳地区有一个水再生利用机构，它将两个城市废水处理厂的二次污水处理过后供工业用户使用。塔拉戈纳地区用水非常紧张，水资源匮乏阻碍了该地区的进一步发展。工业园区（石油化工综合体）的水循环利用将开放现有的原水权，以满足未来的地方用水（市政和旅游）需求。最终目标是工业园区 90% 的水需求由循环利用的水满足（DEMOWARE，日期不详）。

　　泰尔讷曾位于荷兰西南部。陶氏化学泰尔讷曾公司的工业场地原本计划的是以海水淡化水为水源，但是由于这种方式存在质量问题以及腐蚀和成本上升等其他问题，这家工业联合企业需改造附近的城市废水处理厂，利用这些废水处理厂提供再生水（每天 1 万 m³）。这些水被用来生产蒸汽并供应给制造厂。蒸汽在生产过程中被使用之后，凝结成的水再次在冷却塔中使用，直到它最终蒸发到大气中（即二次"再循环"）。与用于相同用途的常规海水淡化所需的能源成本相比，泰尔讷曾已通过回收利用城镇废水将能源消耗减少了 95%，相当于每年减少 6 万 t 的二氧化碳排放量。陶氏化学目前正在美国得克萨斯州的弗里波特市将这一从欧洲获得的经验进行推广（World Water，2013）。

　　LIFE WIRE 是在西班牙巴塞罗那实施的 LIFE12 项目之一，目的是通过使用能够达到合适水质的分散式废水处理系统来展示水循环利用的可行性，从而推动经处理的废水在工业领域的回收利用。该项目研究了使用超滤、碳纳米材料过滤和反渗透相结合的技术在工业中使用处理过的城市废水的可行性。该项目从技术和经济层面评估了在电泳涂漆、化学和液体废物处理 3 个工业领域中使用拟议的处理方案相对于现有常规处理方案的好处。

　　资料来源：节选自 EC（2016，第 25 页，专栏 8）。

6.4　废水和可持续工业发展

　　水是工业在运营层面面临的挑战，是工业的一项成本，还是工业发展的机会，因为最大限度地减少用水（包括废水使用和回收利用）降低了成本和对水资源的依赖。

　　工业需要"投入少，产出多"，在水资源方面就意味着以更少的水投入生产（UNIDO，2010）。

　　鉴于淡水取水量的减少会导致废水排放减少，侧重于减少总体用水量、使水循环闭合、消除废水排放（零排放）、减少或消除溶剂和有毒化学物质的使用的清洁生产举措将会发挥重要作用（UNEP，2010）。在绿色行业采取清洁生产，采用 3R 战略（减少、循环、再利用）消除低效率，可以降低运营成本，创造价值（UNIDO，2010）。例如，联合国工业发展组织的"无害环境技术转让"（TEST）方案以多瑙河的工业废水污染为对象，通过分析问题以及引进清洁生产方案和新技术，提高用水效率和减少废水排放（UNIDO，2011）。资源效率和环境绩效得到提升，已经为某些中小企业带来经济效益（见专栏 14.3）。

　　更广泛地说，清洁生产在工业生态学中占有重要地位，它还包括污染控制、生态效率、生命周期思维和闭环生产。这使得人们有机会提高资源效率和提高产品价值。最终的目标是实现零排放——所有水都在工厂内回收，或者交易给其他工厂，唯一造成消耗的原因是蒸发。这在理论上就意味着所有的废水都被使用或者回收，没有任何废水被排放出来（除了微量的损失）。在这一点上而言，水的取用量（引入量）就等于消耗量（WWAP，2006）。但是，杰文斯悖论❶在这里是适用的：随着用水效率的提高，整体用水量实际上可能会增加，生产成本降低，相应的工业产出增加。

　　一旦一个产业知道了自己的水足迹和水产出，它就可以针对废水的产生来寻找水再利用和回收利用的可能性。此外，它还可以针对"平衡用水"而努力（Hoekstra，2008），这意味着在该产业努力使用或者回收废水之后，可以通过投资在当地环境中促进可持续管理水（即废水处理）的项目来补偿剩余水污染的负面影响。因此，废水也可能被视为促进投资的资源。

---

　　❶　在 19 世纪，威廉·斯坦利·杰文斯认为，技术效率的提高并没有减少煤炭等资源的使用，反而实际上增加了这些资源的消耗和生产（Alcott，2005）。

第 7 章

FAO｜Sara Marjani Zadeh
IWMI｜Javier Mateo-Sagasta
参与编写者：Andreas Antoniou［国际地下水资源评估中心（IGRAC）］，Manzoor Qadir（UNU-INWEH），John Chilton［国际水文地质学家协会（IAH）］，Carlos Carrión-Crespo（ILO），Marlos de Souza、Olcay Unver、Vittorio Fattori（FAO），Sarantuyaa Zandaryaa（UNESCO-IHP），Kate Medlicott（WHO）

农　　业

泰国的灌溉系统

本章梳理了农业产生的主要污染物及其相关影响，并就污染防治提出了一些重点措施。本章还讨论了农业如何从废水利用中受益，以及如何安全实现这一目的。

农业既是废水的生产者，也是使用者。也就是说，农业可能造成污染，但同时也要承担污染的后果。

近年来，工业和传统农业集约化水平提高，不仅带来了农业生产力的提高，还造成水质污染负荷增加，影响生态系统和人类健康。同时，工业发展和城市扩张导致农业用水受到的污染加重，给农业带来了负面影响。

7.1　农业[1]会造成水污染

在过去的半个世纪里，为了满足主要由人口增长和饮食变化造成的食物需求增加，农业生产已经扩大规模并且呈集约化发展。全球灌溉面积从 1961 年的约 140 万 km^2 上升到 2012 年的约 320 万 km^2，增加了一倍以上（AQUASTAT，2014）。牲畜的总数从 1970 年的 73 亿头增加到了 2011 年的 242 亿头（FAOSTAT，日期不详 a）。水产养殖规模自 20 世纪 80 年代以来增长了 20 多倍，特别是内陆水产

养殖和亚洲的水产养殖（FAO，2012）。

农业集约化经常伴随着土壤侵蚀的加剧、水中沉积物的增加，以及为了提高生产而过度使用（或滥用）农业投入品（例如农药和化肥）。当这些产品的使用超过农业系统的同化能力时，会对环境造成更高的污染负荷。多余的灌溉用水也增加了农业废水量，这些废水以深层渗流的形式渗透到含水层，或者以径流的形式流到地表水域。

7.1.1　农业污染物：来源和影响

农业活动将多种类型的污染物排放到环境中（见表 7.1）。这些污染物从农场中排出，随着水文循环而输移，在水体中聚集，从而影响水生生态系统。典型的污染途径是：①渗透到地下水；②以地表径流、排水、水流等形式流向溪流、河流和河口；③吸附到自然或人为造成的水土流失沉积物中或者富含沉积物的河流中（FAO/CGIAR WLE，即将出版）。

表 7.1　农业产生的主要水污染物和不同农业生产系统排放相关污染物的严重程度

污染物类别	指标/示例	排放相关污染物的严重程度[1]		
		种植业	牲畜养殖业	水产养殖业
营养物	主要以硝酸盐、氨或磷酸盐形式存在于化学肥料、有机肥料、动物排泄物和水中的氮和磷	＊＊＊	＊＊＊	＊
农药	除草剂、杀虫剂、杀真菌剂和杀菌剂，包括有机磷酸盐、氨基甲酸盐、拟除虫菊酯、有机氯类杀虫剂等（像 DDT 一样，很多农药在多数国家是被禁止使用的，但是依然存在非法使用现象）	＊＊＊	—	—
盐分	包括钠离子（Na^+）、氯离子（Cl^-）、钾离子（K^+）、镁离子（Mg^{2+}）、硫酸根离子（SO_4^{2-}）、钙离子（Ca^{2+}）和碳酸氢离子（HCO_3^-）等[2]	＊＊＊	＊	＊
沉积物	测量水中的总悬浮物或者用比浊法测定浊度——尤其是采用收割（收获）期排入池塘的排水	＊＊＊	＊＊＊	＊
有机物	降解时需要水中的溶解氧的化学物质或生物化学物质（有机物质，如植物和家畜排泄物）[3]	＊	＊＊＊	＊＊

---

[1]　本章中的农业包括作物生产、水产养殖和牲畜养殖活动。

污染物类别	指标/示例	排放相关污染物的严重程度①		
		种植业	牲畜养殖业	水产养殖业
病原体	细菌和病原体，包括大肠杆菌、总大肠菌群、粪大肠杆菌和肠球菌	*	* * *	*
金属	包括硒、铅、铜、汞、砷、锰等❶	*	*	*
新型污染物	药物残留、激素、饲料添加剂等	—	* * *	* *

① "*"越多，表示情况越严重。
② 在水中测量，直接作为总溶解固体测量，或通过测量电导率间接进行测量。
③ 在水中测量化学需氧量和生化需氧量。
资料来源：FAO/CGIAR WLE（即将出版）。

1. 营养物

自 19 世纪以来，化肥被补充到天然营养源（和营养物循环）中，从而提高了农业产量。据称，目前营养素的过度使用已经超过了地球承载能力的极限（Rockström et al.，2009）。

在农作物生长过程中，当所施肥料超过作物的吸收能力时，或者当肥料在被植物吸收之前就被冲刷掉时，这些肥料就会造成水污染。过量的氮和磷酸盐会渗入地下水，或混入地表径流进入水道。虽然硝酸盐和氨是非常易溶的，但是磷酸盐不易溶，并且非常容易被土壤颗粒吸附。磷酸盐会附着在沉积物上，通过土壤侵蚀进入水体中。

牲畜养殖场通常选址在水道两岸，以便（富含营养物的）动物废物（即尿液）可以直接排放到水道中。其中固体废物（粪便）通常被收集用作有机肥料。然而，在很多情况下，当有明显降雨时，这些固体废物不能被存储，会被地表径流冲入水道。在利用废水的水产养殖业中，水的营养物含量会从根本上影响饲料的成分和饲料转化物（粪便）。在集约化的水产养殖业中采用废物作为饲料（这些饲料不被鱼所吸收），会明显地增加水中的营养物含量。

这些营养物可导致湖泊、水库和池塘的富营养化，致使藻类大量繁殖，从而抑制其他水生植物和动物的生长（FAO，2002）。过量的营养积累也可能会增加对健康的不利影响，比如蓝婴综合征，这可能是由饮用水中硝酸盐含量过高引起的（WHO，2006a）。

2. 农药

在农业生产中，很多国家会大量使用杀虫剂、除草剂和杀菌剂（Schreinemachers et al.，2012）。如果选择和管理不善，这些含有致癌物质和其他有毒物质的农药将会污染水源，可能会危害人类和多种野生动物。农药会杀死杂草和昆虫，从而影响生物多样性，在食物链中产生负面影响。发达国家尽管还在大范围地使用旧式的广谱杀虫剂，但是倾向于选择对人类和环境毒性较小的新型农药，并且这种类型的农药用量更少，效果更好。

目前，数百万吨农药活性成分被用于农业中（FAOSTAT，日期不详 b），并且全世界急性农药中毒事件的出现率和死亡率都很高，尤其是在发展中国家（WHO，2008），因为那里的贫穷农民通常会使用有严重危险的农药制剂，而不是更安全的替代品。

3. 盐分

在过去的几十年，农业生产排放的半咸水和渗出水随灌溉面积的增加成比例增长。

土壤中积累的盐分可以通过灌溉流动（浸出的部分），也可以通过排水进行流通，并引起受纳水体的咸化。此外，过度灌溉会提高咸水含水层的水位，这会促使地下咸水渗入水道，使咸化加剧。含盐的海水侵入含水层是沿海地区水资源咸化的另一个重要原因。这种海水侵入含水层的现象通常是由农业过度使用地下水造成的（Mateo-Sagasta et al.，2010）。

美国、澳大利亚、中国、印度、阿根廷、苏丹

---

❶ 译者注：原著中将硒、砷归为金属，但通常意义上，我们认为其是非金属。

以及中亚许多国家都报道了水的含盐度问题（FAO，2011）。2009年，约有11亿人居住的地区存在浅层地下咸水和中等深度的地下咸水（van Weert et al.，2009）。

水含盐度太高会改变碳、氮、磷、硫、硅和铁等主要元素的地球化学循环（Herbert et al.，2015），对生态系统产生整体性影响。咸化会在3个层次上影响淡水生物群：①物种内的变化；②群落组成的变化；③最终会造成生物多样性的丧失和迁徙。一般来说，当盐度升高时，人们会观察到生物多样性下降（包括微生物、藻类、植物和动物）（Lorenz，2014）。

4. 沉积物和其他污染物

对土地的不可持续利用、土壤耕作和管理不当是造成土壤侵蚀和含有沉积物的径流流入河流、湖泊、水库的主要原因。河流系统中的沉积物是矿物质和有机物的复杂混合物，可能会导致水库淤积；并且由于这种沉积物会改变水生动物栖息地的环境、堵塞鱼类的鳃致其窒息等，所以还会对水生动物造成影响。沉积物还能成为化学污染物的载体，如农药或磷酸盐。

农业还会排放许多其他形式的污染物，包括有机物、病原体、金属和其他新型污染物。有机质过剩会消耗水体中的氧气，增加湖泊和水库出现富营养化和藻类富集的风险。过去20年间，新的农业污染物不断出现，畜牧业和水产业可能排放抗生素、疫苗、生长促进剂和激素，导致生态系统和人类健康面临的风险增加。肥料、动物饲料等农业投入品造成的重金属残留也是一种新出现的威胁。

7.1.2 应对农业污染

1. 知识与研究

人们对农业污染的认识还存在相当大的空白。在大多数国家和流域，特别是在发展中国家，农作物生产、牲畜养殖和水产养殖实际造成的水污染是未知的。这些知识对于国家政府至关重要，因为它们需要了解问题的严重程度，才能制定出有意义和具有成本效益的政策。此外，如果污染源尚不清楚，就不能应用污染者付费原则。如果要更好地了解污染物的传播途径，就需要开展持续的研究和建模工作，并要对水质进行监测。要了解污染物的传播途径，以及动物激素、抗菌药和其他药物等新型农业污染物对健康和环境造成的威胁，稳健的评估也是需要的。

2. 政策和制度

有效控制农业造成的水污染需要一个适当的政策框架。政策可以通过法律法规、计划和方案、经济手段和信息，以及提高意识和教育活动等几种方式加以实施（FAO，2013b）。这些手段包括对农民提供适当的激励措施，鼓励他们遵从良好的农业规范，治理污染。

由于环境政策和粮食生产政策通常由不同部门制定，这些部门普遍缺乏对污染立法和控制的共同责任感。有时候，一些部门为了增加粮食生产和农业收入而制定了一些政策，但是这些政策与减轻内陆和沿海污染存在冲突，这种情况经常发生。这就需要加强不同部门之间的合作，从而制定出更协调一致的政策。流域层面上要制定水污染治理计划和方案，涵盖不同的污染源（除了农业之外，还要包括工业和城镇地区），并且在更理想的情况下，要明确在循环经济中某一产业的废水如何成为另一产业的资源。

3. 农场实践

农场实践在管理和减轻农业污染方面发挥着关键作用。种植业中，通过管理有机和无机肥料及农药降低水污染风险的措施包括：①限制在农作物中使用的化肥和农药的种类、数量，并且优化时间安排；②沿地表水道建立缓冲带；③在地下水水源处建立保护区。此外，有效的灌溉方案也可以大大减少水和肥料的损失（Mateo-Sagasta et al.，2010）。如果要控制侵蚀，则需要良好的管理（即等高耕作）或限制在陡坡上进行耕作（US EPA，2003）。

畜牧养殖和水产养殖行业的水质问题源于固体和液体废物（FAO，2013b）。例如，牲畜粪便是提高土壤肥力的有价值的材料，可以节省化肥成本。但是，如果在错误的时间用在错误的地方，它们将会造成很大的污染。如果没有充分的预防措施，牲畜养殖和水产养殖也会造成河流和地下水的微生物污染。因此，制定控制和消除病原体（即家畜粪便中的细菌）及其他污染物（即硝酸盐）扩散的措施是至关重要的。

与农业排放的半咸水或咸水（回流）有关的风险也需要管理。相关的水资源管理方案包括通过保护水资源、处理排放水（即盐水排放后流入蒸发池）或水再利用来最大限度地减少排水。排放的半咸水或咸水可在下游直接使用，或者与淡水混合。这些方法将需要在流域层面进行规划，以使农业生产和作物适应多次循环利用后废水含盐度的提高，还可能会涉及半咸水或咸水中生长的虾和鱼。

进行鱼类-农作物综合生产时（见图7.1），对作物、蔬菜、牲畜、树木和鱼类进行集中管理，会提高生产稳定性、资源利用效率和环境可持续性。综合养殖确保了一家企业的废物能够在农场中成为资源。这样，资源的利用就得到了优化，污染也减少了（FAO，2013b）。

图 7.1 作物种植与水产养殖综合生产

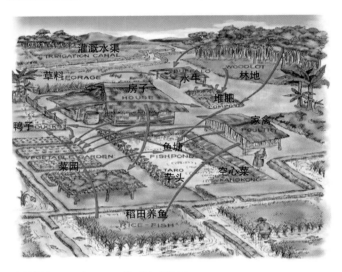

资料来源：FAO（2013b，第93页，图7.3）。

7.2 农业：废水的使用者

随着对农产品需求的增加，农民们正在寻求非常规水源。由于富含营养成分，生活废水和城市废水成为具有吸引力的选项，特别是在传统水资源稀缺或缺乏的情况下。

如果在没有采用必需的安全预防措施的情况下将废水用于农业，微生物和化学污染物可能会在农作物、畜产品、土壤或水中累积，并对食品消费者和农场工人造成严重的健康影响。但是，如果对这些废水进行充分处理并且对其进行安全使用，则它们会成为水和营养物质的宝贵来源，有助于提高粮食安全和改善生计。

废水可直接或间接用于农业。直接使用是指经过计划和考虑将经过处理或未经处理的废水用于某些有益目的，包括灌溉、水产养殖和牲畜养殖。经过处理的、部分处理的或未经处理的废水排入水库、河流等水体，包括地下水，然后成为农业用水，这种称为间接使用。间接使用废水与经过规划的废水使用项目具有相同的健康风险，但是，由于使用者并不知道他们使用的是废水，因此间接使用废水可能会存在更大的健康问题（FAO，1997）。

废水间接用于农业的另一个重要途径就是有管理的含水层补给（MAR），这其中经过处理的废水或者部分经过处理的废水通过池塘、沟渠、潟湖或回灌井渗入含水层，然后被重新抽取（Dillon et al.，2012）。很多情况下，含水层的土壤和不饱和区有助于清除废水中的污染物，因此重新抽取的地下水可以用于各种作物。

废水通常富含悬浮物（颗粒）和可溶解的营养物质。为了优化水的再利用，其质量、数量和位置是需要考虑的重要因素（Iannelli et al.，2011）。

> 如果对这些废水进行充分处理并且对其进行安全使用，则它们会成为水和营养物质的宝贵来源，有助于提高粮食安全和改善生计。

7.2.1 废水利用给农业带来的机会

1. 灌溉

根据联合国粮食及农业组织的 AQUASTAT 数据库（AQUASTAT，日期不详 b），每年在全世界范围内被提取的水约为 $3928km^3$（见图0.1），其中约44%（每年为 $1716km^3$）被消耗掉，约56%（每年为 $2212km^3$）作为废水被排放，包括农业排水和农业废水。

城市废水是农业中直接使用的废水的主要来源。城市用水量占全球取水量的11%（AQUASTAT，日期不详 b）。其中只有3%被消耗，而剩余的8%则作为废水被排放，即每年约排放 $330km^3$ 的废水（Mateo-Sagasta et al.，2015），这其中很大一部分可能被用于农业灌溉。

另一方面，农业排水和废水占取水量的32%（$1257km^3/a$）。这就说明，我们的政策、规划和实施措施不能完全集中在城市废水管理上，也要注重农业排水、回流和废水管理的可持续发展。如上所述，农业用水的再利用能够为健康带来很大的益处，包括提高粮食安全和改善营养状况。

在中东和北非地区（MENA）、澳大利亚、地中海地区、中国、墨西哥及美国，城市废水再利用非常普遍（AQUASTAT，日期不详 b）。但是，除了像 AQUASTAT 这样的机构初期做出的努力以外，我们并没有对经过处理的废水和未经处理的废水在农业中的使用范围进行过全面盘点（AQUASTAT，日期不详 a）。废水处理不充分以及由此造成的大面积水污染表明，使用不安全废水灌溉的面积可能比使用经过处理的废水灌溉的面积大 10 倍（Drechsel et al.，2010）。

根据联合国粮食及农业组织提供的信息，全球实际灌溉面积为 275 万 km² （AQUASTAT，2014）。每年大约 330km³ 的城市废水可能会被用来灌溉 4000 万 hm² 的农田（废水使用量约 8000m³/hm²）（Mateo-Sagasta et al.，2015），占总灌溉面积的 15%。我们对于使用未经处理的废水和经过稀释的废水进行灌溉的总面积尚未有一个明确的估计，但可能为 500 万～2000 万 hm²，占全世界灌溉总面积的 2%～7%。其中，中国占的比例可能最高（Drechsel et al.，2010）。

农业中有计划地使用废水的占比很低，在大部分情况下，废水的使用是不安全的。这就表明，在满足全球粮食生产的用水需求方面，废水（城市废水、工业废水和农业废水）的使用存在很大的提高潜力。

2. 水产养殖业和畜牧业

把排泄物或者废水投入养殖池塘的目的是为了产生天然的鱼食（见专栏 5.4）❶。人们利用这种方式已经养殖了大量的鱼类。鱼类可以在接收流出物或污泥的池塘中生长，在这种环境中，它们能以在营养丰富的水中生长的藻类和其他生物体为食。因此，鱼类可以清除废水中的营养物，最终这些鱼被人类捕捞，被人类消费或者用作饲料。

这些鱼的质量和情况将会影响它们在当地的接受程度。鱼身上（例如，在鱼类的消化道中、皮肤上或者体腔的流体中）的微生物菌群反映了它们生活的水中的微生物菌群情况。可能会有人担心这些鱼是否会受到污染，尤其是在捕捞、清洁和准备的过程中是否会受污染。如果烹饪方式得当，这些鱼应该是安全的。但是，在将鱼打捞出用于人类消耗之前，最好把这些鱼先移到清水池放置

几个星期。

> 数百万吨农药活性成分被用于农业中，并且全世界急性农药中毒情况的出现率和死亡率都很高，尤其是在发展中国家。

喂养牲畜需要的水量以及牲畜对供水的消耗程度是很高的，并且还在不断上升（FAO，2006）。与植物类食物相比，由动物制作的食品每单位产生的营养能量所耗费的水量更多（Gerbens-Leenes et al.，2013）。安全使用废水，能够取代用于生产饲料（干草或者青贮饲料）的淡水，或者取代工业用水（冷却和清洁设施用水）。废水在畜牧业中的使用主要由废水质量决定。无论这些废水是城市废水、工业废水还是同一家牲畜养殖机构的废水，一般都建议对这些废水至少进行二级处理和消毒。此外，如果在养牛时使用再生水，则必须对其进行处理以去除蠕虫等寄生虫，可以通过潟湖（25 天或者更长时间）或者经批准的过滤方法对废水进行处理，比如砂滤或者隔膜渗滤（EPA Victoria，2002）。

7.2.2 风险

在城市和城市边缘地区，将废水用于灌溉非常成功，这里的废水容易收集并且可靠，一般还是免费的，而且附近往往会有农产品市场。有时候，由于需要对废水进行部分处理或者供应量无法满足需求量（例如废水量的季节性变化），就需要储存废水。

在现场使用之前或者用于任何目的之前，收集的废水会在废水处理厂经过一些处理。尽管所需的处理水平根据废水来源（污染物的类型和浓度）和预期用途（作物类型、收获方法等）而有所不同，但用于农业的废水通常被认为需要二级处理。

经过处理的废水和/或再利用的水需要使用经过适当控制的应用技术进行处理，并且如果需要的话，可能还要进行额外的处理。

---

❶ 译者注：英文原版书中标注为"see Box 5.4"，疑似有误，似乎应为"见专栏 5.3"。

农业用水的再利用能够为健康带来很大的益处，包括提高粮食安全和改善营养状况。

1. 健康风险

由于可能存在微生物和化学污染，废水使用对农民、食品链上的工人和消费者的健康会构成风险。使用低成本的劳动力是使用废水的农民的一种常见做法，而这些工作多由妇女承担。因此，她们面临更高的健康风险，包括接触病原体，并很有可能会传播给家人（Moriarty et al.，2004）。

为了降低健康风险，各地区已经提出了很多不同的方法。但大部分方法侧重水质和严格的监管，这使得废水处理成为水再利用的核心要素（Asano et al.，1998；Mara et al.，1989）。例如，在欧盟，Aquarec 项目为不同类型的再利用设置了 7 种（以处理为基础）水质标准，每种都对微生物和化学制品含量提出了限制（Salgot et al.，2006）。

然而，在低收入国家，人们通常认为严格的再利用水质标准所需的成本过高，在现实中无法实现。世界卫生组织在《农业废水、排泄物和灰水安全使用指南》（WHO，2006a）中承认了未经处理或者处理不充分的废水潜在的健康风险，以及降低这种风险的必要性。该指南同时提出要设置一些障碍（多重障碍方法）来保护整个卫生链和食品链（从废水产生到消费）的公共健康，而不是仅仅关注使用点的废水质量（见专栏 7.1）。

2. 环境风险

利用废水灌溉土地时，使用经过处理的废水并优化养分投入的做法具有多种环境效益。同时，如果在灌溉中使用未经处理或者部分经过处理的废水，会存在一些环境风险。这些风险包括土壤污染、地下水污染和地表水的退化。

用部分经过处理的城镇废水（用于灌溉）取代淡水（用于城镇和城郊地区的其他用途）有助于更好地管理水资源、减少对健康和环境的负面影响（Hanjra et al.，2012）。

污染物的流动性及其可以累积的能力加剧了它们对环境和社会造成的威胁。

（1）土壤：灌溉用的废水为土壤带来了营养物、溶解固体、盐和重金属。但随着时间的推移，这些物质可能会过量地累积在植物根部，进而对土壤产生有害的影响。长期使用废水灌溉可能导致土壤盐化、渍水、土壤结构破坏、土地生产力的全面下降和作物产量下降。这些影响取决于废水的来源、使用强度和组成等因素，以及土壤性质和作物自身的生物物理特性。

（2）地下水：废水能够补给地下水含水层（正面的外部效应），也可能会污染地下水资源（负面的外部效应）。过量的营养物、盐和病原体通过土壤进行渗透，可能导致地下水质量的退化。然而，实际影响将取决于一系列因素，包括废水使用范围、地下水质量、水位深度、土壤排水和土壤特性（如多孔、砂质）等因素。在地下水埋藏较浅的灌区，使用处理不充分的废水灌溉对地下水水质的影响可能会很大。

专栏 7.1　一种降低废水灌溉卫生风险的多重障碍方法

世界卫生组织在《农业废水、排泄物和灰水安全使用指南》（WHO，2006a）中提出了一种全面的风险评估和管理方法，以保护公共卫生，力求最大限度地发挥安全用水对健康的益处（WHO，2010）。《卫生安全规划手册》（WHO，2016b）为实施风险评估和管理方法提供了实用的分步指导。

多重障碍方法既保证了灌溉水质，又能通过在粮食生产链的关键控制点设置障碍来解决收获后污染问题（见图 7.2）。这些障碍旨在尽可能减少风险，即使其中一个失败了，但是整体依然有效。这种方法既适用于低收入国家，也适用于采纳了"危害分析与关键控制点"（HACCP）原则的发达国家。在低收入国家，使用未经处理的废水进行灌溉是很常见的，并且对废水的处理是有限的（Ilic et al.，2010）。

约旦已经采用了这种方法。1977 年以来，约旦一直在有计划地推广废水的使用。目前，超过 90% 的经过处理的废水被用于灌溉。为了解决健康问题和监测能力有限的问题，约旦在 2014 年推出了灌溉水质国家指南。该指南是"2016—2025 年国家水战略"的一部分，采用了世界卫生组织 2006 年提出的准则中更灵活的基于健康目标的方法（MWI，2016a）。

专栏资料来源：WHO。

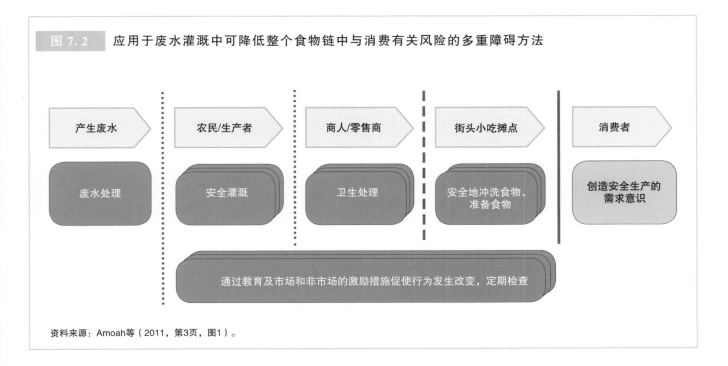

图 7.2　应用于废水灌溉中可降低整个食物链中与消费有关风险的多重障碍方法

| 产生废水 | 农民/生产者 | 商人/零售商 | 街头小吃摊点 | 消费者 |

废水处理　安全灌溉　卫生处理　安全地冲洗食物、准备食物　创造安全生产的需求意识

通过教育及市场和非市场的激励措施促使行为发生改变，定期检查

资料来源：Amoah等（2011，第3页，图1）。

（3）地表水：当废水灌溉系统的径流流入地表水，特别是小型的封闭湖泊和其他水体时，废水中残留的营养物可能导致富营养化，尤其是存在正磷酸盐的情况下。水体中植物和微生物群落的不平衡可能反过来影响其他更高级的水生生物，并降低生物多样性。如果这些水体为当地社区服务，那么生态影响就可能转化为经济影响。

多重障碍方法既保证了灌溉水质，又能通过在粮食生产链的关键控制点设置障碍来解决收获后污染问题。

第 8 章

UNEP｜Birguy M. Lamizana-Diallo、Carla Friedrich

参与编写者：Manzoor Qadir（UNU-INWEH），Javier Mateo-Sagasta、Mathew MacCartney（IWMI），Maite M. Aldaya（博廷基金会水瞭望、西班牙纳瓦拉公立大学），Paul Ouedraogo（《国际重要湿地公约》秘书处）

生 态 系 统

罗克穆勒集团设计的合流制污水溢流处理湿地（美国印第安纳州华盛顿布）

本章将探讨生态系统在废水管理中的作用和使用废水来增强生态系统服务的情况。

废水管理不当可能对生态系统造成不利影响。但是，我们有无数个机会在生态系统服务和废水管理之间创造协同增效效应。这可以从两个方面进行检验。首先，生态系统服务可以作为常规水处理系统的替代或补充，有助于废水处理。由水生和陆地生态系统提供的水净化过程可以提供适合饮用、工业、娱乐和野生动物栖息地的清洁水。其次，在适当的情况下，将废水中所含的资源（包括水、营养物和有机碳）用于生态系统的复原和补救，增强生态系统服务，会为经济和社会带来重大利益。

8.1 生态系统在废水管理中的作用和局限性

可持续废水管理与健康生态系统之间有着明确的联系，如果管理得当，这种关系对两者而言是互惠的。"绿色基础设施"（GI）是指自然（例如河岸缓冲带、湿地和红树林）或半自然的生态系统（如人工湿地、雨林，生态调节池），它们可以提供诸如过滤沉淀物和去除污染的服务，与"灰色基础设施"（例如常规的管道排水系统和水处理系统）的某些功能相当。绿色基础设施依赖生态系统服务，以一种有成本效益的、可持续的方式，主要通过水和废水管理产生效益，并且伴随有广泛的次要共同利益（如碳固存、生物多样性保护、休闲娱乐）（UNEP-DHI/IUCN/TNC/WRI，2014）。保护和恢复这些绿色基础设施系统有利于人类社会，并对生态系统的健康有益。

河岸缓冲带是临近水资源、作为过滤器保护水质的植被区域，有助于维持河岸稳定，并为水生和其他野生动物提供栖息地（见表8.1）（Lowrance et al.，1995）。

表 8.1 不同规模的河岸缓冲带对减少地表径流中沉积物和养分的影响[1]

缓冲带宽度/m	缓冲带类型	沉积物			氮			磷		
		入水浓度/(mg/L)	出水浓度/(mg/L)	去除率/%	入水浓度/(mg/L)	出水浓度/(mg/L)	去除率/%	入水浓度/(mg/L)	出水浓度/(mg/L)	去除率/%
4.6	草地	7284	2841	61.0	14.1	13.6	4.0	11.3	8.1	28.5
9.2	草地	7284	1852	74.6	14.1	10.9	22.7	11.3	8.6	24.2
19.0	森林	6480	661	89.8	27.6	7.1	74.3	5.0	1.5	70.0
23.6	草地和森林	7284	290	96.0	14.1	3.5	75.3	11.3	2.4	78.5
28.2	草地和森林	7284	188	97.4	14.1	2.8	80.1	11.3	2.6	77.2

资料来源：Lowrance 等（1995，第 30 页，表 6）。

废水管理不当可能对生态系统造成不利影响。但是，我们有无数个机会在生态系统服务和废水管理之间创造协同增效效应。

自然生态系统被称为环境的肾脏，它能够去除污染物（见专栏 8.1）、调节水流和储存沉积物。在提供废水处理服务方面，自然生态系统非常有效、经济，前提是自然生态系统是健康的，废水中的污染物负荷（和污染物类型）受到监管，不会超过生态系统的污染承载能力。生态系统的同化能力有天然的限制，超过这些限制，生态系统就会受到威胁，不能再起到净化作用。一旦径流中污染物的浓度达到临界阈值，就会有出现突然和不可逆转的环境变化的风险（Steffen et al.，2015）。

---

[1] 译者注：表中数据源自英文原著，可能由于四舍五入等原因存在一定误差。

纳基乌波湿地：坎帕拉（乌干达）生活废水和工业废水的接收者

纳基乌波湿地直接接收坎帕拉大约10万户家庭未经处理的废水，以及多个行业排放的未经处理的废水，但该市没有相应的主干排污系统提供服务。这个面积为5.3km²的湿地还接收该市主要污水处理厂排出的废水。

同时，该湿地对默奇森湾和维多利亚湖起到净化作用，保护它们免受污水的影响。由于坎帕拉供水设施的取水口距离该湿地的主要出水渠只有3km，这种保护就显得至关重要。据估计，纳基乌波湿地净化效应每年的经济价值为98万～180.8万美元，通过种植作物、收割纸莎草、制砖和养鱼每年还可额外获得20万美元的收益（De Groot et al.，2006）。

资料来源：Paul Ouedraogo（《国际重要湿地公约》秘书处）。

人工湿地和池塘系统能有效地处理废水（见专栏8.2）。在这些系统中，人工种植的植被大大增加了表面接触面积，这有助于去除通常由砂和砾石组成的滤床上的污染物。

美国印第安纳州用于处理废水的人工湿地

在美国印第安纳州华盛顿市，合流制污水溢流（CSOs）常常污染当地的水道。于是，华盛顿市建造了一个人工湿地来处理废水。与建造一个常规处理系统的成本相比，建造这个人工湿地节省了2600多万美元，并且每年会节省160万美元的运营成本。人工湿地系统排放水的质量已超过了城市废水处理厂的水质标准，自从湿地建成后，野生动植物重新出现在当地水道。

资料来源：PR Newswire（2013）、UNEP-DHI/IUCN/TNC/WRI（2014）、华盛顿市以及（2016年的）私人通信。

8.2 将废水有计划地用于生态系统服务

水的再生和再利用已不再是一种奢侈行为，而是必需的，特别是在缺水国家。在这些国家，许多城市和环保机构已经使用经过部分处理的废水来建造人造湖泊或湿地，补充耗尽的地下水，恢复自然湿地或灌溉高尔夫球场、公园和花园（见表8.2）。除了用于景观灌溉以外，西班牙和墨西哥已经使用再生水来管理天然湿地（Otoo et al.，2015），确保即使在干旱的时候，水位也能保持不变。

将经过处理和部分经过处理的废水有计划地用于生态系统是近年来才发生的事情。这种做法可以从以下方面提高资源效率，并为生态系统带来好处：

（1）减少对淡水的取用。

（2）回收再利用必需的营养物质，从而减少化肥的使用和温室气体的排放。

（3）尽量减少水污染，使河水质量足以维持渔业和其他水生生态系统的蓬勃发展。

表8.2　　　　使用经处理的废水支持生态系统服务的案例

项目名称	国家	再利用类型	驱动因素	再利用的目的	废水处理技术
清河和北小河水回收项目	中国	景观绿化	节约水费，解决水资源不足的问题	景观灌溉，地下水补给	微滤、反渗透
马拉喀什废水处理厂	摩洛哥				
苏莱比亚废水回收项目	科威特				
Jonan地区的"三条河项目"	日本	恢复湿地和水库	天然水资源日趋枯竭，恢复水渠、湖泊和河流	恢复水渠和河道	活性污泥，砂滤，使用营养物去除工艺进行的深度处理
特斯科科湖	墨西哥				

资料来源：根据Otoo等（2015，第177～180页，表10.2）改写。

（4）为各种有益用途补充耗尽的含水层，如（废水）间接回用为饮用水（IPR）（见16.1.2小节和16.1.5小节）。

虽然根据估计，将经过处理的废水用于生态系统服务会从环境和经济方面产生效益（见专栏8.3），但是，许多生态系统服务的有效市场目前依然处于萌芽状态或根本是不存在的（Qadir et al.，2015a）。

考虑到水鸟自然栖息地的退化，人工湿地成为了一种合法的替代方案。

专栏8.3 秘鲁利马利用经过处理的废水打造休闲绿洲

在一个充满沙尘的城市，公园和花园可以为人类福祉带来积极的影响。华斯卡（Huascar）公园是一个多用途休闲公园，其用水由利马15个污水处理厂其中的一个供应。公园与废水利用相结合是一个双赢的举措，既优化了城市的资源回收，又为生态系统带来了好处。部分经过处理的废水向公园提供水和一些营养物质，这对于土壤水分含量低且不肥沃的利马是非常有价值的。这种做法还节省了淡水，省下的淡水可以用于其他用途，并且还提高了植被土壤养分的可利用性，从而在秘鲁首都建立了一个休闲的"绿洲"。

绿地提供了一个放松和娱乐的环境，有利于人们的身心健康，这是当地生态系统提供的一项重要的服务。

资料来源：Manzoor Qadir（UNU-INWEH）。

> **政府和企业传统上侧重于满足排放标准，而并非从生态系统的角度考虑环境标准。**

8.3 操作和政策方面

我们需要共同努力来降低排放未经处理的废水所造成的污染，加大对经过处理的废水的使用，这需要通过综合的、全过程周期生态系统管理和实现资源效率目标来完成。还需要制定相关的政策，找到合适的途径，将废水视为资源，突出强调生态系统服务与人类福祉之间的紧密联系。

推行水环境质量标准是防止对环境造成负面影响和保护自然生态系统的关键。水环境质量标准是指自然生态系统吸收或同化环境中污染物的能力。水体对一种物质最大的允许承载量即为水环境质量标准，以"浓度"的形式表示。由于水环境质量标准可以因地点不同而改变，因此可以用来降低总负荷的最大值，并在不限制排放的情况下保护有价值的生态系统（Markandya et al.，2001）（见专栏8.4）。水环境质量标准通常存在于国家立法层面，并未涉及所有物质或所有地区（Hoekstra et al.，2011）。即使确实存在相关的标准，但也通常缺乏有效执行这些标准的能力，特别是（但不仅仅是）在发展中国家。

专栏8.4 与排放标准相比，水质量环境标准的附加值

政府和企业传统上侧重于满足排放标准，而并非从生态系统的角度考虑环境标准。满足排放标准是一回事，但是考察污水对水体吸收能力的影响是另一回事。就流出物中化学物质的浓度而言，可以简单地通过使用更多的水稀释流出物来满足排放标准。这种做法可能对企业达到污水排放标准有帮助，但是，这并不能减少添加到环境中的化学品的总负荷以及对生态系统的相关影响，更不用说这样做会增加用水总量。

资料来源：Hoekstra 等（2011）。
Maite M. Aldaya（博廷基金会水瞭望、西班牙纳瓦拉公立大学）编写。

第三部分 区域层面

第 9 章

联合国教科文组织阿布贾办事处 | Simone Grego、Oladele Osibanjo

非　　洲

优化水的再利用和用水效率

本章探讨了非洲城市居住区快速发展面临的重大挑战以及废水利用为其带来的机遇。

9.1 撒哈拉沙漠以南非洲地区的水和废水资源

非洲人口占全世界总人口的15%，但其可再生水资源仅占全球的9%，且水资源地区分布不均（Wang et al.，2014）。预计到2037年，城市地区的人口总数将翻两番，可用水和用水需求之间的矛盾将日益突出（World Bank，2012）。一方面，随着人类生活标准的提高和消费模式的改变，用水需求将持续增长；另一方面，由于农业、采矿和其他行业的竞争性需求以及水质下降，可用水资源不断减少。地下水是大部分人的主要或备用水源，但是污染和过度开采等问题对地下水资源造成了严重影响（World Bank，2012）。

撒哈拉沙漠以南非洲地区人口总数超过10亿，其中3.19亿人仍无法获得经过改善的饮用水。该地区的卫生条件令人担忧，有6.95亿人缺乏基本卫生设施，各个国家的卫生条件也均不满足联合国千年发展目标的卫生要求（UNICEF/WHO，2015）。

采矿业、石油天然气、伐木业和制造业是本地区的主要工业，由此产生的所有废水经常未经处理或未适当处理便直接排放到自然环境中。例如，在尼日利亚，只有不到10%的工厂对废水进行处理后再排放到地表水中（Taiwo et al.，2012；Ebiare et al.，2010）。另外经检测，该地区某些稳定塘中的废水污染物浓度是欧洲地区的5倍（Li et al.，2011）。

农田径流中的农药残余、植物废料、禽畜排泄物等都对水体造成了污染。例如，在尼日利亚夸拉州的奥法地区，含有磷肥的农场排水和牛粪洗涤水混入地表径流流入附近的奥云（Oyun）水库，导致其定期出现富营养化（Mustapha，2008）。

非洲大多数城市中，固体垃圾和其他污染物随雨水流入基础排水系统，后又汇入附近河流［见Taiwo（2011）］或渗入地下水。如不严格遵守并执行城镇规划原则和法规，此问题会愈加严重（Osibanjo et al.，2012）。

排除农业和工业废水等其他污染源，本章重点介绍城市废水对该地区的影响。在当前城市加速发展的情况下，改善城市废水管理可带来新机遇。

9.2 主要的挑战

9.2.1 城市居住区

非洲面临的最主要的与废水相关的一项挑战是缺乏收集和处理废水的基础设施。废水中有机物含量过高、废物排放缺乏管制、停电、废水量不断增加、能源成本高和缺乏再投资等问题（Nikiema et al.，2013），使得原本紧缺的地表水和地下水资源再受污染。

城市居住区的废水收集有限，而且房屋和工厂也未设置足够多的污水管道接入市政排水系统。另外，对于已设置排水设施的不合理操作和维护以及专业技术人员的缺乏，也大大降低了废水处理效果，导致环境中污染物浓度过高。

目前，水处理厂缺乏稳定的资金保障处理设施的保养和升级以及配置所需的监测设备（Wang et al.，2014；Nikiema et al.，2013）。例如，亚的斯亚贝巴的卡利提废水处理厂，初建时计划服务5万人，但因资金短缺，无法架设足够的可入户的排水管道，导致连通率下降，实际服务人数不足1.3万。经计算，2009年，该废水处理厂收集到的废水不足城市废水排放总量的3%（Abiye et al.，2009）。

非洲国家废水管理面临的另一个挑战是废水处理前后的有效监测能力不足。例如，最近的一份研究指出（UNESCO，2016a），尼日利亚只有少数几个实验室有能力对新型污染物进行检测。

9.2.2 治理和数据需求

治理不善，包括无效的政策和制度、缺乏执法力、腐败、基础设施不足、缺乏人力资源投入等，导致水和废水质量问题不断加剧（UNEP，2010）。

有效废水数据的缺乏，影响了本地区水质政策的制定。在撒哈拉沙漠以南非洲地区，几乎没有可供参考的有关废水产生、处理、利用和水质的数据。仅塞内加尔、塞舌尔和南非拥有废水方面的综合信息，而其中塞舌尔和南非的数据可追溯至2000年（Sato et al.，2013）。

此外，各级政府水利部门所遵从的法律法规，都未将废水处理考虑在内。例如，在尼日利亚，国家法律和各州法律中几乎没有涉及废水的内容

（Ajiboye et al.，2012；Goldface-Irokalibe，1999，2002；Goldface-Irokabile et al.，2001）。多数国家也未严格执法（如针对工厂接入市政排水系统的情况），直接影响了下游水质。

9.2.3　快速城镇化

2013 年，撒哈拉沙漠以南非洲地区的发展中国家城市人口的年增长率（6％）（见图 9.1）是农村人口年增长率（2％）的 3 倍。预计 2015—2025 年，非洲地区城市人口占该地区总人口的比例将从 40％增长至 45％（UNDESA，2014）。这些数据表明，非洲城市的废水产出量将大幅增加（World Bank，2012）。

非洲城市正在快速发展，但其目前的水管理系统无法满足日益增长的用水需求。预计到 2035 年，仍有半数的城市基础设施需要建设（World Bank，2012）。这一情况不仅指出了非洲废水利用面临的挑战，同时提供了创新手段以替代过去不合理的水管理方式，如城市水资源综合管理（IUWM），这种方法利用经处理的废水满足不断增长的用水需求。

图 9.1　**2013 年城市和农村人口的年增长率**

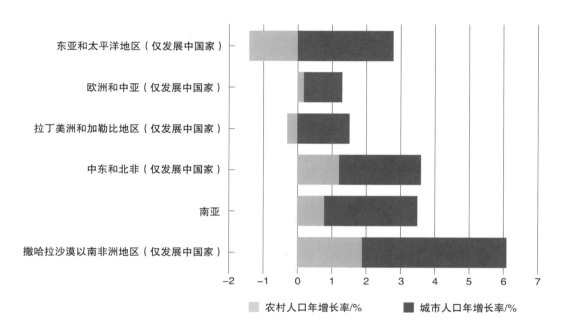

资料来源：根据World Bank（日期不详）数据。

非洲城市普遍缺乏人力、财力和体制能力来进行水管理。虽然一些大城市也不同程度地面临着这些问题，但它们拥有较高的体制及经济能力（见图 9.2）来通过经济规模解决水问题；而多数小城市仍缺乏此类优势，因此能力建设是向改善水和废水管理系统迈进的必要一步。

可用水资源量和用水需求之间的矛盾日益突出，尤其是城市地区，预计到 2037 年城市地区的人口总数将翻两番。

9.3　未来发展的方向

9.3.1　城市和城郊农场的废水利用

废水是一种待开发的资源，这已是世界共识。即便一些未制定水资源再利用政策的非洲国家，也意识到废水具有的价值。在城市和城郊地区，传统的淡水灌溉正在被废水灌溉所取代。库马西和阿克拉地区用未经处理的废水进行灌溉的商业发展是一个典型例子（见专栏 9.1）。在该地区，废水主要用于作物灌溉和蔬菜栽培。尽管废水灌溉能够创造商业机遇、改善生活，但它同时也为农民和消费者带来了严重的健康隐患（Keraita et al.，2004；Drechsel et al.，2010）。

图 9.2　城市水管理挑战以及体制和经济能力

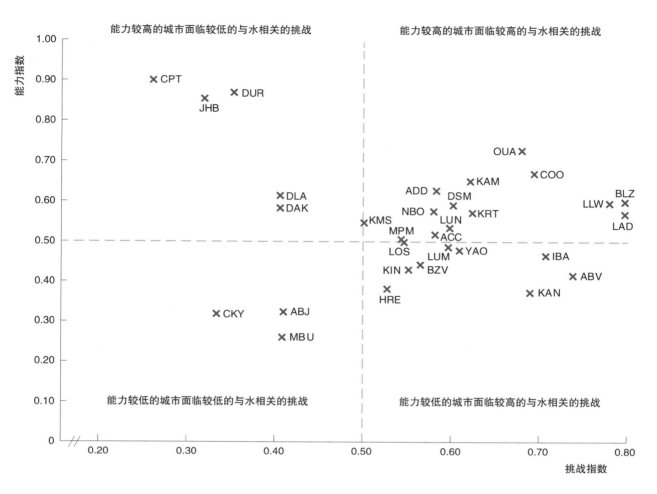

资料来源：World Bank（2012，第5页，图1）。

注　1.字母缩写对应的城市名。ABJ：科特迪瓦阿比让；ABV：尼日利亚阿布贾；ACC：加纳阿克拉；ADD：埃塞俄比亚的斯亚贝巴；BLZ：马拉维布兰太尔；BZV：刚果（布）布拉柴维尔；CKY：几内亚科纳克里；COO：贝宁科托努；CPT：南非开普敦；DAK：塞内加尔达喀尔；DLA：喀麦隆杜阿拉；DSM：坦桑尼亚达累斯萨拉姆；DUR：南非德班；HRE：津巴布韦哈拉雷；IBA：尼日利亚伊巴丹；JHB：南非约翰内斯堡；KAN：尼日利亚卡诺；KIN：刚果（金）金沙萨；KMS：加纳库马西；KRT：苏丹喀土穆；LLW：马拉维利隆圭；LAD：安哥拉罗安达；LOS：尼日利亚拉各斯；LUN：赞比亚卢萨卡；MBU：刚果（金）姆布吉马伊；MPM：莫桑比克马普托；NBO：肯尼亚内罗毕；OUA：布基纳法索瓦加杜古；YAO：喀麦隆雅温得。

　　2.方法说明。图中数据从与水相关的挑战以及体制和经济能力两个方面对城市进行分析。每一项都标明了相应的变量和对应的指数。水挑战指数可根据以下变量进行确定：城市挑战、固体垃圾管理、供水服务、卫生服务、洪水灾害和可用水资源量。体制和经济能力指数可参照以下变量进行确定：国家政策和制度、经济实力、涉水机构和水务公共事业管理。此处使用标准化指数，数值范围为0~1。每个指数的权重相等，并从不同维度进行汇总。

专栏 9.1　加纳库马西和阿克拉的废水利用

　　加纳将小河和排水管道中未经处理的废水用于非常规灌溉，为发展城市农业和城郊农业提供了一种很好的模式。库马西和阿克拉的城市废水一般用于农田灌溉，而城市的主要废水处理厂则经常处于停工状态，这种现象在非洲国家的许多城市非常普遍。废水灌溉为许多加纳人提供了粮食、保证了就业、减少了贫困，并有助于保护淡水资源。

　　阿克拉的农民使用未经处理的废水灌溉了 15 种以上的蔬菜。每个农民在城市拥有的地块面积为 22～3000m² 不等。依靠种植全年都可得到灌溉的蔬菜，农民人均年收入达 400～800 美元。每年种植作物的市场价值预计达 1400 万美元，全国大约 20 万居民因此受益。库马西的耕地面积约为 115km²，是全国进行常规灌溉的土地面积的 2 倍。

例如，该地区通过污泥回收，获得了发展机遇，改善了农民的生活，并且减少了排放至大自然中的污泥量。加纳库马西建立了一个试点性的堆肥厂，并对其进行为期 12 个月的监测（Mensah et al.，2003）。结果表明，农民接受使用混合肥料，说明通过从污泥中回收养料来减少废水污染、提高城市和城郊地区农民生活水平的方法是切实可行的。

大力开展宣传活动，才能使政策制定者和政界人士理解在社会经济发展、环境质量和人类健康管理方面存在"不作为的成本"。

9.3.2　经处理的废水的使用

纳米比亚和南非的案例证明，废水在经适当处理后可以作为饮用水和工业用水的一种安全的来源。专栏 16.1 显示了在纳米比亚首都温得和克，废水经过处理达到了饮用水质标准。专栏 9.2 则描述了如何在工业生产中循环使用废水。

9.3.3　创造有利环境，促成变革

如若从现在开始着手应对水资源挑战、抓住提高废水管理带来的机遇，撒哈拉沙漠以南非洲地区可以在 2030 年解决用水需求激增的问题并实现可持续发展目标 6。实现这一目标不仅需要设定合理的治理结构、有效的制度政策，建设更好的废水收集和处理设施，还应对设备进行正确的维护，提高废水处理、监测和数据管理的人力资源和体制能力建设，更要建立强有力的监管框架，严格执行，合规监测。

为保证上述计划顺利实施，还需强有力的政治意愿。大力开展宣传活动，才能使政策制定者和政界人士理解在社会经济发展、环境质量和人类健康管理方面存在"不作为的成本"。

专栏 9.2　南非火力发电企业的废水循环利用

自 1980 年起，南非一直在实施废水内部处理和循环利用计划。该计划有利于缓解对水资源的需求和减少废水排放量。

南非国家电力公司（ESKOM）是南非主要的电力公司，也是非洲最大的电力公司之一。该公司的内陆火力发电厂使用大量水进行冷却降温，同时产生大量"冷却后排水"（即从冷却设备排出的水）。由于冷却后排水盐度很高，且含有病原体及化学添加剂，只有经过处理后才能排放。

在 20 世纪 80 年代初期，ESKOM 即安装了反渗透设备对冷却后排水进行处理。目前，自由邦省萨索尔堡的 Lethabo 火电站配置的反渗透设备的处理能力达 1200 万 L/d。其中一部分净水资源会返回到集中冷却水系统，另一部分作为离子交换处理的给水。离子交换处理也是一种脱盐处理，用这种工艺处理出来的水中总溶解固体（TDS）含量很低，可以再次使用。

资料来源：Schutte（2008）。

如若从现在开始着手应对水资源挑战、抓住提高废水管理带来的机遇，撒哈拉沙漠以南非洲地区可以在 2030 年解决用水需求激增的问题并实现可持续发展目标 6。

最后，建立适当的融资机制也是一个关键因素。由于水利基础设施项目开发时间较长，而且需要大量的前期投资，多数投资者不太愿意这样做。投资者应与国家政府共同探讨不同的废水管理融资方案，例如支付水或废水费用、私营部门参与低成本的最佳可行技术（BAT）投资、建立政府和社会资本合作（公私伙伴关系）等（详见第 15 章）。此外，投资者还应寻求捐助者的支持，用于创新商业模式和交付模式的试点或示范项目以及成本低且行之有效的创新技术。

第 10 章

UNESCWA ｜ Carol Chouchani Cherfane

参与编写者：Ali Karnib［联合国西亚经济社会委员会（UNESCWA）］、Manzoor Qadir（UNU-INWEH）

阿 拉 伯 地 区

约旦首都安曼的 Miyahuna 污水处理厂

本章介绍了阿拉伯地区的废水产生、收集和处理情况，尤其是经处理的废水用于不同用途的政策框架。

10.1 背景

阿拉伯地区是世界上最干旱的地区。2014 年，22 个阿拉伯国家中有 18 个人均水资源量低于 1000m³，低于国际严重缺水线标准（AQUASTAT，日期不详 b）。使用安全处理的废水已经成为许多阿拉伯国家增加水资源的重要手段，并被列为区域和国家层面水资源管理规划的核心组成部分。

阿拉伯地区的卫生设施已得到普遍改善，但排水系统仍不完善，废水处理设施也不充足。换言之，在阿拉伯地区内，大型城市中心的污水管网覆盖相对完善，而农村地区和最不发达国家则随处可见化粪池和污水坑（UNESCWA，2013）。大部分未建立排水卫生系统的地区，难以对废水进行收集和处理，更不易对废水资源进行可持续管理。

根据"MDG＋"倡议❶，阿拉伯部长级水理事会主持进行了区域性水资源、卫生条件和废水处理服务的监测和报告。表 10.1 中的相关数据表明，2013 年阿拉伯国家对 69％的收集到的废水进行了安全处理，对 46％进行了二级处理，对 23％进行了三级处理。另外，在水资源缺乏的海湾合作委员会成员国家（GCC），收集到的废水中 84％进行了三级处理，44％经过安全处理后被再次使用。就阿拉伯地区而言，23％经过安全处理的废水被再次利用，大多被用于农田灌溉和地下水回补。

10.2 挑战

10.2.1 为流离失所的人提供服务，应对洪水灾害

阿拉伯国家在为难民营、非正式定居点和收容社区提供水资源、改善卫生条件、配置废水处理设施等方面面临着严峻挑战。约旦聚集了 70 余万来自伊拉克和叙利亚的已注册难民，其中 90％未在难民营居住（UNHCR，2016）；黎巴嫩的水利基础设施勉强能满足 150 万难民的用水需求，难民人数相当于其人口总数的 1/3（UNOCHA，2016）。伊拉克、利比亚、巴勒斯坦、索马里和叙利亚的地区性冲突和民众的流离失所都加剧了废水处理设施的运行压力，对排水系统造成了损害。

雨水管网以及合理的地下水人工补给方案的缺乏使得废水处理厂在由气候变化引起降雨频度和强度增加的极端降雨事件中，无法发挥应有的效用。洪水，包括近几年在也门索科特拉岛、阿拉伯湾、埃及、黎巴嫩和巴勒斯坦海湾地区发生的洪灾，严重影响了经济和环境发展，对基础设施、人民财产及保护区造成了破坏。

10.2.2 工业废水

在该地区进行工业废水管理成本高，且具有争议性。一方面，埃及、摩洛哥和其他阿拉伯国家的纺织和制革产业排放的化学和生物废水污染了地表水和地下水资源；另一方面，关闭小型企业将影响以传统产业为生的民众的生活。

从更大的方面来说，海水淡化厂排出的含有残余化学成分的海水会破坏海湾生态系统。石油开采过程中浮至表层的含油污水会对含水层造成污染，致使土壤退化。

> 22 个阿拉伯国家中至少有 11 个已将允许使用经处理的废水纳入国家法律体系。

---

❶ "MDG＋"倡议是地区性的政府间倡议，目的是从由各个阿拉伯国家水和废水部门及统计办公室组成的国家监测团队收集国家级数据。此倡议旨在通过数据收集获取阿拉伯地区供水、卫生设施、废水处理服务等信息。该倡议要求测定废水指数，包括根据废水等级设定废水处理量、经处理废水的使用量和用途以及用于卫生服务的收费标准等。具体说明和 MDG＋指数的计算方法，参见 UNESCWA（2013）。

表 10.1 　　　　　　　　　　　　　　　2013 年废水的收集量、处理量和使用量

国家	废水收集量/($\times 10^6 m^3$)	一级处理/($\times 10^6 m^3$)	二级处理/($\times 10^6 m^3$)	三级处理/($\times 10^6 m^3$)	安全处理的废水量/($\times 10^6 m^3$)	经安全处理废水的使用量/($\times 10^6 m^3$)	经处理废水的使用量占安全处理废水总量的百分比/%
海湾合作委员会成员国家							
巴林	122.8	0	0	122.8	122.8	38.1	31
科威特	—	0	58.0	250.3	308.3	308.3	100
阿曼	26.2	0	0	26.2	26.2	20.4	78
卡塔尔	176.8	0	0	158.7	158.7	115.9	73
沙特阿拉伯	1317.2	0	580.2	736.9	1317.1	237.1	18
阿联酋	615.7	0.3	11.7	593.6	605.3	397.2	65.6
马什雷克国家①							
埃及	3030.4	724.3	2054.8	57.1	2111.9		
伊拉克②	620.4	0	415.7	0	415.7	0	0
约旦	130.8	0	130.8	0	130.8	113.3	87
黎巴嫩	—						
巴勒斯坦②	61.0	0.3	45.3	0	45.3	0	0
马格里布国家③							
阿尔及利亚	1570.4	0	275.2	0	275.2	19.3	7
利比亚②	291.1	0	45.8	0	45.8	14.7	32
摩洛哥	144.2	38.2	0.1	6.1	6.2	—	—
突尼斯	235.0	0	222.0	6.6	228.6	60.0	26
最不发达国家（LDC）							
毛里塔尼亚	0.65	0	0.65	0	0.65	0.12	18
苏丹	18.0	18.0	0	0	0	0	0
也门②	159.4	58.1	42.2	22.0	64.3	—	—
总计	8520.0	839.2	3882.5	1980.3	5562.8	1324.4	23

① 位于阿拉伯地区内东部的国家。
② 2012 年数据。
③ 位于阿拉伯地区内西部的国家。
资料来源：LAS/UNESCWA/ACWUA（2016）。

10.2.3 资源整合不足，缺乏投资

由于不断增加的人口压力以及设计、投产建设存在时间差，尽管已对二级处理厂投入大量资金，配置的处理设施仍不充足，处理后废水的水质仍低于预期标准（UNESCWA，2013）。做投资决定，特别是针对好氧和厌氧处理方案进行选择时，理应结合本地区典型的炎热干旱的气候条件，而通常情况下，气候条件往往被忽视。一些阿拉伯国家运行

和维护二级、三级废水处理设施的技术能力和预算水平比较落后，这使得该地区无法吸引足够的投资，导致工厂投产的周期加长。

鉴于各区域的动态表现，废水处理总体规划会迅速失效（见专栏 10.1）。废水管理也会存在制度安排不明确的情况。而且，负责扩展排水网络的国家机构和市政当局同负责废水处理设施运行的水资源管理人员和供水部门之间经常缺乏协调（见第 3 章）。

2012 年，黎巴嫩的人口达 430 万，年产废水量超过 3.1 亿 m^3，包括 2.5 亿 m^3 生活废水和 0.6 亿 m^3 工业废水（MEW，2012）。

据估计，黎巴嫩只有 8% 的废水经过了处理。黎巴嫩北方省和南方省大约 11% 的人口使用经安全处理的废水，而在大贝鲁特地区和贝卡谷地，使用经安全处理的废水的人口比例分别是 7% 和 3%（Karnib，2016）。黎巴嫩大部分收集到的废水被排入地表水和地中海。化粪池对地下水（如向大贝鲁特地区供水的 Jeita Springs）造成了污染（BGR，日期不详）。废水收集、转化和处理的不充分加大了健康和环境风险。

2012 年，废水处理的国家战略中包含以下 5 个战略支柱：①关于废水收集、处理和使用的综合性优先投资项目；②建立和规范标准的法律、法规和政策措施；③明确职责、创造服务能力的制度措施；④为可行且负担得起的服务进行融资的措施；⑤推进私营部门参与废水处理的措施。2012—2020 年工作规划中的预计实施成本为 31 亿美元。然而，由于地区政治动荡、冲突不断以及资金的匮乏，该战略实施计划破产。

10.3　应对措施

2011 年，阿拉伯部长级水理事会采取一项地区水安全策略和行动计划，呼吁大力推广海水淡化，将经处理的废水及农业排水作为非常规水资源使用，以此弥补阿拉伯地区水资源的不足（AMWC，2011）。随后，根据各个缺水区域水和废水情况的一系列指数，理事会发起了"MDG＋"倡议，对阿拉伯国家的供水、卫生条件和废水服务进行监测和报告（UNESCWA，2013）。

10.3.1　政策框架

22 个阿拉伯国家中至少有 11 个已将允许使用经处理的废水纳入国家法律体系。此项立法由各个国家负责废水使用和排放的国家机构提出，包括科威特、黎巴嫩、阿曼的环境部门，伊拉克的健康部门，突尼斯的农业部门，埃及的住房部门以及约旦和也门的标准协会等（WHO，2006b）。

约旦和突尼斯通过实施国家水政策和水计划解决本国的废水问题。2016 年 2 月，约旦通过了"水替代和再利用政策"，正式将使用经处理的废水纳入国家政策，并制定相关计划就使用处理过的废水和使用混合了处理过的废水的水收取一定费用（MWI，2016a）。作为分散式废水管理政策的补充内容，这项为小型社区提供服务的政策（MWI，2016b）对占约旦可用水资源近 15% 的经处理废水的使用意义重大（UNESCWA，2015）。

约旦废水处理部门建立了捐助者协调和投资计划。《2016—2018 年约旦应对叙利亚危机计划》指出，约旦将在当地社区投入大量资源用于废水收集和处理工作，还计划在废水处理厂中纳入能源效率及空气污染治理措施，以及努力确保在学校和保健门诊建立能够服务不同性别的卫生设施（MOPIC，2016）。突尼斯也开展了一项积极的水资源再利用项目（见专栏 10.2）。

10.3.2　石油产业采油污水的使用

该地区一些国家已采取措施对石油开采过程中的产出水进行处理和再利用。阿曼检测了经处理的含油废水，并将其作为灌溉用水，代替以往将其注入含水层、污染地下水资源的做法（JPEC，1999）。阿曼苏丹卡布斯大学对废水的脱油处理进行了研究（Pillay et al.，2010），研究发现，经处理的采油污水可以排放到人工湿地。

10.3.3　经处理的废水可用于生态系统和地下水人工回补

沙特阿拉伯在利雅得附近投资建立了一个环境敏感型废水处理系统，利用排水和经过处理的废水构建了哈尼发河谷湿地。该项目设计了新的休闲空间，并恢复了地区的生物多样性，因此获得了"阿卡汉建筑奖"（AKDN，日期不详）。

结合从自然生态系统中获得的经验教训，人们将非网络化的废水处理方式逐步付诸实践。黎巴嫩利塔尼河管理局成功验证了人工湿地也可用于废水处理。同时，黎巴嫩几个无法建立排水系统的山地社区也根据自然条件采用了类似的分散式废水处理方式（Difaf，2016）。

水资源匮乏的阿拉伯地区，用经处理的废水对地下水进行人工回补，并以此来储存水资源。巴林国内 7% 的经处理的废水被用于地下水回补（LAS/

UNESCWA/ACWUA, 2015)。同时，一些阿拉伯国家还将雨水和经处理的废水注入含水层，以此应对极端降水事件并增加储水量。比如，埃及在红河沿岸就开展了类似的实践。

10.3.4 将废水转化为能源

对废水进行厌氧消化处理可以产生沼气、回收能源（见 16.2.2 小节）。该地区回收的沼气可以就地发电、发热，也可用于供外部使用的能源生产。约旦最大的 As-Samra 废水处理厂的服务范围覆盖

227 万人，它利用厌氧污泥消化池产出沼气并发电，使其自身的能源自给率达到 80%（UNESCWA，2015）。开罗尼罗河东岸的 Gabal El Asfar 废水处理厂每天可处理 140 多万 m³ 的废水，该厂还包括一个通过厌氧污泥消化发电的热电厂，其产生的能源可满足整个处理厂运行所需能源的 65%（Badr，2016）。

模块化沼气池方案也可用于向马什雷克国家的难民营和非正式居住区供应能源。然而，在运用此种方式开展试点之前，应首先在当地文化背景下提高居民的意识。

专栏 10.2 突尼斯的水资源再利用

自 20 世纪 80 年代初以来，水资源再利用一直是突尼斯的当务之急。因此，该国推出了一项全国性的水资源再利用项目以增加自身的可用水资源量。通过该项目，大部分的市政废水通过活性污泥法进行了二级生物处理，也有一些进行了有限的三级处理。

对经处理废水的使用进行限制以保护公共健康的做法得到了广泛关注，符合世界卫生组织建议书的要求（WHO，2006b）。突尼斯法律允许使用经二级处理的废水灌溉除蔬菜（无论用于生食或熟食）外的所有农作物。各地区的农业部门对经过安全处理的废水的使用进行监督，同时从（使用这类废水的）农民那里收取费用。突尼斯农民根据所需水量和灌溉面积支付灌溉用水费用。

尽管政府大力支持并鼓励使用经处理的废水，但出于社会接受度、作物选择的管理以及其他农学因素方面的考虑，农民更倾向于使用地下水灌溉。南部干旱地区的农民也对含盐废水对农作物产量和土壤会造成长期的负面影响表示担忧。此外，出于健康考虑，蔬菜和其他高产值作物的种植同样受到了限制。为应对这些挑战，突尼斯的政策制定者竭力提高协调能力，采取以需求为导向的方法，推进废水回收计划和使用经安全处理废水的灌溉项目（Qadir et al.，2010）。

资料来源：Manzoor Qadir（UNU-INWEH）。

第11章

UNESCAP | Aida N. Karazhanova、Donovan Storey
参与编写者：Jayakumar Ramasamy（联合国教科文组织曼谷办事处）、Ram S. Tiwaree、
Stefanos Fotiou

亚洲和太平洋地区

老挝的社区卫生问题会议

本章介绍了废水如何正在成为亚太地区不同产业的潜在资源，以及由此带来的伴随效益，如气候适应性和副产品回收等。

11.1 背景和挑战

亚太地区重点行业对有限淡水资源的竞争不断加剧。该地区产生的废水中约80％～90％未经处理便直接排放，对地下水和地表水资源以及沿海生态系统造成了污染（UNESCAP，2010）（见表11.1）。为了满足当地未来的用水需求，减少水污染，该地区需要更有效地利用水资源，并通过创新的管理和技术方案，减少废水的产生和排放。

1950—2000年，该地区城市人口增长了一倍多（UNESCAP/UN-Habitat，2015），极大地提高了对新改进废水处理系统的使用需求。城市废水管理的另一个挑战和社会经济差距有关。较富裕的社区一般可以获得良好的废水管理基础设施和服务，而贫民区的服务水平则很低（见第5.3节）。截至2009年，该地区30％的城市人口仍生活在贫民窟，超过一半的农村居民仍然无法获得改善的卫生设施，而城镇居民无法获得改善的卫生设施的比例为25％（UNESCAP，2014）。

为了缩小现有的用水供需差距，该区域需要优

化并实施促进循环经济和绿色增长的综合政策框架（包括公众协商等）。中国、日本和韩国等已普遍采用提高用水效率的技术。在这些国家，通过经济刺激等手段，防止污水排放、加强废水管理和采取水资源再利用计划已经成为水管理的一个组成部分。除此之外，国家还颁布了相关财政政策，推动废水副产品［包括与印度和尼泊尔的生态卫生（EcoSan）案例研究相关的产品］市场的开发，反过来对获取卫生服务也产生了积极影响（UNESCAP，2013）。新加坡的NEWater项目（见图11.1）正是在符合国家特定地理、社会政治和经济条件的创新水资源管理政策的推动下成功展开的（见专栏16.9）。

虽然废水正逐渐从水循环中一种人为造成的"不受欢迎的副产品"转变为不同行业的潜在资源，但是，大部分的废水仍未经处理便直接排放至自然环境中（见表11.1）。例如，泰国（2012年）未经处理直接排放的废水比例约为77％，巴基斯坦（2011年）为82％，亚美尼亚（2011年）为84％，越南（2012年）为81％（UNESCAP，2015a）。提高废水管理效率将有助于该区域实现2030年可持续发展议程。

图 11.1　**新加坡 NEWater 的总体技术方案**

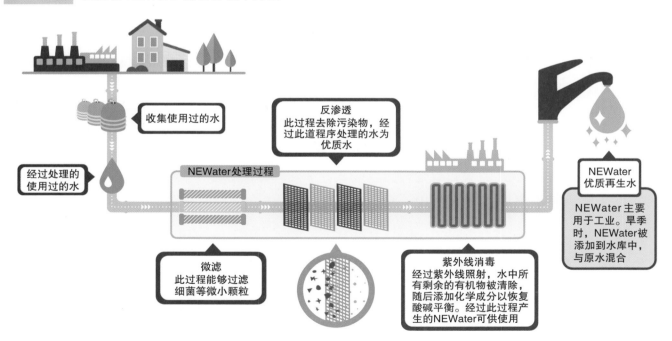

经过处理的使用过的水

收集使用过的水

反渗透
此过程去除污染物，经过此道程序处理的水为优质水

NEWater处理过程

NEWater
优质再生水

NEWater主要用于工业。旱季时，NEWater被添加到水库中，与原水混合

微滤
此过程能够过滤细菌等微小颗粒

紫外线消毒
经过紫外线照射，水中所有剩余的有机物被清除，随后添加化学成分以恢复酸碱平衡。经过此过程产生的NEWater可供使用

资料来源：新加坡公用事业局（PUB）提供图。

表 11.1　　亚太地区废水处理水平最低的国家

国家	废水处理程度[①]/%	国家	废水处理程度[①]/%
越南	19	瓦努阿图	0
孟加拉国	17	图瓦卢	0
巴布亚新几内亚[②]	15	东帝汶	0
塔吉克斯坦	12	纽埃	0
尼泊尔	12	瑙鲁	0
缅甸	10	马绍尔群岛	0
不丹[②]	10	马尔代夫	0
柬埔寨	9	基里巴斯	0
老挝	6	库克群岛	0
萨摩亚[②]	5	阿富汗	0

① 废水处理程度主要依据该国最大或较大城市的数据，这些城市的数据可信度较高。较小的城镇中心和农村地区的数据经常缺失，可信度较低。

② 该国数据为估计值。

资料来源：ADB（2013，第 100 页，附录 4）。

11.2　　建设适应性强的基础设施

气候变化导致自然灾害（90％与水相关）的频度和强度在不断增加（UNESCAP，2015b）。我们要特别注意提高废水基础设施（如下水道和管道）以及在洪水和暴雨天气期间用于截留径流的排水系统的复原能力。在 2011 年洪灾期间，废水混合已受污染的雨水引发了该地区的卫生危机，增加了发生水传播疾病的风险，估计造成的损失高达 610 亿美元（ADB，2013）。城市径流是引发该地区大多数城市洪水和污染的主要原因。因此，进行新的创新型城市规划迫在眉睫，其中包括建设适当的分散式采水和集水系统以及能够适应气候变化的水资源基础设施（UNESCAP，2015a）（见第 15.5 节）。

在未来和现有的建筑项目中加入降低风险的基础设施，很大程度上能帮助社区解决上述问题。其中，降低风险的基础设施包括：中国香港（Urbis Limited，2007）的绿色屋顶；印度加尔各答市重建的城市绿地、湿地和废水稳定池（部分天然、部分人工的湿地）；韩国的高效节水建筑；澳大利亚、中国、日本和新西兰在多层建筑内种植大量植物和

蔬菜的垂直农业（Despommier，2011）；基里巴斯的雨水收集系统；斯里兰卡、泰国和太平洋岛屿国家的红树林等。研究表明，由于底层深度以及降水强度和降水量的不同，绿色屋顶可以贮留 60％～100％的雨水（Thomson et al.，1998）。

11.3　　废水副产品回收的系统方法

生活废水中的副产品，如盐、氮和磷等都蕴含潜在的经济价值，能够帮助改善该地区人民的生活。在缺乏集中基础设施的情况下，各个家庭可以利用自家废物实现能源自足，改善卫生条件，从而降低燃料消耗以及健康风险和环境影响。在澳大利亚、中国和日本，通过建设尿液分流厕所从尿液中提取磷，能够降低废水的营养负荷，此方式在该地区将被逐渐普及（UNESCAP/UN-Habitat/AIT，2015）。农业中的生物质（污染物）可以作为农业肥料，这一做法历来被中亚各国所采用；柬埔寨、中国、泰国、越南以及南太平洋的农村地区（UNESCAP/UN-Habitat/AIT，2015），则将其转化为沼气进行烹饪或供暖，减少水污染（Schuster-Wallace et al.，2015）。东南亚地区的案例研究表明，废水处理产生的副产品（如化肥）的经济效益远远大于生产成本，这证明从废水中回收资源是可行并能产生效益的商业模式，有助于可持续实践和经济发展（UNESCAP/UN-Habitat/AIT，2015）。

截至 2009 年，该地区 30％的城市人口生活在贫民窟，一半以上的农村居民仍然无法获得改善的卫生设施，城镇居民无法获得改善的卫生设施的比例为 25％。

11.4　　监管和能力需求

制定控制城市点源污染（如工业污染物）的相关规定，有助于降低亚太地区城市废水的有害影响。城市往往依靠集中的设施处理废水，而这些设施的开发和维护费用昂贵，通常无法满足城市人口，特别是穷人的迫切需求。与此同时，分散式废水处

理系统（DEWATS）（UNESCAP/UN-Habitat/AIT，2015）在农村和城市地区越来越多地得到利用，并产生了诸多益处（见第15.4节）。

提高该地区废水管理的效率需要得到各机构，特别是地方当局更大的支持（GWOPA/UN-Habitat/ICLEI/WWF7/UCLG/WWC/DGI，2015）。而该地区的地方政府往往缺乏人力和财力资源来执行环境法规、改善并维护水利基础设施和服务，致使维护问题愈加频发，范围愈加广泛（UNESCAP，2015a）。因此，应在整个区域内采取更多的行动，支持地方政府进行城市废水管理并取得资源效益，进而实现可持续发展目标，尤其是实现可持续发展目标6（水和卫生）和可持续发展目标11（包容性和可持续城市）。

第12章

UNECE | Annukka Lipponen
参与编写者："绿色"行动工作组水资源小组、经济合作与发展组织、欧洲环境局

欧洲和北美地区

扫描检查意大利罗马2000年前的
下水道——马克西玛下水道

本章重点介绍了欧洲和北美地区应对废水管理挑战的措施，特别强调了相关的区域法律文件。

本章重点介绍了联合国欧洲经济委员会（UNECE）成员国所在地区（涵盖欧盟、巴尔干地区、东欧、高加索地区、中亚和北美）与废水相关的发展情况，既列出了挑战，同时也给出了积极的回应。此区域在废水管理方面面临着不同的挑战（见表 12.1）。

表 12.1　　　　　欧洲和北美地区各次区域面临的部分挑战及其应对措施

项目	北美	欧盟	东南欧和东欧	高加索地区和中亚
挑战	缺水	确保有效清除新型污染物	符合废水处理的区域标准	解决废水排放引起的污染；扩大废水处理覆盖范围
应对措施	废水再利用	采用最佳可行方法、技术；使用绿色解决方案	制定区域法律文件并严格执行	扩展并升级当前基础设施，以提高废水处理水平

12.1　背景

总体而言，该地区的卫生设施水平整体相对较高，其中高加索和中亚地区都达到了与改善卫生设施相关的千年发展目标，卫生设施改善比例高达 95%（UNICEF/WHO，2015）。尽管如此，该区域的卫生服务和废水处理发展仍不均衡，如多瑙河流域（Michaud et al.，2015）。

该地区的废水处理情况在过去 15～20 年间有所改善。图 12.1 给出了这些年欧洲一些次区域内

图 12.1　　1980—2012 年欧洲各次区域废水处理情况的变化

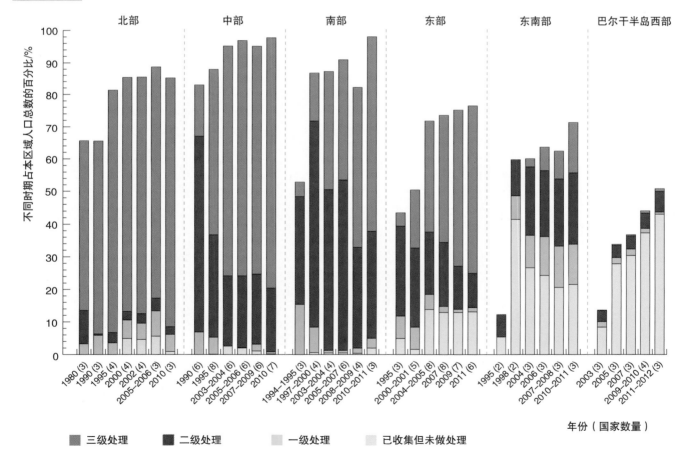

注　本图显示了1980—2012年欧洲各次区域废水收集和处理系统（城市废水处理厂）所服务的人口比例，并按照不同的处理类型分类显示。
　　横坐标年份后括号中的数字表示该时期内统计的国家数量。

资料来源：EEA（2013，基于Eurostat的数据）。

接入废水收集和处理系统的人口比例。虽然经三级处理的废水的比重正逐渐增加，但在欧洲东南部和泛欧洲东部的其他地区，大量废水仍未经处理而被直接收集和排放。

12.2 挑战

UNECE 成员国所在地区的大部分区域已建设了供水和卫生系统，但是人口和经济变化使得一些大型集中系统的效率降低。前苏联地区的几个规模庞大且不尽合理的系统就体现了这一点。东欧、高加索和中亚地区水系统的一个主要问题是效率低下（UNECE/OCED，2014）。该地区用水量大，又缺乏有效的提高水资源利用率的激励措施，导致废水大量产生，而这些废水大部分在排放前仅经过初级处理。供水和卫生设施的低收费标准通常难以维持设施的正常运行和维护（OECD，2011a），更无法满足基础设施投资所需的资金要求，也不足以用于激励水资源的合理使用，从而加深了人们对可持续发展的担忧（见专栏 12.1）。

显而易见，由于人口和经济在不断变化，资源效率的政策需求在不断扩大（EEA，2016）以及对风险和公平（如城市、农村、少数民族等）产生了新的认识（UNECE/WHO，2013），该地区需要重新检查卫生和废水处理基础设施，以确保提供充分的服务，优化废水处理技术，提高废水处理水平等。水资源再利用的需求日益凸显，突出表现在易发生水资源短缺的地区。美国和欧盟在水处理和管理技术方面的投资正在不断增长（见专栏 12.2）。

由于废水排放点下游经常间接使用经处理的废水，欧洲和北美地区对传统废水处理系统的性能和对废水处理的充分性需要进行严格审查。自 21 世纪初以来，包括微污染物在内的新型污染物风险，已经引起了社会关注（见专栏 4.1）（Bolong et al.，2009）。其中最引人注目的是能对人类、动物和生态系统产生负面影响的化学内分泌干扰物。全国性的研究结果表明，我们需要对这些新型污染物的产生、传播和影响进行更系统的分析，以便开展科学的风险评估和应对行动（Trachsel，2008；MIE/PWA，2016）。

专栏 12.1 **城市废水管理——基础设施开发与恢复：东欧、高加索和中亚（EECCA）国家的近期趋势**

城市废水集中收集系统为 EECCA 国家的大部分人口提供了服务，但农村地区却很少因此受益。自 20 世纪 80 年代以来，该地区一些国家在农村地区配置的废水处理设施显著增多。例如，在此期间，摩尔多瓦在农村定居点建造了约 650 个废水处理厂。

20 世纪 90 年代，由于提供社会基础设施服务的责任向财政能力低的地方政府下放，该地区的卫生系统不断恶化。例如，在亚美尼亚，所有地方政府的总预算只占国家预算的 2%；摩尔多瓦一个村庄的年度预算仅相当于 1 万欧元，却要用于提供包括学校、道路以及供水和卫生（WSS）在内的所有基础设施服务（OECD，2011a，2013a）。

同时，该地区的供水和卫生服务效率低（系统过大，单位成本高）；收费政策不合理，经济调节能力不足；特别是在小城镇和农村地区，缺乏适合供水和卫生系统运行、维护和融资的可持续商业模式。家庭收入大幅度下降，收入差距不断扩大，导致许多家庭难以负担高额的供水和卫生服务费，同时使供水和卫生运营商面临的挑战更加复杂。这些挑战在家庭收入较低而供水和卫生服务单位成本相当于大城市 2～3 倍的偏远小村庄（人口少于 500 人的村庄）中尤为明显。

然而，自 2000 年以来，大多数 EECCA 国家中，至少在得到发展伙伴支持的城市地区（OECD，2011a），这一情况有了显著的改善。目前，EECCA 国家更加重视改善农村卫生条件。通过适时修订过时的技术标准，建立适合当地实际情况的供水和卫生系统（OECD，2012）以及为"区域化"的市政水务公司、社区组织和私营经营者等供水和卫生运营商引入可持续商业模式（OECD，2013a；2016），该地区在农村基础设施建设方面取得了进展。

资料来源：经合组织、"绿色"行动工作组水资源小组。

専欄 12.2 提升再利用潜力：欧洲和北美地区处理过的废水的质量控制和生态卫生方面的探索

处理过的废水是一种潜在的可用水资源，甚至可以作为饮用水来源。废水回用满足了美国大量的用水需求。利用现代分析技术对化学和生物污染物进行检测，控制废水中的污染元素，再结合其他的保障措施，可以确保再生水资源的安全性（Water Science and Technology Board，2012）。美国得克萨斯州比格斯普林的废水处理厂首先实现了再生水直接回用为饮用水（DPR）。该处理厂将经过微滤、反渗透和紫外线消毒处理的废水和原水混合，供 25 万人使用（Water Online，2014；Woodall，2015）。

水资源短缺是水再利用的重要推动力，对废水进行处理是确保最终用水水质的必然需要。西部流域水处理厂"设计"了 5 种特定用途的水，分别用于灌溉、冷却塔、海水隔离、地下水补给，以及 2 种类型的锅炉给水（West Basin Municipal Water District，日期不详）。经过简单处理的再生水可以满足一部分用水需求，特别是用于绿地维护（WssTP，2013）。灰水和雨水风险处理指南的缺乏，导致这些水无法在美国再生水得到更广泛的使用（National Academies of Science，Engineering and Medicine，2015）。提高工业废水的再利用潜力，必须要发展科技，将新兴和现有的生物及化学物理处理技术相组合（WssTP，2013）。

理论上，如果从源头上把尿液分离，将粪便回收后作为肥料使用，这无论对农村居民还是对企业经营者均有好处。需要处理的废水量的降低，可以带来节约能源等益处。欧盟各地区对使用人类粪便和尿液的看法不尽相同，有些人认为应该像使用动物粪便一样使用人类粪便和尿液，也有一些人认为应完全禁止使用人类粪便和尿液。

干厕堆肥和源头分离的尿液可用于私人花园，但被禁止用于经济作物（O'Neill，2015）。在建立生态闭环过程愿望的驱动下，生态住宅区（如德国的 Allermöhe-East Hamburg）已经采用了配置有堆肥厕所的生态卫生设施和用于灰水处理的人工湿地系统，从而减少了居民对水和能源的消耗（Von Muench，2009）。实现卫生产品的有效再利用及所含化肥成分的安全使用，需要法律和政策框架支持，同时要对健康风险加以控制，解决废物原料的补给问题（如收集尿液，随后将其转换成固体），并使民众接受此种再生卫生产品（O'Neill，2015）❶。

显而易见，该地区需要重新检查卫生和废水处理基础设施，以确保提供充分的服务，优化废水处理技术，提高废水处理等级。

12.3 应对措施

区域性法律文件，特别是欧盟的《城市污水处理指令》（UWWTD）（见专栏 12.3）以及联合国欧洲经济委员会、世界卫生组织欧洲区域办事处制定的《水与卫生议定书》（见专栏 12.4），有助于普遍改善卫生设施，降低废水排放的负面影响；也有一些区域性法律文件有助于技术进步。根据欧盟环境法律，工业污染领域的"最佳可行方法"（BAT）包括管理方法和环境影响；化学品行业的最佳可行方法是废水综合管理策略（即优化旨在预防或减少水污染物产生和在源头回收污染物的技术）的一部分。《跨界水道和国际湖泊保护和利用公约》（简称《水公约》，见 3.2.1 小节）（UNECE，1992；1996 年生效）要求缔约方设定废水排放限额，而该领域的"最佳可行技术"既涉及技术层面（以及可用性），也涉及经济负担能力；因此，在这种情况下，BAT 与"最佳可行技术"略有不同（UNECE，2013）。

❶ 作者特此感谢莎伦·麦格道和苏珊娜·伊登（亚利桑那大学水资源研究中心）提供的废水使用数据以及萨里·胡赫塔宁（芬兰全球干式厕所协会）提供的生态卫生数据。

　　《城市污水处理指令》（EU，1991）以及欧盟的其他污染控制和环境保护文件，是促成图 12.1 所展示进展的主要法律工具。

　　《城市污水处理指令》于 1991 年正式通过，其内容涵盖了城市废水的收集、排放和处理。该指令要求对所有人口当量（p. e.）❶ 大于 2000 的居民点（聚居点）的废水进行收集和处理，以此保护地表水免受废水排放的不良影响。根据《城市污水处理指令》，人口当量大于 10000 的聚居点的废水需进行生物处理（二级处理），甚至人口当量更小的聚居点也要这样做。在极易受污染的水域（占欧盟国家近 75% 的领土），如富营养化的地区，废水则需进行三级处理。《城市污水处理指令》制定了逐步实施的进度表，首先是满足最大规模的聚居点（且潜在影响最大）的需求。

　　根据 28 个欧盟成员国提交的数据，其中超过 1.9 万个聚居点的人口当量高于 2000，产生的总污染相当于 4.95 亿人口当量。经欧盟委员会评估，88% 的聚居点遵照此指令进行了废水处理。为实现《城市污水处理指令》在欧盟成员国的全面实施，预计还需投资 220 亿欧元。除此之外，长期规划也是影响《城市污水处理指令》全面实施的主要挑战之一（EC，2016b）。在顺利实施《城市污水处理指令》且建立综合废水处理系统的城市中，雨水溢流对污染扩散的作用更加明显。因此，加强控制雨水径流有助于提高《城市污水处理指令》的实施力度（Milieu，2016）。特别是对于最新加入欧盟的国家来说，遵守规定对废水进行分级处理既是一项挑战，又是一次机遇（Michaud et al.，2015）。

资料来源：EEA。

　　UNECE《水公约》中的《水与卫生议定书》是一项具有法律约束力的文件，要求缔约方在国家和地方层面制定包括卫生在内的覆盖整个水循环系统的目标，目的是通过保护水域生态系统改善废水管理以及防止、控制和减少与水有关的疾病，保护人类健康。该议定书规定了 2017—2019 年的工作目标，即加强国家能力建设以及对供水和卫生设施的风险管理。该议定书的跨部门规划和问责制为实现可持续发展目标 6 提供了一个切实可行的框架，其中特别指出要实现目标 6.3，将未处理废水的比例减半，并极大促进水回收和安全再利用。

资料来源：UNECE/WHO（2016）。
Nataliya Nikiforova（联合国欧洲经济委员会）和 Oliver Schmoll（世界卫生组织欧洲区域办事处）提供信息。

---

　　❶　人口当量（p. e.）是根据《城市污水处理指令》量化污染负荷的单位。1 人口当量对应的有机负荷相当于五日生化需氧量（BOD_5）为每天 60g 氧的污染程度（Umweltbundesamt GmbH，2015）。

第 13 章

UNECLAC | Andrei Jouravlev
参与编写者：Caridad Canales（UNESCAP），Eduardo Antonio Ríos-Villamizar、Emilio Lentini、Gustavo Ferro、Ivanildo Hespanhol、Jaime Llosa、Julio Sueros、Miguel Doria（联合国教科文组织蒙得维的亚办事处），Miguel Solanes、Shreya Kumra（UNECLAC）

拉丁美洲和加勒比地区

土著居民领袖视察亚马孙热带雨林中受污染的河流

本章介绍了拉丁美洲和加勒比地区因城市快速发展而面临的废水管理挑战，特别强调了城市废水处理的好处以及在此过程中得到的经验教训。

拉丁美洲和加勒比地区气候潮湿，水资源丰富，但也有部分区域非常干旱。农业用水比重最大，占总用水量的70%以上，生活用水和工业用水分别占17%和13%（AQUASTAT，2016）。该地区高度依赖水力发电，由此产生的电量占本地区总发电量的60%，但仍有74%的潜力未被开发（IEA，2014）。该地区城市人口占80%，是世界上城市化程度最高的地区之一。未来城市化水平将进一步发展，预计2050年城市人口所占比例将达到86%（UNDESA，2014）。目前，该地区共有4个人口总数超过1000万的城市，到2030年，还将再有2个城市达到此规模。

13.1　城市废水的挑战

该地区城市废水排放量不断增加的原因是：①人口增长（城市人口从1990年的3.14亿增加到如今的近4.96亿，预计到2050年将达到6.74亿）（UNDESA，2014）；②供水量提高，卫生服务范围扩大。2015年，88%的城市人口可以获得改善的卫生设施（UNICEF/WHO，2015），而与排水系统相连的卫生设施则不足60%（UNICEF/WHO，2000）。鉴于该地区大部分区域的废水处理未得到同步改善，城市废水依旧是政府关注的焦点。

生活在未建设排水系统区域的人群主要依靠厕所和化粪池等现场处理系统进行废水处理。这些系统直接将废水排放到地表径流或渗透到附近的水道和含水层中，从而导致了水污染。总体而言，由于管道收集和拦截的污水主要集中在几个数量有限的处置点，城市排水系统仍面临着更大的挑战（Idelovitch et al.，1997）。地下水污染是现场处理系统中一个常见的问题，即使在大城市也不例外。

几十年来，由于优先增加供水、扩大卫生服务，以及高昂的废水处理成本的限制，废水处理的覆盖率仍然很低（PAHO，1990）。尤其在政府预算有限、水费不含服务费、执行现行法规不严、贫困和不平等问题加剧，以及存在其他迫切社会需求的情况下，扩大废水处理范围的挑战更加严峻。

实际情况是，几乎所有城市废水，甚至连毒性最强的工业废水都未经处理就直接排入就近水域，对许多河流、湖泊和沿海水域，特别是那些位于大城市下游的河流，造成持续性污染，对环境、人民的健康及该区域的整体社会经济发展，甚至对农业和旅游业发展造成严重后果（见专栏13.1）。

> **专栏 13.1　排放未经处理的城市废水的后果：1991年霍乱疫情**
>
> 1991年秘鲁发生了该国历史上最严重的一次霍乱疫情，造成了总共32.3万人感染，2900人死亡。除秘鲁外，该地区的其他国家也受疫情影响，造成39.1万人感染，4000人死亡。
>
> 此次疫情导致受灾国家旅游业收入下降，食品出口受限，国家经济损失巨大。仅秘鲁，鱼产品出口损失就超过了7亿美元。疫情促使进口国的检疫要求越来越严格，受灾国家的出口成本增加，出口结构必须重新调整。
>
> 此次事件引发了许多国家对供水和卫生部门的高度重视。特别是，智利政府由此展开一项雄心勃勃的投资计划，以期本国商品能持续进入海外市场，最终实现了城市废水处理设施的普及。
>
> 资料来源：Jouravlev（2004）。

在大城市附近（即城郊农业），特别是在干旱和半干旱地区，用受污染的水（主要是污染物含量超标的河北，但也有未经处理的污水，以及部分情况下，少量经过处理的废水）进行农业灌溉是一个严重而普遍的问题。当地种植水果和蔬菜的小农户之所以采用废水灌溉，主要是因为大城市所在流域的水资源竞争激烈，而废水资源具有稳定、成本低和营养丰富的特点。然而，进行废水灌溉，还需要严格贯彻执行相关的卫生规范，加强并健全监测和控制系统。阿根廷、玻利维亚、智利、墨西哥和秘鲁等地，已将处理过的城市废水成功地用于灌溉。

13.2　城市废水处理的近期发展

过去20年来，供水和卫生服务得到越来越多的关注，与此同时，废水处理设施的开发也在不断进行中。产生这种变化的原因是：①实现水和卫生设施的高覆盖是千年发展目标进程的一部分（UNICEF/WHO，2015）；②许多服务提供商的财务状况有所改善，特别是在较大城市，服务提供商近年来在成本回收方面取得了重大进展（Ferro et al.，2013）；③本世纪前十年间，该地区社会经济增长势头强劲，越来越多的人摆脱了贫困，中产阶级由此出现。另外一个重要因素就是该地区的经济融入了国际市场。在这方面，废水处理的持续发展意义重大，如果有与水污染有关的公共卫生和环境问题出现，那么开发出口市场的多年努力将有可能付诸东流（见专栏13.1）（Jouravlev，2004）。

公众抗议和法定裁决有时也能促成重要废水管理计划的制订。最有代表性的例子是阿根廷的Matanza-Riachuelo河流域，阿根廷当局经公共利益诉讼程序被要求清理河流，之后他们就开展了流域环境恢复综合计划（Rossi，2009）。

20世纪90年代后期至今，城市废水处理设施的覆盖率几乎翻了一番。通过稳定塘、活性污泥和升流式厌氧污泥床（Noyola et al.，2012）等主要技术的应用（在设施数量和处理流量方面均约占80%），目前处理的城市废水量预计占城市排水系统收集废水总量的20%（Sato et al.，2013）～30%（Ballestero et al.，2015）。

13.3 持续的关注和不断扩大的机遇

总体而言，该地区大多以孤立的废水处理项目来应对当地社会和环境问题，而不是全国适用的可持续的综合方案。此外，许多废水处理厂，特别是小型废水处理厂，受到运营和维护不力的困扰，甚至有时由于地方政府和服务提供者缺乏技术和财力，最终停工。这些处理厂规模小，不能充分利用该地区规模经济的优势，导致运营成本高昂，且排放水质多不达标（Noyola et al.，2012）。城市废水在很大程度上依然被认为是一种废物，而不是能够减少环境压力的供水和营养物来源，且处理废水还会产生额外成本。

在该地区所有国家中，智利在这方面的进展最快，城市废水处理已经普及（SISS，2015）。其他几个国家在扩大废水处理方面也取得了实质性进展。巴西、墨西哥和乌拉圭等国一半以上的城市废水得到了处理（Lentini，2015）。布宜诺斯艾利斯、波哥大、利马、墨西哥城和圣保罗等许多

大城市也制定了宏大计划，用于扩大废水处理（Ballestero et al.，2015）。但由于资金和制度上的限制，其中大部分计划已经推迟多年。经处理的废水可以为许多城市提供水资源，尤其是为位于干旱地区的城市（如利马）或者是为需要通过修建长距离调水工程来满足不断增长的用水需求的城市（如圣保罗）。

城市废水处理的扩展需要大量投资，然而直到最近，大多数国家仍无法承担这笔费用。预计到2030年，为使废水处理率提高至64%，拉丁美洲和加勒比地区将需要投资超过330亿美元（Mejía et al.，2012）。另据估计，为将目前未经处理的废水的比例减半，需要投资约300亿美元进行废水处理（Lentini，2015）。此外，还需约340亿美元扩建雨水排水系统（Mejía et al.，2012），以便加强城市径流控制，减少污染。扩建雨水排水系统，是城市废水管理的一个重要方面，对社会和经济具有重大影响：由于大部分地区处于强降雨的热带和亚热带地区，大多数城市缺乏充足的雨水排水基础设施，导致城市内涝频发，受灾人群范围广，损失巨大。

该地区共有 4 个人口总数超过 1000 万的城市，预计到 2030 年，还将再有 2 个城市达到此规模。

13.4 城市废水处理的好处

对城市废水处理进行投资，不仅合乎健康和环境效益，而且还对社会经济发展有积极影响。例如，在智利，废水处理的发展带来了以下好处：①净水灌溉土地面积达数千公顷，可产出高价值作物；②促进旅游业和水上娱乐项目发展；③降低了由于废水灌溉引起投诉从而造成农业出口减少的风险；④提高高质量无污染的国产产品在海外市场的竞争力；⑤增加与出口和旅游业有关的就业；⑥水质良好的水体可用于供水（SISS，2003）。此外，扩大城市废水处理还有可能：①获取甲烷并用其发电和为家庭供气，减少温室气体排放；②将废水用于灌溉、工业和其他用途。

> 预计到 2030 年，为使废水处理率提高至 64%，拉丁美洲和加勒比地区将需投资 330 多亿美元。

13.5 其他废水源

随着城市废水处理规模的扩大，其他环境问题开始出现，其中包括污水污泥处理（Rojas Ortuste，2014）和农业非点源污染，这也是引发许多流域和含水层水质退化的主要原因。虽然该区域农产品出口不断增加，但由于含化肥、农药和其他农用化学品的农业废水渗流和径流很少得到控制，甚至没有得到控制，导致该地区污染扩大。据报道，多米尼加、墨西哥、尼加拉瓜、巴拿马、秘鲁和委内瑞拉等国已遭遇了由灌溉造成的重大水污染

（Zarate et al.，2014）。地下水是生活用水和灌溉用水的主要来源，因此地下水污染必须引起高度重视。

13.6 经验总结

以下是该区域废水管理的主要经验：

（1）制定废水管理计划时应考虑到国家经济的结构性限制，以及所有可用的选择（技术、融资来源、财产结构、激励措施等），并将其结构化和序列化，使其不会成为经济和民众的负担。

（2）政府优先考虑预算拨款并建立有效制度，政治上不干涉技术决策制定，追求效率（兼顾成本和收益，有效实施，严格执行，加强控制，减少交易成本，控制贪污和腐败，信息实用，发挥规模经济和范围经济的优势等）。

（3）为使废水管理利益最大化，避免过高的成本，必须优先考虑各流域废水处理和再利用的综合计划，而不是仅限于单个部门的单独项目方案。

第
四
部
分

应对方案

UNEP | Birguy M. Lamizana-Diallo、Andrea Salinas、Elisa Tonda、Liazzat Rabbiosi、Llorenç Milà
i Canals，Donna Spencer（联合国环境规划署加勒比环境方案组）
参与编写者：Sasha Koo-Oshima（US EPA）、Jack Moss（AquaFed）、Jenny Grönwall（SIWI）、
Claudia Wendland（WECF）

从源头预防废水产生，
降低污染负荷

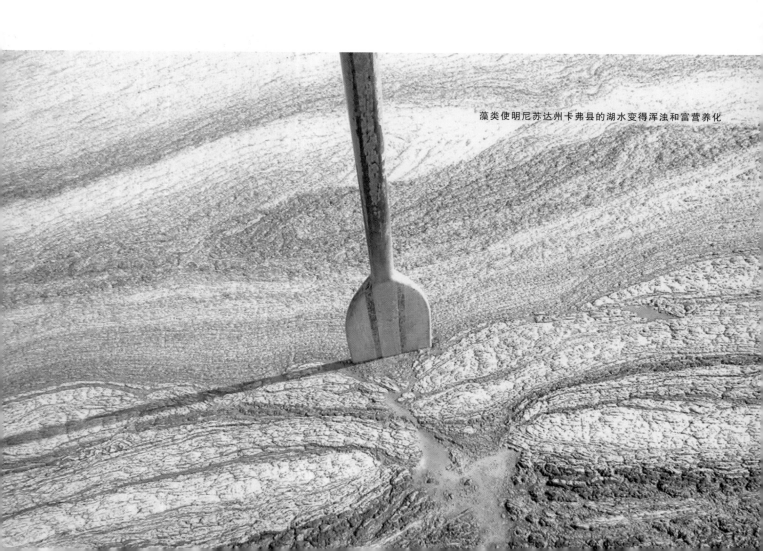

藻类使明尼苏达州卡弗县的湖水变得浑浊和富营养化

本章从不同的制度、技术和财务机制等方面介绍了如何控制和预防将污染物排放至废水流，以及如何减少废水量。

克什米尔有句谚语："将东西扔进河里容易，取出来却很难。"这告诉我们，预防污染至关重要。事实上，预防污染远比治理受污染地区和受污染水体所采取的补救措施的成本要低得多。

因此，相比传统的管道末端处理方法，我们应尽可能地优先采用以预防和污染最小化为主的水污染控制方法，包括减少用水量、提高原材料利用率、改进生产技术以及废物回收利用等。概括地说，就是通过可持续水资源管理将用水和水污染与经济发展脱钩（UNEP，2015c）。为了避免问题仅在生命周期的不同阶段或不同环境区域之间发生转移，应考虑整个生产和消费体系中水的使用及水污染原因，而不是仅关注废水处理和消除污染时导致空气污染等特定阶段的问题（UNEP，2012a）。

为此，需要营造有利环境，积极实施支持性政策，如加强管理和处罚，开发清洁高效的技术以及创新财政机制（见专栏 14.1）。

14.1 污染控制和监测机制

贸易和市场条件对生产活动中废水的产生和污染具有重要和深远的影响。例如，全球水足迹的19％发生在出口行业而非用于国内消费（Mekonnen et al.，2011）。在此情况下，各国可以采用生命周期评估（LCA）等科学定量的方法，尽力避免污染行业的"出口"，减少本国国内与废水有关的问题（UNEP，2012b）。

加强有机产品的认证以降低农药使用量，有利于减少废水中的化学污染。ISO 14024-Ⅰ型环境标志❶（例如欧洲环境标志、北欧白天鹅或德国蓝色天使环境标志）等标志系统往往涵盖产品生命周期的关键影响，自然也包括相关产品的废水标准。加之目前推广无化学添加剂产品、使用循环包装和倡导其他环境友好措施的市场趋势，这些产品信息系统自动构成了各个公司提高竞争力的动力。然而，由于大多数商品没有得到认证，因此这些非强制性方法的作用有限。

监测和预报向自然环境排放污染物的行为以及周围的水质状况是改善废水管理的必要措施。如果没有监测，就无法给问题定性，政策的有效性也无法衡量。随着《2030 年可持续发展议程》（见第 2 章）的通过和联合国水机制框架下增强全球监测倡议的启动，定期监测环境水质和废水处理可用于指导建立国家报告机制，并对全球各个国家和地区的水信息加以对比。

污染物排放与转移登记制度（PRTR）可以为废水监测提供一些有用的经验，它最初是欧盟指令、北美自由贸易协定（NAFTA）和经济合作与发展组织（OECD）规则的一部分。现如今，全球已有 33 个国家通过使用这种制度对工业设施排放到空气、水和土壤中的化学物质进行记录（EEA，日期不详）。虽然 PRTR 不包括废水处理信息，但它们能清楚地识别污染源，为建设和升级处理设施的投资决定提供支持。除此之外，还有一些公司和项目对环境影响进行评估，分析废水产生和再利用的成本效益，进行卫生控制等。

公共和私营部门有多种方案用于解决废水的预防、生成、监测和再利用等问题。在遵守废水和环境法规规定的情况下，工业部门通过几种不同的水循环方法来降低生产成本和回收成本，甚至获得一定收入。如印度蒂鲁巴的纺织行业，在废水零排放（ZLD）方面取得了进展（见专栏14.2）。此外，从生命周期系统的角度制定环境和社会可持续性评估标准和指南，有助于更全面地解决废水和污染问题，实现行业可持续发展（见第 6.4 节）。

新的可持续发展目标，特别是关于水质和废水的可持续发展目标 6.3 和关于负责任消费和生产的可持续发展目标 12，将推进政策的制定、行动的展开以及措施的实施。因此，我们要加强国际合作，建立技术转让机制，加快能力建设，从而在国家层面实现污染防治和废水管理的目标。

---

❶ 全球环境标志网络由 25 个国家的国家标志计划组成（GEN，日期不详）。

　　（1）预防污染而非治理污染。优先进行水污染控制；确定需要禁止或严格管理的有害物质（例如创建"红名单"），并向用户提供指导和说明，以便从源头上解决水污染。

　　（2）预防原则。对于任何可能破坏环境的有害物质，即使没有确凿的科学依据，也应立即采取行动进行清除。

　　（3）污染者付费原则。污染者承担由其污染行为导致的防治、控制和减少污染的成本。这种经济手段旨在鼓励和引导污染者减少对环境造成的压力。

　　（4）采用切实可行的标准和规定。相比没有标准和规定，不切实际的标准和无约束力的规定会导致污染者和管理人员对法规的漠视，从而造成更严重的后果。

　　（5）平衡经济和管理手段。水污染的监管措施为当局提供了可控的环境目标和时机（Bartone et al.，1994），但经济效率低。采用经济手段可以刺激污染者改善其行为，不但有助于控制污染，同时也为开展污染控制活动筹集了资金。

　　（6）在最低但却能产生最大影响的水平实施水污染控制。

　　（7）建立跨部门的整合机制。建立正式的合作与信息交流手段与机制，以确保与水有关的部门能够协调水污染防治工作。

　　（8）鼓励所有利益相关方参与水污染防治。参与途经包括提高决策者和公众对水污染控制重要性的认识。

　　（9）开放获取水污染信息。能够自由获取公共当局所持有的信息是参与水污染防治活动的先决条件。

　　（10）加强水污染控制方面的国际合作。国际合作和协调能够有效控制跨界水污染（通常发生在大型河流）。

　　此外，结合多个利益相关方自下而上的协调管理，在子部门的项目和方案中应用水资源综合管理（IWRM）原则，采用最佳方案，将大大有助于污染治理，同时改善水和废水管理。

资料来源：Helmer 等（1997，第 17～20 页）。

　　印度南部针织品生产中心蒂鲁巴的染色和漂白行业最先采用系统的方法进行废水零排放（ZLD），消除污染物排放。这种方法通过反渗透、扩大水盐资源的回收再利用等方式，最大限度地降低淡水需求。

　　如果水资源再利用能够抵消实现 ZLD 而产生的机器高能耗和高运营成本，相比较高的水资源成本，再利用则能够创造稳定的商业效益。为此，在美国国际开发署（USAID）贷款的帮助下，蒂鲁巴建立了公私合作供水计划。在此之前，蒂鲁巴的染色工业一直使用外调水源来保障生产质量。

　　20 世纪 80 年代中期，废水标准并没有予以执行。之后，该地区的农民按照污染控制委员会和法院系统的规定，对相关废水制度进行落实。高等法院采取的渐进式措施也极大地改进了该地区废水排放和处理情况。在 2011 年下令关闭所有染色厂后，政府提供了 20 亿卢比（约合 3000 万美元）的无息贷款，用以研发更多实用性的处理方法。

　　蒂鲁巴已经确立了新的 ZLD 生产制度，但在中短期内还无法在所有工厂实现废水零排放。

资料来源：Grönwall 等（即将出版）。
撰稿人：Jenny Grönwall（SIWI）。

14.2 技术应对

14.2.1 资源高效利用，清洁生产

资源高效利用与清洁生产（RECP）涵盖范围广，强调在产品、生产和服务环节连续实施预防性环境战略，其目的是通过良好的环境管理提高材料、能源和水资源利用率，尽可能减少浪费和排放，从而提高生产效率，同时创造一个更安全的环境，降低对人和社区的风险。它以生命周期思维为基础，根据产品价值链（产品和服务）来确定关键问题（包括废水），并提供了资源回收和再循环、封闭循环制造、延伸工业制成品的生命周期以及其他实用性的问题解决方案（UNEP，日期不详；RECPnet，日期不详 a）。

我们这里要提的是，提高中小型企业的资源效率（PRE-SME）❶。该策略专为中小型企业而设计，主要服务于用水量大、对环境和社会产生影响的纺织、干洗、金属加工、印刷、食品和饮料等行业，以及电子行业中的某些部门。由于缺乏认知以及技术和财务能力欠缺，中小型企业在提高资源效率和清洁生产方面面临着巨大挑战（见第 6 章）。专栏 14.3 介绍了坦桑尼亚中小型企业实施 RECP 的实际案例。

专栏 14.3　**坦桑尼亚资源高效利用与清洁生产的案例**

坦桑尼亚两家中小企业的实例表明，RECP 等预防手段有利于改善废水环境，提高公司经济效益。

坦桑尼亚穆索马纺织有限公司（MUTEX）接受了 RECP 培训（该培训旨在提高资源效率和环境效益）；并在资源（氢氧化钠）回收，提高能源和水资源的利用效率，减少气体、固体废物和废水的排放，改善职业健康和安全状况等方面取得显著效果。RECP 项目每年帮助该公司节约资金 29.3322 万美元。

坦桑尼亚啤酒有限公司姆万扎工厂采用 RECP 的初衷是降低水和能源消耗、减少废物产生和降低工厂运营成本，同时提高国际可持续发展能力以及企业形象。实施一段时间后，该厂每年可节省水费 37500 美元，降低能源成本 56250 美元，CO_2 排放量减少 50％，固体废物和废水产生量分别减少 39％ 和 42％。

资料来源：RECPnet（日期不详 b）和 CPCT（日期不详）。

14.2.2 生活废水分离和处理的无害环境技术

《21 世纪议程》第 34 章明确指出，无害环境技术（ESTs）是保护环境的技术，与其所取代的技术比较，污染较少、利用一切资源的方式比较能够持久、废料和产品的回收利用较多、处置剩余废料的方式比较能够被接受（UNCED，1992，第 34.1 条）。就这一点而言，注重废水零排放和废水源头分离的现场废水处理系统也是一种无害环境技术。为了确定不同背景下的最佳无害环境技术，建议进行生命周期评估研究，对比不同地理条件下特定技术的环境（及社会和经济）表现。

减少用水量并控制污染物和副产品的排放，必须采用参与式方法，增强沟通，提高认识，并开展相关教育。

相对于处理混合型废物，在源头上对废物进行分类则更容易，成本效益更高。

---

❶　有关详情，请见 www.unep.org/resourceefficiency/Business/CleanerSaferProduction/ResourceEfficientCleanerProduction/Activities/PromotingResourceEfficiencyinSMEsPRE-SME/Resources/ResourceKit/tabid/105557/Default.aspx.

过去 20 年，我们投入大量资源研发废物源头分类技术，其中包括适用不同规模的农村和城市的低技术和高技术解决方案（Andersson et al., 2016）。相对于处理混合型废物，在源头上对废物进行分类则更容易，成本效益更高。

例如，分散式废水处理系统（DEWATS）和生态卫生（EcoSan）设施有益于平衡社会经济发展，为落后的社区提供基本服务。这些处理系统不需要复杂的技术控制和维护，且能源和水资源消耗低。另外，它们还能够将回收的营养物用于农业生产，从而保持土壤肥力，确保粮食安全，减少水污染和合成肥料的使用，回收生物能源（见第 15.4 节）。

EcoSan 以"干的卫生设施"（如尿液分流干厕）为主，用于回收人体排泄物、有机废物和废水中含有的水和其他营养成分。与传统的坑厕相比，尿液分流干厕的主要优点在于它能将尿液和粪便分离并将粪便转化成一种安全、干燥、无臭的物质（见图 14.1）。通过对粪便和尿液进行安全处理，可将地面和地表水受到污染的风险降至最低。

图 14.1　废水的分离及其潜在的用途

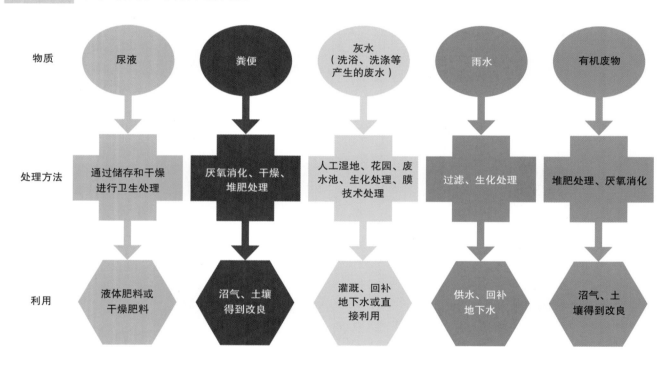

资料来源：UNESCO–IHP/GTZ（2006，第15页，图4）。

14.3　融资方法和行为改变

专栏 14.1 中的指导原则表明，许多多边环境协定（MEA）规定的预防原则、污染者付费原则、公私伙伴关系和创新的资费政策等经济刺激手段，可以预防和减少废水产生。专栏 14.4 和专栏 14.5 分别是关于加勒比地区和美国使用创新型融资机制的成功案例。

行为改变方面的范式转变对于减少废水量至关重要。采用参与式方法、加强沟通、提高认识和加强教育是减少用水量并控制污染物和副产品排放的不可或缺的办法。

> 贸易和市场条件对生产活动中的废水产生和污染具有重要和深远的影响。

在加勒比地区，为教育、健康、饮用水供应和废水管理等行业筹集资金的困难巨大，其中用于废水管理的投资份额最小。资金短缺导致废水得不到处理就直接被排放，对区域的经济发展产生威胁并影响当地居民的生活质量。加勒比地区废水管理基金（CReW）由全球环境基金（GEF）资助，美洲开发银行（IDB）和联合国环境规划署（UNEP）负责管理，为解决该区域废水管理资金不足问题提供了方法。

CReW 已经测试了两种筹资机制：循环资金（伯利兹、特立尼达和多巴哥、圭亚那已应用）和牙买加的信用增级措施（CEF）。CReW 以储备保证金的形式出资 300 万美元建立了 CEF，后又以此为杠杆融资 3900 万美元用于废水处理项目。2008 年，开始收取 K 系数废水公用事业附加费，用于偿还 CEF 资金。这种创新模式鼓励将每月收取的 K 系数资金（一部分水费）用来偿还大型商业银行贷款，而非直接用于资本投资。伯利兹、圭亚那、特立尼达和多巴哥利用 CReW 资源（分别为 500 万美元、300 万美元和 200 万美元）创造循环资金为各自水务公司选定的废水项目提供贷款，而贷款利息和水费收入作为循环资金的补充部分。不同的是，圭亚那的拨款主要用于私营部门。

综上可知，要保证废水部门融资的可持续性，须由政府牵头制定完善的国家政策和法律法规，加强当前法律的执法力度，并确保有充足的持续资金用于设备运行、升级和维护。CReW 项目可以使决策者意识到：①当前废水管理不善；②水和废水应综合管理；③废水管理融资方式应创新；④废水资金应确保持续到位。

资料来源：CReW（日期不详）和 Daniels（2015）。

州循环基金是美国可持续的融资计划之一，它为有益于公共卫生及当地水域的环境友好型水利项目提供储蓄金。国家和各州为与水质相关的各种项目提供贷款，用于各种径流、水域保护或恢复项目和河口管理项目以及水回收等更传统的城市废水处理项目。

各州对项目进行评分，为优先级最高的项目提供资金。美国环境保护局（US EPA）提供国家政府补助金、州政府提供相当于国家政府补助金 20% 金额的资金共同建立"清洁水州循环基金"（CWSRF）计划。CWSRF 以低于市场水平的利率给社区提供贷款，还款被重新投入到该基金计划中，以资助其他的水质保护项目。该计划为各个水利项目提供了一个可持续的资金来源，保证了项目的顺利进行。

资料来源：US EPA（日期不详 c）。

撰稿人：Sasha Koo-Oshima（US EPA）。

美国佛罗里达州埃斯坎比亚县的污水处理厂被飓风"伊万"摧毁，后来该厂在远离沿海平原的地方进行了重建。重建时更加注重其稳定性。现如今，工厂的废水再利用率达到 100%。

第 15 章

UN-Habitat ｜ Graham Alabaster、Andre Dzikus、Pireh Otieno
参与编写者：Xavier Leflaive（经济合作与发展组织环境理事会）

加强废水收集和处理

污水处理厂的污泥消化装置，可产出甲烷、提供能源

本章探讨了加强废水收集和处理的一些方法，特别强调了低成本分散式系统的优势。

15.1 排水管道和涉水卫生

排污系统用于排放人类和其他经济活动产生的废物，其重要性及其影响已经得到了充分的证明。尽管有更多的环保型替代品，但处理涉水废物一直是改善卫生和处理生活、商业、工业废水最通行的做法。现场卫生处理系统等设施非常适合农村地区和人口密度低的地区，但由于成本高、难以管理，并不能在人口密集的城市环境中发挥作用，尤其是经济最发达地区。在许多情况下，从现场设施中收集和运输粪便污泥等仍然存在重大挑战。根据最近在（乌干达）坎帕拉市的一项研究（IWMI，2012），超过80%的设施使用者没有排空过个人厕所，超过60%的污水来自于公共机构和商业排污（见图4.4）。

部分安装供水管道的家庭在一定程度上也会安装排水管道，但是比例非常低。近期报告（UNICEF/WHO，2015）清楚地表明，在全球范围内，实际应用排水管道系统的人口比例（60%）高于预期水平。即使在排水管道安装数量较低的农村地区，安装排水管道的家庭占比也很高（16%），有力地反驳了之前公布的最多为10%的估计值（Corcoran et al.，2010）（见图5.1）。

发达国家和转型经济体的许多大城市的大型排水系统，在建成100年后仍然运转良好。伦敦现今仍然在使用维多利亚时代建造的排污干渠排放城市废水。城市化程度不断提高和排水网络连接管道过多等情况，导致老化的废水收集系统出现了混凝土腐蚀、瓦片断裂、倒塌和堵塞等问题。解决这些问题的花费巨大。美国环境保护局估计，2016年需投资2710亿美元，即国家废水基础设施所需投资总额的52%，用以消除合流制污水溢流（CSOs）、修复更换现有的输送系统以及安装新的污水收集系统。

15.2 低成本排水系统

由于常规废水管理费用较高，大多数发展中国家开始建立低成本排水系统，以便应对相关的废水挑战：水费低、政府预算不足、贫困程度高、基础设施昂贵。低成本系统种类繁多，但通常是将小口径的管道铺设在梯度缓且较浅的地下形成管道网络。与常规下水道设计原则不同，低成本系统着重于传输无固体污水，通过拦截箱（类似于小型化粪池）收集来自单个家庭或一组家庭的原始废水。这种服务于社区管理的排水系统，非常有助于扩大现有规模。其缺点是不适合排放雨水。

巴西的 Carlos Melo（2005）首先提出低成本排水系统的概念。低成本排水系统符合所有废水处理系统的使用标准，如今已成为不同经济水平的社区排水方案之一。然而，由于公共卫生当局和卫生工程师思想守旧，全球只有少数社区使用了该低成本系统。澳大利亚部分地区采用了低成本系统（Palmer et al.，1999），这种系统很有可能会受到欢迎。这些系统也可将零散的社区连接到集中式排水系统。难民区也已使用了此方式（Van de Helm et al.，2015）（见10.2.1小节）。Mara 等（2008）建立了社区式低成本网络系统，为较小的中等城市中心提供服务。在这一点上，有关技术评估的例子不是很多，但成本数据，特别是从像巴西这样的国家收集到的数据，表明该系统在财政上具有可持续性。在巴西，简化排水系统（一种低成本的污水处理系统）的人均成本只占传统废水处理设施费用的约1/3（分别为170美元与390美元）（Mara，1996）。

15.3 合流制排水系统

废水来源是废水收集的一个重要问题。旧的排水系统，如巴黎铺设的排水管道，最初（即从1852年开始）只用于收集雨水和灰水；1894年以后，国家出台法令，强制房主安装合流制排水管道用以排放各种废水（包括黑水）（Bernhardt et al.，2002；Tréhu，1905）。污水管网可用于排放各种废水，但大部分管网是排放雨水和其他类型城市径流的"合流制系统"。这种"合流制系统"能够限制大直径排水管的采购成本，但其排水径流较小，不利于在降水量较大时进行排水。在人口密度低且受纳水域同化能力足够的情况下，尽管降雨量大，这种系统也不会出现明显弊端。但近期的城市发展和扩张导致不同化学物和生物物质的混合更加复杂，易产生危险。合流制排水系统将不再被视为一种有效的解决方案。经过大量研究，可持续城市排水系统 (SUDS) 将替代合流制排水系统 (Armitage et al., 2013)。

排水系统适用于所谓的"点源"污染，但真正的挑战是如何收集扩散的或非点源污染源。含有化肥的农田径流和集中养殖牲畜地区的径流是两种主要的污染来源，后者常含有兽药成分 (见第 7 章)。由于成本高和/或缺乏监管或执法，许多密集型农业设施安装废水收集和处理系统的现象并不普遍 (见专栏 15.1) (FAO，2005)。

专栏 15.1　埃塞俄比亚温室废水收集和循环利用

埃塞俄比亚 Sher 公司种植玫瑰用于出口，解决了当地约 1 万人的就业问题。玫瑰种植基地是一个大型温室，位于埃塞俄比亚济瓦伊市济瓦伊湖边。济瓦伊湖是济瓦伊市的饮用水源和食物来源地 (渔业)。湖中的水也用于农业灌溉，其中灌溉玫瑰面积达 500hm²。

该项目启动前，各种类型的温室废水 (雨水径流、清洁用水、喷雾、软管和马桶冲水) 都是直接排入湖中。自 2008 年以来，Sher 公司一直致力于废水零排放，通过人工湿地收集废水储存于蓄水池中，处理后再用于温室灌溉。荷兰政府也调拨资金支持该试点项目的研究和实施。

Sher 公司未曾想到该自然系统会产生如此良好的效果。在试点研究期间，他们就已决定对所有温室推行此模式。2016 年末，31 个人工湿地开始运行，每天可处理废水 500m³，处理后的废水在工厂内循环利用，极大地减少了环境影响 (水足迹)。

资料来源：Van Dien 等 (2015)。
撰稿人：Frank van Dien (ECOFYT) 和 Angela Renata Cordeiro Ortigara (WWAP)。

15.4　分散式废水处理系统 (DEWATS)

除建立集中废水处理厂外，分散式处理系统的使用也呈现上升趋势。由不来梅海外研究与开发协会 (BORDA) 和 DEWATS 宣传协会联盟等组织开创的分散式废水处理系统，已经结合当地的卫生系统成功服务于快速发展的城市地区以及某些因经济原因无法使用常规排水系统的偏远社区。DEWATS 和低成本系统 (见第 15.2 节) 的确是值得称赞的。DEWATS 灵活性强，可以在建设大规模集中处理系统之前，被用作中期解决方案。

事实上，由于维护成本高和资源需求大、占地面积广、系统建立不灵活、无法满足快速扩张的城市用地的需要等，大型废水集中处理系统已不再是最佳的城市废水处理方案。供水和废水基础设施以及雨水收集和排水系统同样如此。

DEWATS 可以独户使用，也可服务于小型集体。它能够更加便捷地回收营养物和能源，节约淡水资源，同时保证人们在缺水季节的用水 (OECD，2015b)。与较大的集中式管道基础设施相比，它们所需的前期投资更少，而且能够更加有效地满足扩大 (或降低) 服务的需求。但是，它需要每个使用个体接受基本培训，以确保系统的正常运行和维护。城市可通过部分使用分散式技术替代传统的公共排水系统，实现社区的可持续发展 (OECD，2013b)。DEWATS 可能面临的一项挑战是，当地居民需要接受自己就住在废物处理设施附近这样的事实。因此，在当地社区建设一个外形美观的废水处理厂，更易获得民众的支持。芦苇床系统通常能满足这一外观要求。

15.5　分散式雨水管理

分散式雨水排放系统可在源头，即雨水产生地附近控制雨水。例如，利用绿色屋顶或透水表面收集雨水，以防其流入人行道和街道受到污染。分散式雨水排放系统可以缓解高峰流量压力，最大限度地降低城市遭遇洪水和污染的风险、减少额外的硬件基础设施和处理设施的投资需要。分散式雨水排放系统还可以吸引私人投资、鼓励房地产开发商和土地开发商投资建设局部排水系统。地方法规将在很大程度上决定最终的选择，因此我们需要适时修改地方法规。

另一方面，分散式雨水排放系统仅用于临时储存雨水，收集到的雨水最终还要排入排水管道系统。尽管有时分散式雨水排放系统的维护成本会很高，但利大于弊。它有助于改善生活、降低空气污染，且保湿效果良好，能够降低环境温度并减轻城市热岛影响，最终促进城市绿色发展。分散式系统同时能够用于处理高速公路的径流水。

虽然分散式卫生设施和城市排水系统的长期开发和实施已经积累了很多经验，但还是有一些社会障碍需要克服，如提高社会认知、解决系统设施的更新难题。韩国水原市的案例（见专栏15.2）提供了解决此问题的可行性经验。一方面，政策上的不一致，例如水价不能反映资源使用的机会成本，或者土地使用和城市发展未考虑城市水灾风险等，可能会对分散式排水系统的建立带来更多的阻碍。另一方面，还需要加强对不同规模的废水（从单栋建筑物到整个城市，甚至更大规模）的管理能力。积极应对这些挑战，需要进行信息交流、建立全面的城市用水管理方法（包括制定政策、法律和法规），还要综合考虑水务公司的商业发展模式和土地开发等废水管理的外部因素，以及树立水利部门面对废水挑战和城市发展机遇并存的长远意识。

专栏 15.2　韩国水原市的分散式雨水收集系统

水原市很好地展示了如何在已经铺设中央排水管道设施的建筑密集环境中部署分散式雨水收集系统（OECD，2015b）。水原市共有人口110万，大部分用水从外市采购。水原市启动"雨水城市"计划，以降低对外部水源的依赖性。该计划利用雨水收集应对未来水资源短缺状况。项目1期（2009—2011年）包括制定规划（含雨水收集系统的安装和运行指南）、开展教育和获得强有力的公共财政支持。项目2期（2015—2018年）包括安装容量达1万 m³ 的雨水收集设施及150个小型雨水储存箱，市政预算达100亿韩元（约合900万美元）（OECD，2015b）。

15.6　处理技术的发展

自20世纪20年代以来，曝气系统（例如活性污泥和滴滤器）在处理技术方面已取得了重大进展。当前的经济形势及全球变暖、水资源短缺、环境质量问题和/或土地利用规划等其他因素是影响废水处理系统选择的原因。对于全球范围内迅速城市化的地区而言，预防含碳物质的排放是保护缺氧的受纳水域的首要任务。

通过消耗大量能源促使微生物生物量（污泥）生长，从而产生足够的氧，其中微生物生物量（污泥）可被分离出来并用于农业生产或排入海洋。曝气系统不断发展，减少了微生物生物量的处理量，降低了处理成本。

20世纪70年代石油危机期间，由于可用能源的减少，厌氧消化成为处理废水和污泥的首选技术。20世纪80年代和90年代，营养物去除有效解决了世界多数区域，特别是发达国家水体的富营养化。同一时期，废水稳定塘和芦苇床系统等自然处理系统也取得了重大进展。它们不仅使用成本和运行成本低，同时还能有效减少病原体污染。事实上，即使在发达国家，也有一些小型社区在使用厌氧消化系统。处理系统的最新发展趋势是减少温室气体排放。同时，发展中地区对减少细菌危害的系统进行了大量研究。

关于其他处理技术的补充细节见表4.2。

15.7　污水利用计划和成分分离

废水及其含有的营养物必然有其直接的用途。据文件记载，许多发达地区已将废水用于休闲或其他目的（见专栏15.3）。

专栏 15.3　澳大利亚悉尼的污水利用计划

收集了近1000户家庭的废水的污水管道穿过高尔夫球场，将废水运送到沿海城镇曼利，在那里进行初级（非常基础的）处理，随后排入海中。该项目主要针对那些不会被再次使用且排放会加剧海洋污染的废水。只要高尔夫球俱乐部能够在废水产生的高峰期（即每天早上和晚上冲厕和淋浴时）排出废水，那么将剩余废水送到曼利所需的压力和流量将不会受到影响。

污水利用计划将彭南特山的饮用水消耗量降低了92%，该社区也因此获得了悉尼水务局的奖励。该社区现场利用处理过的废水，每年可为悉尼水务局减轻7万 m³ 的饮用水供应压力。

除此之外，排水系统中的氮成分完全满足高尔夫球场的养料需求：每次利用废水灌溉草场后都会给草场增加少量的氮。但如果向土壤中加入石膏以中和再生水中多余的钠，节省肥料的这种作用就会被抵消掉。

总体而言，该系统具有良好的成本效益，而且可以积极应对水资源短缺状况，降低悉尼的供水压力。另外，高尔夫球手对该系统的应用效果也很满意。

资料来源：节选自Postel（2012）。

随着新兴技术的发展，废水处理厂逐渐升级为"工厂"模式，能够将废物原料分解转化为氨、二氧化碳和清洁矿物等成分。之后通过高度密集和高效的微生物再合成过程，将所含的氮转化为微生物蛋白（转化率接近100%），用于动物饲料和食品生产（Matassa et al.，2015）。

另一种新方法是利用鱼类吸收废水中的有机物和无机物，再将捕获的鱼类加工成饲料或作为食物来源，而剩余的水可用于灌溉或直接排放掉。实际上，鱼类在养殖过程中已经吸收了废水原料中大部分的有机物和无机物（Crab et al.，2012）。

这两种废水处理方法的关键特征是它们没有对废水中存在的营养价值造成损害。相反，它们提供了一种可再生能源获取方式，即好氧微生物将营养物转化为一种在絮凝物中生长的微生物细胞，然后让鱼类摄入，以此获取该营养物。当鱼类摄入后，生物质将被进一步加工成饲料或食物。

就分离废水中所含有用成分而言，尿液收集和利用很可能将很快成为生态废水管理的重要组成部分，因为尿液中的氮和磷分别占人类排泄物中氮和磷的88%和66%，而氮和磷对作物生长至关重要（Maksimović et al.，2001；Vinnerås，2001）。

第 16 章

UNESCO-IHP | Sarantuyaa Zandaryaa、Blanca Jiménez-Cisneros

参与编写者：Manzoor Qadir（UNU-INWEH）、Pay Drechsel（IWMI）、Xavier Leflaive（经济合作与发展组织环境事会）、Takahiro Konami（UNESCO-IHP）、Richard Connor（WWAP）以及日本国土交通省

水的再利用和资源回收

一个提示所用的水为再生水的警示牌

本章概述了一系列安全有效地使用经过处理和未经处理的废水以及回收利用能源和营养物等副产品的成功案例，还介绍了一些相关的商业模式和经济手段，以及与风险管理、法律监管和社会接受度有关的潜在应对方法。

随着用水需求的不断增长，再生水正逐渐成为一种稳定的淡水资源，废水管理模式从"处理"转变为对废水的"再利用和资源回收"。有效的管理措施、技术创新和适当的法规政策有利于水的再利用。废水也是回收能源、营养物质和其他有价值原材料的重要资源。

水资源再利用和资源回收的创新科技发展迅速，不仅保证了水资源的安全再利用，而且在副产品回收等其他非常规领域前景广阔，环境和经济效益良好。

图 16.1 显示了废水经过深度（三级）处理后的再利用情况。值得注意的是，在全球范围内，只有很小一部分废水得到了三级处理（见序言）。

图 16.1 全球范围内经过深度处理（三级处理）后的废水的再利用：不同用途所占的市场份额

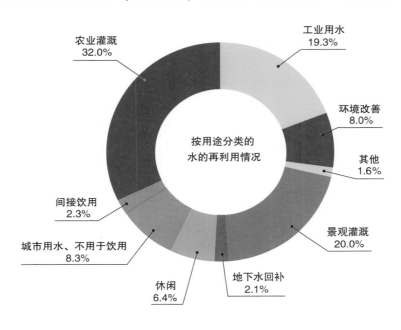

资料来源：Lautze等（2014，第5页，图2；基于 Global Water Intelligence的数据）。

16.1 水资源再利用益处多

处理废水以满足用户对水质的要求，可以实现水资源的成本回收，获得经济效益。发展中国家大量的灌溉补贴，导致处理废水的销售成本回收有限。经处理的废水在工业中定价偏高，主要是为了实现更大程度的成本回收而不是赚取利润（见第16.3节）。

16.1.1 农业方面的水资源再利用

（1）废水灌溉。全球范围内，大部分的经过处理、未经处理及部分经过处理的废水用于灌溉（见第7章）。例如，2011 年，以色列用于灌溉的废水量占灌溉总用水量的 40％（OECD，2011b）。

几个世纪以来，人们使用未经处理或稀释过的废水进行灌溉。废水灌溉的主要挑战是要将非正式的、未形成计划的未经处理或部分经过处理的废水的使用纳入到计划体系之内，实现废水资源的安全利用。这就需要因地制宜，选用适宜的"商业模式"（Otoo et al.，2015；Saldias Zambrana，2016；Scott et al.，2010），并按照世界卫生组织卫生安全规划指南等采取安全的措施（WHO，2016b）。

（2）水产养殖业的废水使用。在过去几个世纪内，世界各地，尤其是亚洲，几乎都在使用废水进行水产养殖（见7.2.1小节和专栏5.3），但随着安全问题频发，以及城市附近土地面积的不断缩减，这种现象正在减少。废水中的营养物可以作为鱼类饲料，这对食品生产意义重大（WHO，2006a）。中国、印度、印度尼西亚和越南仍普遍使用废水进行水产养殖。孟加拉国则使用含粪便污染物的水养鱼，属于无目的性的废水使用方式。中国偏远的农村地区的水产养殖业也涉及人类排泄物，只是这种情况越来越少。尽管使用废水进行水产养殖在非洲地区不是由来已久的做法，但人们还是将用于人类消费的鱼养在被粪便污染的湖泊中。废水环境有助于产生浮萍等安全的鱼饲料替代物。利马（秘鲁）通过在经过三级处理的废水中养殖罗非鱼，为当地居民提供了就业，同时也提高了沙漠环境中的用水效率（UNEP，2002）。

16.1.2 城市水资源再利用

再生水（量身定制的水处理）为城市提供了可持续、稳定的水资源（见第5章），尤其是现在越来越多的城市依赖远距离调水或其他水源满足用水需求。

间接回用为饮用水（IPR）是将经处理的废水渗透到地表水和地下水中，通过自然过程（过滤、吸附、紫外线照射、沉淀、稀释、自然死亡）对其进行进一步清洁（见专栏5.2），经过再次提取后，同其他饮用水源进行相同的处理。因此，在严格监控保证满足饮用水标准的情况下，IPR为增加饮用水源提供了可行的选择。新加坡的NEWater（见专栏16.9）就是（废水）间接回用为饮用水的一个典型案例，但由于公众接受度不高，只有少部分再生水被注入新加坡的淡水水库进行间接再利用。

随着水处理技术适用性和经济性的不断发展，直接回用为饮用水（DPR）技术也越来越受关注（见5.5.1小节）。直接回用为饮用水要求执行最严格的水质监测，以消除所有公众健康风险，满足严格的水质要求。纳米比亚温得和克缺乏廉价的替代性水源，该市高达35％的城市废水经过处理后，与来自其他水源的水混合，用于饮用水供应（见专栏16.1）（Lazarova et al.，2013）。

将未经处理或处理不当的废水排放到地表和地下水源作为城市供水的无计划饮用性再利用现象仍然存在（见专栏16.2）。特别是在世界各地人口稠密的流域，未形成计划的饮用性再利用仍是一个挑战。

非饮用性再利用。城市（废水）非饮用性再利

用（见5.5.2小节）快速发展的主要因素是这种水不一定要符合严格的水质标准（如，经"目的性"处理后的水），但仍需要严格控制处理过程，避免通过直接接触回收的水和交叉接触污染物而产生危险。建造和维护足够的用于分离回收水和可饮用水的基础设施（如双重配送系统），需要高昂的成本，有可能会受到财务限制。但是，这些系统能很容易地融入新城市发展。目前欧洲、日本和美国正在扩大此类系统的应用（见专栏16.3）（Asano et al.，1996；Grigg et al.，2013；OECD，2015b）。

专栏16.1 纳米比亚首都温得和克独特的废水直接回用为饮用水方案

使用再生水是温得和克应对由人口增长、用水需求增加和1957年水危机后降雨量下降造成的城市缺水问题的唯一可行的选择。为此，纳米比亚温得和克的废水回收厂首次全面应用DPR技术，这是自1969年以来世界上最早的DPR应用案例。40多年来的零健康问题报告和流行病学研究证实了DPR的安全性。利用先进的多重障碍处理方法生产的净化水始终符合所有饮用水标准。2002年，新厂建立，对技术进行了升级。

该厂的持续成功归功于以下几个因素：拥有率先进行饮用水回收的远见卓识；制定良好的信息政策，开展教育活动，有助于获得居民的支持；没有产生与水有关的健康问题；使用多重障碍处理方法；设施运行稳定，采用在线流程，严格控制水质；几乎不存在其他可行的替代方案（Lahnsteiner et al.，2013）。

专栏16.2 墨西哥规模最大的计划外水资源再利用案例

墨西哥图拉山谷中的水资源在未规划的情况下进行了再利用。110多年来，墨西哥城用未经处理的废水对图拉山谷的农田进行灌溉。废水流速达$52m^3/s$，给含水层带来了补给水源，保证了大约50万人的用水。在自然水循环系统中，含水层的水质满足供水标准。废水灌溉促成的含水层补给对当地的环境、社会和经济状况产生了积极的影响，有利于贫困地区的发展（Jiménez-Cisneros，2008）。

美国旧金山公共事业委员会（SFPUC）利用分散式水处理系统补充水资源，提供废水相关服务。在没有可遵从的联邦法规的情况下，SFPUC 发起了一项地方性的现场用水计划，即"非饮用水计划"，该计划为今后灰水和黑水等替代水源的收集、处理和再利用提供了简化流程，以满足大型商业区和住宅建筑的非饮用水需求。该计划为有意在建筑物中安装非饮用水系统的开发商提供了指导准则。随后，SFPUC 重新调整了政府政策，并与旧金山的建筑检验和公共卫生部门合作，制定了新的监管框架。

SFPUC 支持为两栋或两栋以上的建筑物提供现有公共机构不能满足的分享、买卖水资源服务的微型市场。根据此用水计划，私营部门负责系统运营、维护及保证水质达标，而公共部门则负责加强监督、保护公共卫生和公共水系统（OECD，2015b）。

资料来源：Xavier Leflaive（经济合作与发展组织环境理事会水项目负责人）。

16.1.3　工业用水再利用

工业用水再利用（见第 6 章）即回收工业废水用于工业用途（生产用水）和非工业用途（灌溉、景观灌溉、非饮用性的城市用水等）。经处理的城市废水也可作为工业用水。回收的工业用水可用于发电站、纺织制造业、造纸工业、炼油厂、供暖和制冷以及钢铁厂的日常生产。除此之外，新应用也在不断出现，例如大数据中心（比利时和美国佐治亚州的谷歌数据中心等）使用经过处理的废水作为冷却水。水回收和加工技术的不断提高最终可以促使行业内水循环系统的闭合，即实现行业内用水的自给自足（见专栏 14.2），同时减少 90% 以上的用水量（Rosenwinkel et al.，2013）。

16.1.4　"目的性"处理

"目的性"水再利用指废水处理等级由预期用途的水质要求决定。一般情况下，非饮用水的水质要求低于饮用水，经二级处理即能达到相应

标准（见第 5.5 节）。但即便如此，由于缺乏充足和灵活的监管和体制框架，该方法仍未普及。利用多重障碍方法进行适当的安全控制，可以减少潜在的健康和环境风险（WHO，2006a）（见第16.4 节）。

"目的性"水再利用已经成功应用于美国加利福尼亚州埃尔塞贡多的西部流域城市水区（见专栏 12.2）。该项目根据废水的不同用途，将废水进行不同处理后，达到了 5 种不同的水质标准（Walters et al.，2013）。

16.1.5　废水利用的环境效益：补充水资源

利用废水获得环境效益的常见方法是通过地下水回补、河流恢复、增加湖泊和池塘水量以及恢复湿地和生物多样性来补充水资源（见第 8 章）。

含水层补给。有目的地注入经处理的废水进行后续恢复或增强生态系统等是进行含水层人工补给的常见做法。而补给的水量大小通常受含水层的储存容量和补给率的影响。含水层补给能够增加供水量和储存量、保护湿地、预防盐水入侵等，益处颇多。

比利时 Torreele 水处理厂生产的高质量渗透水，可作为间接饮用水对 St. André 沙丘含水层的地下水进行补给。同时它能够预防盐水入侵、有助于实现可持续的地下水管理、提高自然价值等，产生环境效益（Van Houtte et al.，2013）。许多地区仍存在无意识地用未经处理或处理不充分的废水进行含水层补给的情况，但这可能会威胁人类和环境健康，因此要特别注意。

16.2　废水和生物固体中的资源回收

16.2.1　营养物回收

近年来，从污水或污泥中回收氮和磷的技术不断发展，有了很大提高（见第 15.7 节）。越来越多的国家（如孟加拉国、加纳、印度、南非、斯里兰卡等）开始采用污泥脱水、安全混合堆肥和颗粒成型等方法（Nikiema et al.，2014）。化粪池和公厕等现场回收磷的设施的技术难度和经济成本较低，而且可以直接将化粪池污泥转变为有机肥料或有机矿物肥料。此外，与污水生物固体相比，处理粪便污泥的化学污染风险更低。

现有的磷矿资源预计在未来 50～100 年内将变

得稀缺甚至被耗尽 (Steen, 1998; Van Vuuren et al., 2010)。因此,从废水中回收磷元素已逐渐成为一种可行的替代方案(见专栏 16.4)。据预估,从人体尿液和粪便中回收磷可满足全球需磷量的 22%(Mihelcic et al., 2011)。

鸟粪石沉淀法是从废水中回收磷的常用方法。而最具经济效益的是早期回收,可降低处理系统中清除多余鸟粪石的昂贵费用。同市场上的磷酸盐矿物肥料相比,回收的磷往往没什么竞争力(Schoumans et al., 2015)。磷价格短期波动、长期上涨,对磷不安全的担忧渐上政治议程(与粮食不安全和环境退化相关),这些都可能对磷的回收利用产生额外的刺激作用。

回收磷的市场战略

加拿大的 Ostara 公司与废水处理厂建立了专门的公私伙伴关系,通过在管道中将不需要的鸟粪石进行转化,成功地将回收的磷用作商业肥料中的鸟粪结晶体——"水晶绿"。销售磷化肥的收入可以收回该城市处理设施的成本。

奥地利 ASH DEC Umwelt AG 公司生产的 PhosKraft 牌多营养灰肥,是通过该公司开发的一种污泥焚烧技术完全破坏病原体,消除有机污染物后,再进行化学处理和热处理后产生的。该肥料处理成本低,且生产价格与商业肥料相差无几。投资该厂的回收期估计为 3～4 年(Drechsel et al., 2015a)。

资料来源:Pay Drechsel (IWMI)、Angela Renata Cordeiro Ortigara (WWAP)、Dirk-Jan Kok 和 Saket Pande (TU Delft)。

由于缺乏市场,尽管从废水和污泥中回收资源的技术有显著提高,回收资源的商业发展仍然受限。生物固体的营养成分含量低,尤其是氮含量较低,无法创造可观的销售价值。从废水中回收氮的效率为 5%～15%,回收磷的效率为 45%～90%(Drechsel et al., 2015a)。此种情况下,只有在不断降低鸟粪石沉淀、污泥处理和焚烧等技术成本的同时提高效率,才能保证磷的回收和再利用。

> 能源回收在减少能源消耗、运营成本和碳足迹方面具有重要的商业潜力。

16.2.2　能源回收

废水是联结水资源和能源的重要因素。收集和处理废水需要大量的能源,而废水本身也是一种可利用的能源,只是其巨大潜力还未被充分开发(WWAP, 2014)。通过现场处理和非现场处理以沼气、加热、制冷和发电的形式可以回收废水中含有的化学能、热能和水能(Meda et al., 2012)。现场处理是废水处理厂通过综合性的污泥或生物固体处理等技术回收能源;非现场处理是集中处理厂通过热处理焚烧污泥等方式回收能源。微生物燃料电池是一种新兴技术,它通过细菌、好氧颗粒污泥、厌氧氨氧化(Anammox)和生物质处理技术,利用污泥进行发电。另外还有一些技术可同时回收能源和营养物。虽然有可用的技术,但从废水中回收能源的市场不足、经济规模有限,致使能源回收无法广泛实施。

能源回收在减少能源消耗、运营成本和碳足迹方面具有重要的商业潜力。设立碳信用额度和碳排放交易计划,可以减少废水处理厂的碳足迹,增加收入来源(Drechsel et al., 2015a)。

(1)沼气生产。通过生物固体的厌氧消化处理,将废水中有机物质含有的化学能转化为沼气进行发电和供暖是现场能源回收的最普遍应用。废水处理厂大部分的能源和供暖需求可通过从生物固体中回收能源来满足(见专栏 16.5)。

(2)热量回收。从废水中获取热能可以用来供暖或制冷。专栏 16.6 列举了住宅和商业建筑、公共场所和工业厂房等应用废水供暖或冷却的案例。

(3)水能。将涡轮机置于废水水流中可以发电,但由于大多数废水处理厂的海拔位置较低,这一应用受到限制。约旦 As-Samra 废水处理厂(见 10.3.4 小节)的做法远近闻名。该厂利用城市和工厂之间以及工厂入水口和出水口之间的海拔差异,在废水上游和下游设置两台涡轮机进行发电。通过涡轮机发电(发电能力分别为 1.7MW 和 2.5MW)和从污泥回收沼气发电(发电能力为 9.5MW)可以满足工厂能源需求的 80%～95%(Otoo 和

Drechsel，2015)。

(4) 转变为能源中性和能源净生产者。随着废水处理过程中能源利用的最优化以及从废水和生物固体中回收能源的发展，污水处理厂有机会从主要能源消费者过渡到能源中性（产能和用能持平），甚至是能源净生产者（见专栏 16.7)。

专栏 16.5 **从生物固体中回收能源和生物燃料：以日本的综合（立法和财政）方法为例**

日本一半以上的生物固体被回收，但只有 15% 的潜在生物质被利用。因此，日本政府设定了一个目标：到 2020 年，通过立法、财政援助、促进创新、减税和生物固体副产品标准化等方式，将生物质利用率提高到 30%。

2015 年新颁布的《日本下水道法》要求污水处理厂利用生物固体能源进行碳中和。该国 2200 个运营中的废水处理厂每年可生产 230 万 t 生物固体，提供电力约 160GW·h。2016 年，91 家工厂回收沼气进行发电，13 家工厂生产固体燃料。特别是大阪市，每年从 4.3 万 t 湿污泥中回收 6500t 生物固体燃料用于发电和水泥生产。为支持污水处理厂投资进行生物固体发电，日本政府规定污水处理厂可收取固定的上网电价。

日本政府为生物固体再利用的突破性技术提供补贴，促进技术创新；通过专项折旧措施减少税收，推动私营企业投资建设废水处理厂的能源再利用设备；建立生物固体燃料等副产品标准，创建副产品市场。

资料来源：日本国土交通省（更多信息，请查看 www.mlit.go.jp/en/index.html)。

撰稿人：Takahiro Konami（UNESCO-IHP)。

专栏 16.6 **利用废水为建筑物供暖和制冷**

2010 年加拿大温哥华冬奥会奥运村：2010 年冬奥会奥运村由附近村庄的污水处理厂利用废水进行供暖，目前奥运村已改建为公寓楼（Godfrey et al., 2009)。

瑞士温特图尔的 Wintower 高层建筑：Wintower 共有 28 层，冬季供暖、夏季制冷全由废水实现。对排入下水道中的废水进行收集处理后，可产生约合 600kW 的供暖能力；夏季，该建筑物的制冷也由废水处理系统提供。该废水处理系统利用废水进行碳中和为建筑物全年供暖和制冷（HUBER，日期不详)。

专栏 16.7 **瑞士苏黎世通过厌氧消化和热转换获取污泥中的全部能源**

苏黎世最新建立的 Outotec 工厂通过能量转化和营养物回收，高效地回收了污泥中的全部能量，制定了新的能源转换效率全球标准。通过厌氧消化生产沼气和/或电力以及通过燃烧产生蒸汽和热量等两种方式是进行能量转换的有效途径。这两个过程回收的能源各占从污泥中回收能源总量的 50%，每吨干污泥能产生电能 6MW·h。另外还有其他使用方法，例如提高沼气质量，将其送入燃气管网，或将蒸汽转化为电力和热量，供废水处理厂内部使用。2015 年，苏黎世采用了此种模式进行能源回收。2016 年 1 月，瑞士开始执行磷回收的相关法律，磷回收成为了一种法律义务。一旦确定最有效的回收技术，苏黎世水务局将实施磷回收。

资料来源：Outotec GmbH & Co（日期不详)。

撰稿人：Ludwig Hermann（Outotec GmbH & Co)。

16.2.3 回收高价值副产品

回收废水中的金属和其他无机化合物（主要存在于工业废水中）不仅能够获取高价值副产品，也能够降低健康风险、减少废水造成的环境污染。采矿和电气工业的废水可能残留有某些重金属（如金、银、镍、钯、铂、镉、铜、锌、钼、硼、铁和镁)❶。通过大量使用能源和化学品的电化学提取方法可以回收重金属成分，但这些方法目前仅用于特殊的大型工业领域。生物电化学技术的最新发展提供了新的有效回收重金属的方法（Wang 和 Ren，2014）。

近年来，一些机构一直致力于研究如何利用环保型微藻生产出高价值产品，如提取溶解在废水中的运输用生物燃料、生物塑料、生化药剂、人类和动物营养补充剂、抗氧化剂以及化妆品添加剂（见专栏 16.8）。

专栏 16.8 微藻可以将废水转化为高价值碳氢化合物的来源

（1）废水转化为一种液体运输燃料。将废水中的营养物质转化为微藻生物质（即废水环境中生长的微藻类），而后将微藻生物质转化为运输用生物燃料，通过这种方式可以清洁废水、捕获二氧化碳，同时产生替代性的可持续能源，避免与农业在水、肥料和土地方面竞争。美国宇航局的海上微藻生长膜装置（OMEGA）项目正在探索利用城市废水"喂养"微藻类进而生产航空燃料的可行性（Trent，2012）。

（2）废水中藻类含有的生物油。新西兰国家水和大气研究所（NIWA）已经证明了基督城污水处理厂利用废水中的微藻生产生物油在商业上是可行的（Craggs et al.，2013）。它将二氧化碳注入"高效藻类池"，促进藻类生物质高效转化为生物油❷。

（3）生产可降解生物塑料。废水中微藻生产的可生物降解的生物塑料可以代替传统的石油基塑料，而且成本更低。该方法一旦被证实在经济上可行，将彻底改变聚合物使用模式，为生物基可持续产品的生产提供商机，同时还能够带来其他益处，例如促进碳封存、减少生态足迹、降低石油依赖、改善对即将达到使用寿命的产品的处理方法等❸。

（4）利用微藻从废水中提取化妆品成分。自 2015 年 7 月起，日本筑波大学藻类生物质能源系统开发研究中心对藻类生物质和工业应用进行海藻衍生油合成研究，从而创造出新的"藻类工业"，将生物燃料生产、废水处理及用于化妆品和医疗产品的藻类衍生油组合到一起。

16.3 商业模式和经济手段

废水利用具有双重价值，不仅有利于环保和健康，还具有一定的经济效益。从废水中回收的资源类型不同，收入的多少也就不同。当淡水价格反映了淡水的机会成本，排污费考虑了废水处理的成本时（暂不说无效行为造成的潜在经济损失），废水利用将会更具竞争力。

废水处理主要遵循"社会商业模式"，其主要经济意义在于维护公共卫生和环境。从"收入模式"转向"商业模式"的选择很多（Drechsel et al.，2015a），但单从财务角度来看，成本和价值回收对于公共部门和私营企业的优势都很显著。

跨部门调水（或"水交换"），举例来说，旨在向农民提供经过处理的废水以用于灌溉，将替换下来的淡水供生活和工业使用（Winpenny et al.，2010）。这种商业模式同样适用于与其他用水密集的用户（如高尔夫球场）进行水交换。水交换不会增加供水总量，但可以优化资源配置，将更多的淡水用于高价值产品。

补充自然资本是以利益共享为基础的。一些企业对废水进行部分处理后通过地下水回补可对水进行中期储存，饮用水公司向这些企业支付一定的费

---

❶ 译者注：原书将硼和镁归类为重金属，但我们通常认为，硼是非金属，镁是轻金属。

❷ 更多信息，请见 www.niwa.co.nz/freshwater-and-estuaries/research-projects/bio-oil-from-wastewater-algae。

❸ 更多信息，请查看 http://algix.com/sustainability/our-solution/。

用，购买需要的水资源。这其中的潜在利益要优于开发替代供水资源，饮用水公司可以通过这种商业模式获利。淡水或饮用水的市场价格决定了运营成本的回收状况。地下水水位的升高也会给临近地下水补给区的私人利益方带来好处（而且他们可能会通过私人水罐来售水）（Rao et al.，2015）。

利用废水进行养殖是现场创造价值的基础。在池塘中养殖鱼类，可以借助废水中的营养物生产生物质（例如浮萍），再用生物质饲养鱼类，从而实现了再利用的价值。该商业模式利用低成本的处理方案获得潜在的高收入，创造的最终价值高于成本回收（Rao et al.，2015）。

销售再生水可以说是最简单的商业模式，进行部分处理（"目的性"处理）的废水的售价低于常规处理的废水价格。淡水价格很低，造成给再生水定价困难，因此也很难实现全部成本回收，但也有几个成功的案例（Lazarova et al.，2013）。

对冲未来水市场的前提是未来工业和农业对再生废水的需求将会增加。这个概念是指通过交易水权，将未来的水买家与经过处理的废水供应商相匹配，从而事先确保部分投资用于废水处理项目（Rao et al.，2015）。

表 16.1 举例说明了水再利用具有潜在商业价值。

废水使用成本回收的潜力随着废水处理水平的提高而增加，也意味着水质和/或回收资源、材料的能力会有所提高。从废水中回收多种产品，能够创造新机遇，增加收入，提升水的再利用在经济价值阶梯中的位置（见图 16.2）。

如上一节中的各个实例所体现的（见第 16.2 节），目前，营养物和能源回收在技术和财务可行性方面处于最先进水平。而且，这些优势还将不断增大（见第 17 章）。总体而言，这些进展有望进一步促进废水管理和再利用的成本回收。

表 16.1　　　　　　　　　　　具有商业潜力的水资源再利用案例

商业模式	案例发生地	商业理念、产品或服务和受益人	处理类型	动机和机遇
水交换	伊朗马什哈德市	区域自来水公司和农民协会签订水交换协议，用处理过的废水交换农民的水库水和地下水水权	二级处理	水资源短缺，减少对淡水资源的需求
补充自然资本	印度班加罗尔霍斯戈代湖	小型灌溉部门将未经处理的污水从城市的一处转移到另一处。回补干涸的湖泊和地下水，有益于附近的小型农业和家庭	仅自然水循环过程	需要修复湖泊，回补耗尽的地下水和枯井
水产养殖业现场创造价值	孟加拉国米尔扎布尔镇	医院信托与非政府组织合作，利用处理过的废水生产浮萍作为鱼饲料，并为当地市场培育农作物	三级处理，包括借助浮萍清除营养物	该地区对鱼类需求大，医院和技术推广者建立了合作关系
再生水销售	博茨瓦纳哈博罗内市	处理哈博罗内市的城市废水，用于格兰谷农业灌溉和增加河流流量	二级处理	频繁干旱和长期缺水
对冲未来水市场	瑞士普拉纳可持续水资源组织	通过签订水的预售协议，保证水资源共享，为废水处理预先融资	二级或三级处理	加强水市场、水交易和水价的知识管理和信息共享

资料来源：Drechsel 等（2015a，第 202～203 页，表 11.2）。

图 16.2 提高对水质或价值链投资所带来的水回用价值升高阶梯示意图

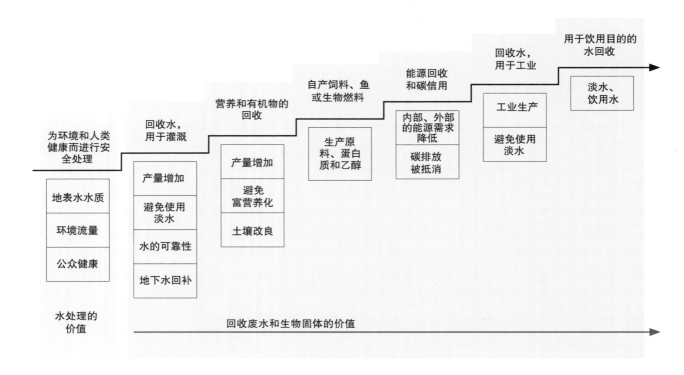

资料来源：Drechsel 等（2015a，第8页，图1.2）。

16.4 将对人类健康和环境的危害最小化

用于人类消费的再生水资源（即饮用水）对人类健康存在潜在的威胁，需要采用最严格的方法，制定严格的法规，实行强有力的监测、评估和合规计划等降低风险。

在使用部分经过处理或未经处理的废水，特别是用其进行农业灌溉时，需要特别注意弱势群体的健康（见 7.2.2 小节）。弱势群体包括直接接触废水的农民、野外工作者和附近社区的居民，以及购买由废水灌溉生长的农作物的消费者。尤其是在发展中国家，因为贫困和受教育程度低，弱势群体对废水利用产生的健康危害知之甚少，这将进一步加剧风险。妇女尤其容易受到伤害（Moriarty et al.，2004）。

对废水的适当处理，以及对以废水为水源的农业灌溉用水水质标准的执行，要足以保护公众健康。然而在大多数低收入国家，大部分废水很少或没有进行处理。因此，有必要采用替代方法防止病原体进入食品生产链。世界卫生组织的《农业废水、排泄物和灰水安全使用指南》（WHO，2006a）建议采用多重障碍的方法来保护未进行废水处理地区的公共健康（见专栏 7.1）。

废水中所含新型污染物是否会对人体健康和生态系统（见第 4.1 节）造成长期影响，目前尚不清楚（UNESCO，2016b）。因此，我们需要进一步研究废水中化学品和新型污染物对人体健康和环境造成的风险（见第 17.2 节）。

废水利用会带来环境健康风险（见 6.2.2 小节）。然而，这个问题至今仍未得到重视。我们迫切需要建立全面的环境监测方案，评估风险并制定适当的环境保护政策。

> 处理废水以满足用户对水质的要求，可以实现水资源的成本回收，获得经济效益。

> 目前，营养物和能源回收在技术和财务可行性方面处于最先进水平。

16.5 水资源再利用的相关法规

早期各国仅是对废水处理措施进行监管，而最新出台的规定则根据废水的不同用途制定具体的水质标准，以保护人类和环境健康。然而，许多发展中国家无法承担为满足高标准的水质要求所需的高昂的废水处理费用。在这种情况下，基于风险评估和风险管理的多重障碍方法（见专栏 7.1）提供了应对方案。

各国应因地制宜，结合当地的经济、社会文化和环境因素，按照适当的政策和计划，采用可行的技术和经济方案，制定废水使用指南。同时需要对人类健康和环境保护措施进行调整，以平衡当地的负担能力和风险。

国际和国家层面的各种废水灌溉指南已陆续出台。其中最重要的标准涉及健康风险参数和处理过的废水的物理化学参数。其中，前者包括废水中微生物含量的标准，如不含粪便污染指示菌；后者用来测量废水中所含的总悬浮物（TSS）、营养物和重金属。指南还根据废水来源和最终用途就废水灌溉实践提出了限制条件，如作物品种、灌溉技术和人类接触废水方面的限制。

发达国家设定了使用微生物和化学制品的技术标准。如此严格的设定，必须在监督和执行方面付出大量努力才能实现。另一方面，发展中国家的管理规定着重于限制废水用途，例如限制使用废水灌溉人类直接消费的蔬菜和/或规定作物灌溉与收获间的最短时间间隔。这同样需要建立监管机构来严格监督标准的执行。现在，墨西哥和突尼斯等一些国家，已经采用了此类废水利用的限制指南，按照一些易于测量的指数实施。

世界卫生组织的《农业废水、排泄物和灰水安全使用指南》是国际通用的废水应用指南之一（WHO，2006a）。联合国粮农组织制定的农业用水水质指南（FAO，1985，1992）主要用来评估当地是否适合使用废水进行灌溉，并确定可能会出现的各种使用限制。然而，并不是所有的国家都在废水利用和资源回收方面制定了适合本国情况的有效政策和法规，目前仅以色列、约旦、墨西哥、突尼斯和土耳其等少数几个国家的废水灌溉发展良好。

国际和国家层面的各种废水灌溉指南已陆续出台。

16.6 废水利用的社会接受度

由于对人类健康风险的认知不足，相关信任不够，以及使用常规水和/或经过处理的废水的文化和宗教观念不同，废水利用总是面临强大的公众阻力。虽然公共卫生和安全问题一直是公众拒绝使用废水的主要原因，但如今看来，文化认同（见专栏16.10）和消费者行为引起的抵触已占据上风，即使是经过深度净化、安全性完全没有问题的再生水也面临同样的困境。另外，再生水的颜色、气味和味道等，也严重影响着公众对再生水的认可和使用。

增强意识、开展教育是消除社会、文化和消费者障碍的重要手段，并大大有助于建立消费者对再生水的信任，改变公众对废水使用的看法。开展提高公众认识的活动和教育计划，需要符合用户的文化和宗教背景，要针对不同的年龄段有所侧重，要因地制宜，结合当地实际情况加以调整。利用品牌效应进行信息传播也是一种有效方式，有助于树立公众对再生水和化肥等回收资源的积极看法。例如，在新加坡，"NEWater"已经在有限的范围内成为了再生水的商标（见专栏16.9）。要赢得消费者的信任和改变公众观念，关键是要制定保证人类健康安全的、健全的监管和监测框架。

专栏 16.9 **新加坡的 NEWater：全面教育和宣传活动**

新加坡公用事业局（PUB，www.pub.gov.sg）采用了综合处理法，包括提高公众意识的 ABC 水计划、3Ps（人民、公用事业、私营企业）教育活动和 NEWater 游客中心。其中 3Ps 项目涉及社区领导、记者、商业团体、政府机构和媒体。NEWater 游客中心负责开展公共教育活动和进行信息传播，总共吸引了来自其国内外超过 80 万人次的参观。为了减少公众的负面看法，降低他们的心理抵触，公用事业局将技术信息和术语翻译成简单的语句，例如，将"废水和污水"改为"二手水"，将"污水处理厂"改为"回水厂"，并将废水相关信息制成简单的图表进行展示。另外，还借用娱乐工具进行社区宣传，如开发手机游戏《救救我的水》。这些提高认识和宣传教育活动的开展，使得废水再利用的社会接受程度有所提高。

资料来源：PUB。

专栏 16.10 **文化对中东利用废水养鱼产生的影响**

　　世界各地在不同程度地使用废水进行水产养殖。埃及进行了全面的示范性研究，将处理过的废水用于鱼类养殖，灌溉作物和林木，并严格监测处理过的废水中和鱼类体内的微生物病原体、寄生虫和有毒化学物质含量。尽管生产出的鱼非常适合人类消费，但埃及的消费者并不愿意购买废水环境中生长的鱼。

资料来源：Mancy 等（2000）。

第 17 章

UNESCO-IHP ｜ Sarantuyaa Zandaryaa

UNESCO-IHE ｜ Damir Brdjanovic

参与编写者：Manzoor Qadir（UNU-INWEH）、Pay Drechsel（IWMI）、Xavier Leflaive（经济合作与发展组织环境理事会）、Takahiro Konami（UNESCO-IHP）以及日本国土交通省

知识、创新、研究和能力建设

检测明尼苏达州比弗湖的水质

本章重点围绕当前存在的差距和障碍讲述了知识、研究、创新、能力建设和废水管理的趋势。本章从能力开发、公众意识和改进合作等方面提出了如何应对这些挑战，强调了在适当规模下改进成本回收和应用技术对策的潜力。

17.1　研究和创新趋势

随着创新和技术的迅速发展，废水管理作为循环经济的一部分也愈发重要。人们不再视回用水为昂贵的附加物，而是更加关注如何把污水处理厂变成"资源回收厂"，即使用废水和污泥作为原材料，回收有价值的产品，并将其出售给终端用户。

废水管理的发展与战胜流行病、取得重大技术突破相关，尤其是在发达国家。19 世纪，由于基础的活性污泥技术（使用微生物处理废水以去除其所含的有机物）的出现，社会从"卫生黑暗时代"迈入"卫生启蒙与工业革命时代"（Cooper，2001）。

20 世纪后期，技术发展重点转向去除废水中所含的营养物质，如氮和磷，目的是解决富营养化问题，减少废水对环境的影响。20 世纪末、21 世纪初，废水处理要求和制度管理能力不断提高，为了符合更严格的法规和排污标准的要求，研究和技术重点转向先进工艺。废水领域未来的研究与创新重点很可能是资源回收，降低废水、污泥处理和处置的经济成本。对水和其他自然资源的竞争性需求也推动了废水技术和管理的研究与创新。

废水处理的最新技术创新（见专栏 17.1）主要以提高处理效率为目的（Brdjanovic，2015；Qu et al.，2013；Van Loosdrecht et al.，2014）。

专栏 17.1　废水技术和研究创新

膜过滤。改进膜技术不仅降低了废水处理给人类和环境健康带来的风险，也为废水利用（如饮用性再利用）提供了新机遇。随着膜的持续改进和运行成本的降低，越来越多的国家开始使用膜技术（如反渗透、微滤、超滤等）进行三级处理或深度处理，尤其是发达国家。

膜生物反应器（MBR）是一种新兴技术，可与活性污泥法结合进一步强化膜分离。近年来，使用 MBR 技术的废水处理厂越来越多（Van Loosdrecht et al.，2014）。MBR 的优势是：结构紧凑、灵活，即使在远程控制下也能可靠运行。

微生物燃料电池是利用细菌生物电化学过程实现的一项技术创新。过去 10 年中，该技术已经逐渐应用于废水处理领域，通过利用厌氧消化，即模拟自然界发现的细菌相互作用来收获能量（电流）。该技术可显著降低处理工艺成本和剩余污泥量。但是，考虑到实际应用中面临的升级挑战，我们需要进一步研究和改进技术以克服高能量需求。

由于效率高、投资和运行成本低，生物处理过程的新进展已得到成功应用。新进展包括改进脱氮技术的创新工艺，如 SHARON®（亚硝酸盐方法去除高浓度氨的单反应器系统）、ANAMMOX®（厌氧氨氧化）和 BABE®（生物强化间歇富集），以及磷回收和再利用的矿物结晶工艺。最新出现的颗粒污泥处理工艺使用的也是设计好的微生物结构。第一种颗粒污泥处理工艺是 NEREDA®，现已商业化。

纳米技术是一种新兴的、不断成长的技术，在水净化和废水处理以及水质和废水监测方面具有很光明的前景。目前，纳米技术在水处理和废水处理领域的应用侧重的是技术成熟度和全尺寸示范。

创新的废水监测和控制系统把应用当作改进技术的手段。最有前景的技术进步包括：基于新传感器的创新监控技术、计算机遥测设备和创新的数据分析工具。传感器和系统控制研究正在迅速发展。人们正在不断引入控制废水处理的新方法，包括使用移动应用程序运行数据采集与监视控制（SCADA）系统来远程监控和控制废水系统。

随着创新的自然方案不断弥补现有技术的局限性，自然处理系统（人工湿地系统）正变得更具吸引力，目前的研究也越来越注重自然过程。

随着微生物学和生物化学基础知识的进步和计算能力的提高，建模已成为废水领域新研究进展的重要内容。建模不仅可以将科学知识转移到实际应用中，而且可以促进全球科学家和工程师之间的沟通（Brdjanovic，2015）。

在发达国家的某些地区，新建的处理厂拥有最前沿的技术，但当前最需要的是能够适应低收入国家制度和资源限制的技术，例如能够在外部能源供应有限的情况下运行，安装、运行和维修成本较活性污泥系统更低，且能实现相同性能目标的技术（Libhaber et al.，2012）（见第15章）。

17.2 知识、研究、技术和能力建设的缺口

使用现有技术需要资金、技术和基础设施的支持，而这些正好是发展中国家所缺乏的。除此之外，使用现有技术还需要通过教育和培训进行知识转移、信息共享和能力建设，以支持技术应用的可持续性。在评估现有知识、技术和能力差距前，我们需要先进行差距和能力分析，促进必要的技术转让、教育和能力建设。

由于废水二级处理和深度处理水平极低，发展中国家迫切需要在废水处理和安全再利用方面进行技术升级，以求实现可持续发展目标6.3（见第2章）。以知识转移和能力建设为依托，发达国家还需向发展中国家转移适宜的、负担得起的技术。除了南北合作，南南合作也可提高发展中国家的科研、技术和创新能力。跨国新技术转让应大力推崇，而且转让的新技术应切实可行、经济高效。

废水领域未来的研究和创新重点很可能是资源回收。

有关新型污染物（见专栏4.1）的知识和研究存在明显的空白。要了解这些污染物在水资源和环境中的动态，以及从废水中清除这些污染物的方法，必须要进行研究（UNESCO，2015）。评估、监测和清除新型污染物需要改进技术，并且对多重耐药性病原体发育的进一步研究也需要改进技术。目前现有的监管及监测框架以及关于废水和受纳水体中新型污染物严重程度的可用数据存在很大的空白（UNESCO，2015）。

研究和能力建设的另一个必要因素是评估废水中存在的病原体对健康新构成的风险，以及发展中国家需要的缓解措施。最常见的健康风险评估都基于发达国家的一些模式，这些发达国家已经对这些模式做了大量的研究和验证。发展中国家也需要类似的模式和研究。虽然健康风险缓解措施一般针对

与病原体相关的威胁，但是也需要注意与化学污染物相关的健康风险，尤其是发展中国家和新兴国家中工业废水管理无效所造成的健康风险。

了解气候变化等外部因素如何影响废水管理也至关重要。针对气候变化对废水系统和处理工艺影响的研究才刚刚出现（GWP，2014），许多问题仍有待研究。此外，要解决废水数据方面存在的巨大空白，需要更多的研究工作及创新数据收集和共享工具。

研究、创新和技术应用的障碍

在发展中国家，缺乏资金是将现有技术付诸应用的一个主要障碍。同时，在发达国家，缺乏资金也是促进研究和将新技术过渡到大规模应用的主要障碍。高端技术的高昂成本阻碍了其广泛应用，特别是在发展中国家。此外，新技术应用的有限市场环境也束缚着创新（Daigger，2011）。市场上关于从废水中回收产品的认知不足加剧了这一挑战。废水数据和信息稀缺是研究和创新的另一大障碍，学术界、工业界和地方政府之间缺少联系也是一种障碍。

将技术创新转化为实际应用需要研究融资机会，并研究为新技术创造市场空间、建立人力和技术能力的方式，以及吸引包括私营部门在内的利益相关者。这可以通过强大的政治意愿和政府支持来实现（见专栏17.2）。

专栏 17.2　日本废水处理中尖端技术的应用

日本政府通过 B-DASH（下水道革新技术实证研究）项目，支持废水处理和资源回收领域的创新，旨在通过补贴创新和规范其应用来利用尖端技术。在 B-DASH 项目中，与地方政府合作的私营公司可以申请现场测试和实施新技术的补贴，包括建设设施。这种现场测试的结果用来帮助日本国立土地和基础设施管理研究所制定和发布标准化指南。自该项目从2011 年开始实施以来，共有 31 项新技术被通过，并付诸实践，其中一些在不久的将来有可能在全球得到应用。

例如，在 2012 年，两家日本公司与大阪市政府合作，在艾比（Ebie）废水处理厂测试了一个新的基于管道的废水热利用系统。与传统技术相比，这种新型系统可以将空调或热水

供应的 CO_2 排放量减少 15%~25%。2014年，根据现场测试结果，日本颁布了一个关于引进基于管道的废水热回收系统的新指南。此外，为了促进私营部门对废水的投资，日本于2015年修订了《日本污水法》，私营企业得以在污水管道内安装废水换热器。

资料来源：日本国土交通省和 Takahiro Konami (UNESCO-IHP)。

17.3 废水管理的未来趋势

过去，废水领域的创新主要集中在先进的处理技术上，但是，如今，结合了技术和管理两个方面的新的创新解决方案正在兴起。

废水管理越来越注重水回用和资源回收，随之带来了维护公共卫生和减少环境污染的额外优势。例如，水的再利用、商业（磷）肥料的产生，特别是能源回收，可以显著降低运营和维护成本 (Wichelns et al.，2015)。

跨学科综合方法的创新型废水管理解决方案越来越普遍，逐渐成为大家感兴趣的研究领域。将集中式和分散式解决方案结合起来，从过大的、集中式的水和废水处理设施转变成具有更适当管理规模的基础设施，也正在成为一种潜在的选择（见第15章）。

17.3.1 从废水处理转移到水再利用和资源回收

在过去的几十年里，废水处理技术不断进步，提供了将废水处理的主要目标从"处理然后处置"转变为"再利用、循环利用和资源回收"的机会。废水和污泥资源回收的各种技术方案处于不同的开发和应用阶段，并在迅速发展（见第16章）。从废水中回收资源的技术也创造了新型的能够获利的商业模式，促进了应用解决方案的可持续性 (Strande et al.，2014；Otoo 和 Drechsel，2015)，尽管对资源回收市场和经济上可持续的收入模式还需要开展更多的研究。

资源回收有走向创新管理方式的趋势，最明显的是综合资源回收，这反过来又需要支撑性的法规、市场需求、投资、社会接受度以及不同利益相关方共同合作的意愿。同时，还需要建立整体观，

以确保未来的从业者、决策者和市场营销者能够有统一的观念 (Holmgren et al.，2015)。

未来，污水处理厂预计会将回收的资源和优质的水在不同的行业重新利用，这种做法具有成本效益，并且在能源方面能够自给自足。

17.3.2 适当结合集中式和分散式解决方案

最近的创新案例表明，从现场卫生系统到厂区外卫生系统，组合使用集中式和分散式废水处理系统（同样适用于大型服务区），具有其他优点，比如投资减少、运营和维护成本低，以及可根据当地条件进行定制。

"分布式废水系统"指的是一种高度网络化、本地化的生产、分销和消费方式，它可以被看作是分散式和集中式系统的最佳组合，用于管理网络集群系统中废水的替代性方案。这种方式在时间、能源和成本方面更有效率，并对最终用户和环境产生积极的外部效应。但是，这种方式在实施方面可能存在重大挑战（见专栏17.3）。

专栏17.3 分布式废水处理系统：集中式废水处理系统的替代性选择

分布式系统是一种灵活的、本地化的、高度网络化的系统。虽然这种系统中，中央基础设施仍发挥着主导作用，但系统规模更小，是一种因地制宜的系统，在操作过程中能够与用户在更加本地化的层面上进行互动。分布式废水处理系统不仅需要技术创新，还需要管理创新，并且它并不能适用于所有环境。即使是在最适合的情况中，分布式废水处理系统依然面临着几大障碍，无法得到广泛应用 (OECD，2015b)。

首先，分布式废水处理系统会使消费者脱离中央网络，从而削弱现有的集中式系统（例如废水收集和处理）。这是一个问题，因为分布式废水处理系统在与集中式系统的管道基础设施结合时工作效果最好。公用事业机构和市政府可能不愿意探索对现有网络的收入基础产生负面影响的方案，除非能确定替代性的资金来源。

其次，分布式废水处理系统提出了一个关于责任的问题：谁负责在建筑或者区域层面提

供服务？问责是个问题，因为分布式废水处理系统需要在不同层面监测和控制城市废水的质量，这也需要额外增加费用。

再次，要注意城镇水管理中规模经济的复杂性。考虑到规模经济，运营一个大型的污水处理厂通常会比运行好几个小型污水处理厂的成本要低。但是，系统的经济性在于，利用废水的就地处理和再利用技术，可以不用像集中式系统那样需要投资扩建基础设施，在这一点上，规模经济的优势被抵消了。

资料来源：OECD（2015b）。

撰稿人：Xavier Leflaive（经济合作与发展组织环境理事会水项目负责人）。

在那些刚刚兴建废水基础设施的国家，如果要更好地了解如何最好地组合各种规模的（有下水道和无下水道）解决方案，就需要进行更多的研究（Cairns-Smith et al.，2014）。那么，这方面要研究的主要问题包括：成本效益、消费者行为、接受程度和激励措施、商业模式和制度安排等。此外，需要考虑关于这些系统的所有权、家庭接受程度和资金问题，特别是在发展中国家。

17.4　能力建设、公共意识和利益相关者之间的合作

欠发达国家无法获得关于废水管理可持续性解决方案的科学知识、研究进展、新技术以及适当的教育和培训。

教育和能力建设是至关重要的，在发展中国家，可以通过设置针对废水管理不同方面的培训计划来实现。这种培训既针对水行业的专业人员，同时又是不同层面的正规教育课程的一部分。这会直接影响社会认知和接受程度，特别是在废水利用和资源回收方面。

这种社会层面的作用是不容低估的。例如，水的安全再利用需要利益相关者在明白其中利益和风险的基础上积极地参与。公众教育可以提高民众对水的安全再利用方式的认识，甚至是将这些水以饮用的目的重新利用，比如宇航员在国际空间站对水进行再利用。

要尽早促使利益相关者参与进来，并提高其能力，这对于再利用项目的成功是至关重要的。鉴于水再利用存在很多的障碍，行为改变和最佳做法的接受程度也是成功的关键因素。由于利益相关者可能缺乏适当的风险意识和/或无法因采用安全措施而直接受益，那么为了推广推荐性做法，就需要更好地了解针对不同性别的激励措施（积极的或消极的），以及这些措施被地方接受的最大可能性（Karg 和 Drechsel，2011）。

体制能力的加强也至关重要。如果负责废水处理设施运行和维护的实体缺乏适当的体制能力，那么仍然会存在出现系统失效的风险，不论这些实体管理的是规模较小的分散式系统还是规模较大的集中式处理厂（Murray 和 Drechsel，2011）。就这一点而言，需要对新一代处理废水管理不同方面的科学家、工程师和专业人员进行培训，以应对不同规模日益复杂和相互关联的事件所导致的问题。未来的废水管理者将需要具备技术和管理两方面的技能，方可制订出涉及各种废水流、能够解决从污染减排（在源头进行废水收集和处理）到水再利用和回收有用的副产品等所有问题的解决方案，并付诸实践。

为了有更多的女性身影出现在发达国家和发展中国家的更高层次的科学机构和决策层中，我们要努力培养废水领域的女性科学家（WWAP，2016）。另外，无论在发达国家还是发展中国家，都迫切需要所有层次的关于废水价值的教育——从儿童和成人的非正规教育到高等教育课程开发。同时，我们还需要特别关注废水管理对人类和环境健康的风险。

制订和实施创新的、跨学科和全面的教育和培训方法，包括现行的、以学生为中心、基于问题的学习和培训材料，对于以更深入的洞察力、先进的知识和更强的信心面对问题和挑战是至关重要的。

第 18 章

WWAP│Richard Connor、Angela Renata Cordeiro Ortigara、Engin Koncagül、Stefan Uhlenbrook

参与编写者：Marianne Kjellén（UNDP）、Sarah Hendry［英国邓迪大学水法、政策和科学中心（受联合国教科文组织支持）］、Sarantuyaa Zandaryaa（UNESCO-IHP）

创建有利环境

德国汉堡的 Ellerntors 桥

本章作为结语篇，主要讲述了改善废水管理的应对措施、解决方案和实施手段。这些方案不仅局限于技术层面，还包括法律和体制框架、融资机会、知识和能力建设、减轻人类和环境面临的健康风险以及提高社会接受度。由于世界各地面临的挑战各不相同，因此各地区、国家、流域和社区的利益相关者和决策者应根据具体情况确定最合适的方案组合。

解决世界上与废水相关的挑战至关重要，这有助于改善人类健康和生计，促进地方经济和国家经济增长，提高水、空气和土壤质量，以及保护生态系统和加强其提供的服务。事实上，改善废水管理是实现所有人可持续发展的关键因素。正如本报告所述，废水不仅是急需解决的负担，还是一种有价值的资源，如果得到妥善管理，可以创造巨大的机会和收益。

由于人口增长、城镇化发展和社会经济状况改善，世界大部分地区对水的需求和使用量不断增加。而与此同时，气候变化、对地下水随意抽取和污染等导致水资源可利用量逐渐减少。从美国西部、南欧、北非和中东到中国部分地区和印度，淡水资源供应日趋紧张，相关服务供应商正想尽一切办法应对日益增长的淡水需求。废水再利用能够满足人类和环境需求、提高淡水可利用量，这在多个地方已得到验证。处理等级不同，废水的用途也不同。根据处理等级，废水可用于农业灌溉、园林绿化和工业生产，甚至也可用作饮用水，而且这些用途在某些地区已经实现。

用水量越大，产生的废水越多。而且，世界上大部分废水未经处理直接排放，对人体健康和环境造成了严重的影响。

废水排放前经适当处理可减少对环境的污染负荷，降低对人体的健康风险。较先进的处理工艺一般成本过高，尤其是对最贫穷的社区而言。但是，若与修建大坝、海水淡化或跨流域调水的成本相比，并把对人体健康和环境的效益考虑在内，改善废水管理似乎更经济合理，特别是在当前缺水的条件下。改善废水管理也能直接或间接地创造大量就业机会，无论是在水相关行业还是在其他行业（WWAP，2016）。

有两种方法可以从根本上解决与废水污染相关的难题。第一种是在初次使用时禁止过量使用（数量）和污染水资源，以此减少产生的废水总量及其所含的污染物。第二种是收集废水并对其进行不同等级的处理（即"末端"解决方案），然后用于其他用途或排放到环境中。这种方法需要对收集到的废水和处理后的废水设定质量标准。如果上述两种方法，即预防和适当处理，都不可行，我们还可以采用低成本的解决方案来降低废水未经处理带来的风险（WHO，2006a）。

在水资源可持续管理、经济绿色增长和城镇化发展的背景下，水再利用的重要性愈发凸显（Lazarova et al.，2013）。但是，水不是唯一可以从废水中回收的资源。废水中还含有营养物、有机物、能源和其他有用的副产品。例如，大量资料记载从污水污泥中能回收能源（沼气）（WWAP，2014；UN-Water，2015a）。在向循环经济过渡的过程中，回收水和有用的副产品对平衡经济发展与环境和资源保护至关重要。

废水管理周期主要分为以下4个阶段：

(1) 避免或减少源头的污染；

(2) 清除废水所含污染物（如处理）；

(3) 将处理过的废水用于不同的用途；

(4) 重获有用的副产品。

在水资源综合管理整个框架内，这4个阶段可以看作是逻辑过程或阶梯方法中不同但互相关联的步骤。因此，为了改善废水管理，将其提供的机会和效益最大化，需要从技术、监管和资金等方面入手。

水资源短缺问题已被提到全球政治议程，如2030年可持续发展议程。该议程中设定的可持续发展目标也对通过改善废水管理提高水质起了推动作用（UNGA，2015a）。废水对生态系统的完整性和生物多样性造成了严重影响，破坏了可持续发展（经济、社会和环境）赖以生存的生态系统服务。

考虑到废水在解决水资源短缺、污染和资源回收方面的潜力，越来越多的地区开始关注废水管理。但现在只有少量废水经过处理，再利用的废水更是少之又少，因此，废水管理未来还有很大机遇。以下是一些应对措施，如果结合使用，水再利用率和有用副产品回收率将大大提高。

18.1　技术方案

尽管水再利用（用于农业、工业、环境、娱乐和饮用）的成功案例越来越多，但废水的潜力还远未得到充分开发，尤其是在发展中国家和新兴经济体。在高收入国家，约70%的废水得到了处理，而在中等收入国家和低收入国家，只有28%和8%的废水得到了处理（Sato et al.，2013）。

技术选择与地区高度相关。废水管理需要应对不同的气候条件。水资源可利用程度、经济发展水平、经济活动类型和居住模式，所有这些因素都会影响废水和水质管理（UNEP，2015a）。尽管现有知识存在缺口，但我们仍有一系列已经开发的技术方案可用，现在的问题是如何在正确的地方以最适合当地灰色和绿色基础设施的方式选择和实施正确的技术。

发展中国家可使用适当、有效和低成本的废水处理技术（见第15章）。预处理、一级处理和二级处理是相对简单的废水处理工艺，经其处理过的废水也可用于多种用途，而且投资成本、运行和维护成本还低（Jiménez-Cisneros，2011；Libhaber et al.，2012），尤其是与管理良好的绿色基础设施结合使用，效果更佳（见第8章）。生物过程一般需要高温环境，因此其特别适合气候温暖的国家，而大多数发展中国家具备这种条件（Qadir et al.，2015b）。他们的目标是将废水处理等级从预处理、一级处理和二级处理升级为三级处理，进而提高处理后的废水的质量。

选择最合适的废水处理系统也很重要。虽然没有一个通用的解决方法，但低成本的分散式废水处理系统越来越被发达国家和发展中国家认可和使用（见第15章）。特别是对发展中国家而言，由于其缺乏制度能力和资金支持，投资集中式处理系统和先进处理工厂风险重重。过程简单的适用技术不仅资本、运行和维护成本低，更可持续，而且经其处理过的废水可用于多种用途，如农业（Libhaber et al.，2012）。建设简易或"适当"的处理设施的投资大概是传统水处理厂的20%～25%，而且运行和维护成本更低（大概是传统活性污泥处理厂的5%～25%）（Wichelns et al.，2015）。

虽然发达国家的废水管理系统一般比较先进，但也会遇到一些挑战，如老化的基础设施不适合处理当前的废水负荷（见第12章）、员工流失

（WWAP，2016）以及新型污染物的不断出现（见第4章和第17章）。

"目的性"处理是另一个重要的考虑因素。发展中国家的废水深度处理能力短时间内不太可能取得大幅进展，因此根据废水最终用途开发和采用定制技术就尤为重要。经过部分处理的废水有多种用途，其中最常见的是用于农业灌溉。据报告，这已在约50个国家成为现实，占所有灌溉土地的10%（FAO，2010）。根据处理程度的不同，废水还可用于城市绿化和饮用。若要释放废水再利用的巨大潜力，需要（通过"目的性"处理）把上述潜在用途全部整合到废水管理系统中（见第16章）。

最后，废水中的有用副产品［如能源（热和沼气）和营养物］的回收技术发展迅速，且越来越具有成本效益，特别是在整个废水管理周期内（见第16章）。例如，废水中所含的热能、化学能和水能可以通过现场或非现场系统以沼气、加热、制冷或电力的形式回收（Meda et al.，2012），还有多种技术可以通过污水处理厂的污泥处理或生物固体处理工艺现场回收能源。还有许多新方法也可用于从废水中回收磷，并以低成本将污泥转化为肥料。这些领域的技术创新对促进资源回收和再利用起着关键性作用，特别是在发展中国家和新兴市场（Hanjra et al.，2015a）。

18.2　法律和制度框架

国家缺乏相关制度约束，而且多数重组的水务公司也未意识到投资废水基础设施的潜在价值，这是大量废水被忽视的主要原因之一（UN-Water，2015a）。因此，改善废水管理需要协调多方利益，使人们和组织能够在满足基本共同需求的同时最大限度地实现废水管理各个阶段的利益（见第3章）。

鉴于经济和文化的多样性以及社会不同阶层的不同需求，监管框架需因时、因地而异（UNEP，2015b）。几乎所有地区都需要提高水质标准，但只有通过灵活和渐进的方式才能取得进展。适当监管虽耗时耗钱，但如果考虑整个废水管理周期的成本和收益，其对社会、环境和经济的效益将无可比拟（UNEP，2015a）。有效的管理框架要求执行机构拥有必要的技术和管理能力，能独立开展工作，拥有强制执行相关规定和指导方针的权力。信息如果公开，而且获取信息便利，可以提高公众对规定实施和强制执行的信任度，提高达标率（UN-Water，

2015b)。

污染没有国界，因此废水管理需要引起全球关注。多瑙河和黑海的治理就彰显了国际合作的重要性（见专栏 3.1）。国家内和国家间的充分协调有助于确保有限的财政资源得到最有效的利用。

然而，解决水污染的行动，如更清洁的生产和消费过程以及更有效、更全面的废水处理，几乎全部在地方实施。因此，地方监管、利益相关者协商和合规动机仍然是可持续废水管理战略的关键要素。

政策和管理工具若要在地方实施，就需要因地制宜。例如，在贫富差距比较明显的地方，集中式服务供应策略不能照顾到所有用户。因此，"自下而上"的模式和小型的地方（分散式）废水管理服务需要获得均衡的政策、机制和资金支持，以及有利的发展环境。

同样，选择废水处理和使用方式也需要根据当地实际情况，并把生态系统需求、对水资源的竞争性利用和文化接受程度等因素考虑在内。受上述因素限制，水资源需要尽可能地重复利用，以应对日益严峻的缺水现象和日益增长的食物和能源需求。如果需要优质废水，制定（或修改）水再利用法规将是主要"推动因素"，有助于强制废水处理厂实施先进处理计划，升级现有处理技术（DEMOWARE，2016）。

许多国家需要新的立法和制度保障，以适应和管理废水的多种用途，如农业灌溉、工业用水循环、含水层补给和增强生态系统服务。作为附加的水源，经处理的废水可以纳入国家供水计划（Hanjra et al.，2015b）。

废水副产品利用等也需要新规定来规范。虽然我们目前拥有专门技术（见第 16 章），但关于相关产品质量的法规还很有限或缺失，市场的不确定性也会抑制投资。投资和法律激励措施可以鼓励和培育相关产品市场（如强制要求在人造肥料中添加回收的磷）。对最终产品而不是原材料实施质量标准，也有助于促进城市废水高品质材料的市场接受度，回收废水所含营养物和其他有用副产品，支持向循环经济过渡。

废水管理和水资源保护过程中，社区为了无政治发言权的群体（如弱势群体、下一代和生态系统）的利益而做事的能力常常受到挑战。如果需要执行标准和获得许可，政府当局的公正性至关重要。信息公开透明和公众参与政策制定可确保解决方案是合理的、可接受的和可持续的。就废水管理目标形成共同愿景和普遍共识是其成功实现的最佳保证。

18.3 融资机会

废水管理和卫生经常被视为昂贵和投资密集的产业（见第 3.3 节）。特别是大型的集中式处理系统，往往需要大量的前期投资。建成后，这些系统几乎不会产生可观的收入，在中长期内无法满足其本身的运行和维护所需的成本，导致系统快速退化。因此，许多发达国家和发展中国家未从政治上高度重视对废水管理和水质的投资，这点不足为奇。如果机制建设和人力资源发展长期缺乏投资，这个问题还会更严重（见第 17 章）。为了提高废水管理系统的整体性能，投资和融资必须相互配合（WHO，2015）。以结果为基础的融资方式还有助于促进废水处理系统的最佳设计和高效运行（WWC/OECD，2015）。

分散式废水处理系统可以减轻投资集中式处理系统的资金压力（见第 15.4 节）。该系统最常见于小型社区，废水处理量小，技术成本低（例如稳定塘、厌氧过滤器和人工湿地）。如果设计合理、实施得当，经这些低成本技术处理后的废水质量也能达到令人满意的水平。这些技术的初期投资虽低，但也要适度运行和维护，以避免系统故障。因此，为了确保分散式处理系统能够长期运行，我们需要在早期的设计阶段中考虑到财政资源和对人力资源能力的投入。

为了使废水处理系统的净效益最大化，我们还需要从社会环境和财务方面分析其在当地和下游地区的成本和效益，并将这些结果与其他最佳替代方案进行比较，包括长期不采取行动的成本。事实上，绝大多数现有证据表明，废水管理投资不足造成的损失远远高于实际支出的费用，特别是考虑到对人体健康、社会经济发展和环境造成的直接和间接损害（见第 13.5 节）（UN-Water，2015a）。

废水再利用可以为废水处理增加收入来源，尤其是在经常性或长期被缺水困扰的地区。很多种正在实施的商业模式都证实了成本和效益可以回收（见第 16.3 节）。但售卖处理后的废水的收益一般不足以抵消水处理厂运行和维护的成本。当卫生服务链的各个环节由不同的实体负责时，如果废水再利用创造的价值有助于维持卫生服务链，各实体应制定成本、风险和效益共享机制（例如：公共-私营部门合作或其他参与方法）（Wichelns et al.，2015）。若从水资源管理的大背景来看，多用途水利基础设施还可以加强废水处理，但其融资难度往往高于单一目的的项目（WWC/OECD，2015）。

即便方便到打开水龙头即可出水，自来水的价值总体来说是被低估了，与成本相比，价格偏低。只有当经处理的废水价格比自来水还低，公众才会接受废水再利用。在这种情况下，鼓励水再利用比成本回收更重要。尽管废水利用的收益可能不够支付额外的成本，但水资源再利用的效益可能比通过修建大坝、海水淡化、跨流域调水和通过其他方式增加水资源可利用量的效益要高（Wichelns et al.，2015）。

营养物（主要是磷和氮）和能源的回收可以带来显著的收益，增加成本回收。近年来，废水处理技术取得了新进展，提高了营养物和能源的回收效率（见第 16.2 节）。有关多种资源回收的研究表明，当资源再利用延伸至能源和碳信用时，可以实现更大的经济效益（Hanjra et al.，2015b）。回收的沼气已经成为处理厂的能源，用于进行热电联产和生产运输用燃料（WWAP，2014）。磷和氮回收后用作肥料，可降低肥料价格，进而降低食品的总成本（Sengupta et al.，2015）。现在有多种方法可以从废水中回收磷，并以低成本将化粪池污泥转变为颗粒状肥料（Hanjra et al.，2015a）。而且，受控情况下回收磷（现代农业肥料中不可缺少的不可再生资源）比处理厂通过化学处理除去不需要的磷沉淀更具有经济优势。随着有限磷矿石开采成本的上涨，磷回收可能会更具成本竞争力（Wichelns et al.，2015）。除了具体的经济效益外，改善氮回收还能减少大气中的氮负荷（Sengupta et al.，2015）。世界上已出现回收其他有用材料的创新技术，如通过生物电化学过程回收金属，虽然这些技术仍处于发展初期（Wang et al.，2014）。

总而言之，当处理成本变低，人们的价值期望从在废水中回收水转变为从废水中回收水、营养物、能源和其他有用的副产品时，废水处理和再利用就越容易获得资本支持。从废水管理周期内的潜在协同来看，已有研究表明，基于整个废水管理周期的成本回收的公私合作有助于激励共同投资卫生或废水部门，推动中小企业发展（Murray et al.，

2011）。能否获得终端用户，即接受产品供应、愿意且有能力支付（即市场价格）的用户，是水再利用以及副产品回收和利用方案成功实施的关键条件（Rao et al.，2015）。

18.4　提高知识和能力建设

废水产生、处理和利用的相关数据和信息对政策制定者、研究人员、从业人员和公共机构非常重要，有了数据和信息才可以制定国家和地方行动方案，保护环境，安全地实现废水的生产性利用。然而，国际社会，尤其是发展中国家普遍缺乏水质和废水管理方面的数据（UN-Water，2015a）。即使某些国家拥有关于废水产生、处理和再利用的数据，但通常也是不完整的或过时的（Sato et al.，2013）；因此，直接比较国家之间的数据并非易事，甚至是不可能实现的（见第 4.4 节）。衡量可持续发展目标 6.3 进展的监测系统预计能够推进国家级的监测和报告（见第 2 章）。

废水量以及废水成分的相关数据是保护人类和环境的健康和安全的必要信息。在监测监管体系的有效性和支持环境法律的实施方面，流域和地方仍有很大的改善空间。

为了加强废水管理，有必要确保相应的能力建设到位（见第 17 章）。因此，若想满足不断变化的技术和社会需求，就需要不断在各个层级推动专业发展。

无论是大型的集中式废水管理系统还是小型的现场废水处理系统，都需要受过适当培训的人员来操作。例如，许多现场系统的运行和维护通常由房主或地方当局负责，致使系统由于缺乏维护或维护不当而出现故障（UN-Water，2015a）。国际水协会认为，"发展中国家普遍缺乏水利专业人员以及水利相关知识、经验和专业技能，无法满足日益增长的用水和卫生服务需求"（IWA，2014，第 3 页）。对于良好的监管政策、实际控制水质和获取相关利益而言，适当投资培训具有举足轻重的作用。正如《联合国世界水发展报告 2016》所述，"不论是发达国家还是发展中国家，广义上的废水管理和就业机会之间存在着重要关系和本质联系……水在创造和维持直接就业机会（不限行业）方面发挥着关键作用，并通过乘数效应释放间接创造就业机会的潜力"（WWAP，2016，第 7 页和第 126 页）。

国际社会，尤其是发展中国家普遍缺乏废水管理组织和制度能力。鉴于废水管理普遍缺乏制度约束，我们需要建立一个办事效率高且公开透明的机构，由其协调各方利益，增强彼此间合作，制定指导方针，执行法律法规，最终带领我们实现最基本的共同目标。

最后，如果在地方层面上进行应用，创新技术还需进一步研究和开发，如改进低成本的废水处理系统（包括分离废物流进行定向处理或用于下一个预期用途），以及提高处理过的废水和回收的副产品的使用效率（见第 17 章）。另外，改善金属和新型污染物回收过程也愈发重要，但这通常需要高资本和高能力的技术。有关新型污染物（如微珠）（见专栏 4.2）和潜在危险化学药品（如内分泌干扰物和抗菌素耐药性增强化合物）的影响和去除还需进一步研究。

18.5 减少对人体和环境健康的风险

直接排放未经处理的废水会严重影响人类和环境健康，包括食品、水等媒介所致疾病的暴发、水污染、生态多样性的损失和生态系统服务的弱化。遗憾的是，尽管全球越来越关注废水处理，竭力提高卫生设施覆盖率，但在未来几年内，一些城市和农村地区仍将排放未经处理或部分经过处理的废水。这些未经处理或部分经过处理的废水将继续大量地用于灌溉和其他用途。因此，风险管理对于提高废水再利用的安全性至关重要。

在既定环境下，废水再利用风险管理最佳方案将根据预期最终用途、社会文化可接受度、经济、制度、生物物理和技术等因素予以确定（Balkema et al.，2002）。无论何时，如果人类可能受到废水的危害（比如通过食品或直接接触的方式），就需要采取更严苛的风险管理手段。例如，非粮食作物灌溉，人们食用的可能性很小，对应的风险管理手段便可以适当放松；但公园或学校的景观灌溉，人们直接接触的概率很大，这就需要采用更严苛的风险管理手段。当废水用于补充饮用水供应时，风险管理措施须更严苛（Keraita et al.，2015）。

世界卫生组织在《农业废水、排泄物和灰水安全使用指南》（见 7.2.2 小节）中提出了一种多重障碍方法，而废水处理只是保护公共卫生的方案之一（WHO，2006a）。如果未经处理的废水用于可食用作物的灌溉，我们需要在废水源、农场、市场和消费者等生产链不同的点设置障碍，加强保护。

18.6 培养社会认可度

即便废水利用工程在技术上设计合理，投资可以到位，适当的健康保护措施已经被考虑，如果没有充分考虑社会的认可和接受程度，水资源再利用项目也可能流产（见第 3.4 节和第 16.6 节）。人们对安全利用废水的认可度随社会发展阶段的变化而变化，它是一个动态过程，社会可行性研究、用户群体的密切参与和信任构成了废水再利用成功实施的关键要素（Drechsel et al.，2015b）。水资源短缺推动了废水再利用的发展，但其他因素，如替代水源的可用性、教育水平、对健康风险的认知、宗教信仰以及知识共享和沟通中使用的手段和信息等，将影响其社会认可度。当谈论到饮用水（即饮用性再利用）时，最为关键的是消除人们的负面看法。即使废水处理系统处理后的水质优于其他水源，也需要广泛的宣传和公众参与以建立人们对系统的信任，防止人们一提到再生水即表露出厌恶的态度。

我们需要对水资源再利用对健康的影响进行评估、管理、监控，并定期报告，以获得公众的认可，将废水再利用的效益最大化，将负面影响最小化（UN-Water，2015a）。中低收入国家的废水处理能力有限，废水常常未经处理或部分经过处理就排入水体，排放的废水经收集后用于非正式灌溉，因此，这些国家面临的文化和社会挑战不是引入水再利用，而是防止无意或不安全使用未经处理的废水。在这种情况下，我们需要支持他们向废水安全利用过渡（Drechsel et al.，2015b）。

18.7 结语

在淡水需求增长，有限的资源因过度开发、污染和气候变化而日益紧张的时候，我们绝不应忽视改善废水管理带来的机遇；否则，后果不堪设想。

参考文献

Aagaard-Hansen, J. and Chaignat, C. L. 2010. Neglected tropical diseases: Equity and social determinants. E. Blas and A. S. Kurup (eds). *Equity, Social Determinants and Public Health Programmes*. Geneva, Switzerland, World Health Organization (WHO).

Abiye, T. A., Sulieman, H. and Ayalew, M. 2009. Use of treated wastewater for managed aquifer recharge in highly populated urban centers: A case study in Addis Ababa, Ethiopia. *Environmental Geology*, Vol. 58, No. 1, pp. 55–59. Doi: 10.1007/s00254-008-1490-y

ADB (Asian Development Bank). 2013. *Asian Water Development Outlook 2013: Measuring Water Security in Asia and the Pacific*. Mandaluyong, Philippines, ADB. www.adb.org/publications/asian-water-development-outlook-2013

Ajiboye, A. J., Olaniyi, A. O. and Adegbite, B. A. 2012. A review of the challenges of sustainable water resources management in Nigeria. *International Journal of Life Sciences Biotechnology and Pharma Research*, Vol. 1, No. 2, pp. 1–9.

Akcil, A. and Koldas, S. 2006. Acid Mine Drainage (AMD): Causes, treatment and case studies. *Journal of Cleaner Production*, Vol. 14, No. 12–13, pp. 1139-1145. dx.doi.org/10.1016/j.jclepro.2004.09.006

AKDN (Aga Khan Development Network). n.d. *Aga Khan Award for Architecture, Wadi Hanifa Wetlands*. AKDN website. www.akdn.org/architecture/project.asp?id=2258

Alcott, B. 2005. Jevon's Paradox. *Ecological Economics*, Volume 54, No. 1, pp. 9–21.

Ammerman, A. J. 1990. On the origins of the Forum Romanum. *American Journal of Archaeology*, Vol. 94, No. 4, pp. 627–645.

Amoah, P., Keraita, B., Akple, M., Drechsel, P., Abaidoo, R. C. and Konradsen, F. 2011. *Low-cost Options for Reducing Consumer Health Risks from Farm to Fork where Crops are Irrigated with Polluted Water in West Africa*. IWMI Research Report No. 141. Colombo, International Water Management Institute (IWMI). www.iwmi.cgiar.org/Publications/IWMI_Research_Reports/PDF/PUB141/RR141.pdf

AMWC (Arab Ministerial Water Council). 2011. *Arab Strategy for Water Security in the Arab Region to Meet the Challenges and Future Needs for Sustainable Development 2010-2030*. Cairo, AMWC. www.accwam.org/Files/Arab_Strategy_for_Water_Security_in_the_Arab_Region_to_meet_the_Challenges_and_Future_Needs_for_Sustainable_Development_-_2010-2030.pdf

Andersson, K., Rosemarin, A., Lamizana, B., Kvarnström, E., McConville, J., Seidu, R., Dickin, S. and Trimmer, C. 2016. *Sanitation, Wastewater Management and Sustainability: From Waste Disposal to Resource Recovery*. Nairobi/Stockholm, United Nations Environment Programme/Stockholm Environment Institute (UNEP/SEI). www.sei-international.org/mediamanager/documents/Publications/NEW/SEI-UNEP-2016-SanWWM&Sustainability.pdf

AQUASTAT. 2014. *Area Equipped for Irrigation*. Infographic. Rome, Food and Agricultural Organization of the United Nations (FAO). www.fao.org/nr/water/aquastat/infographics/Irrigation_eng.pdf

_____. 2016. *Water Withdrawal by Sector*, around 2010. Rome, Food and Agricultural Organization of the United Nations (FAO). www.fao.org/nr/water/aquastat/tables/WorldData-Withdrawal_eng.pdf

_____. n.d.a. *Municipal Wastewater*. AQUASTAT database. Rome, Food and Agricultural Organization of the United Nations (FAO). www.fao.org/nr/water/aquastat/wastewater/index.stm

_____. n.d.b. AQUASTAT database. Rome, Food and Agricultural Organization of the United Nations (FAO). www.fao.org/nr/water/aquastat/main/index.stm

Armitage, N., Vice, M., Fisher-Jeffes, L., Winter, K., Spiegel, A. and Dunstan, J. 2013. *Alternative Technology for Stormwater Management: The South African Guidelines for Sustainable Drainage Systems*. WRC Report no. TT 558/13. Pretoria/Cape Town, Water Research Commission (WRC)/University of Cape Town. www.wrc.org.za/Knowledge%20Hub%20Documents/Research%20Reports/TT%20558-13.pdf

Asano, T. and Levine, A. D. 1998. *Wastewater Reclamation, Recycling, and Reuse: An Introduction*. T. Asano (ed.), *Wastewater Reclamation and Reuse*. CRC Press.

Asano, T., Maeda, M., and Takaki, M. 1996. Wastewater reclamation and reuse in Japan: Overview and implementation examples. *Water Science and Technology*, Vol. 34, No. 11, pp. 219–226.

ATSE (Australian Academy of Technological Sciences and Engineering). 2013. Drinking Water through Recycling: The Benefits and Costs of Supplying Direct to the Distribution System. Melbourne, Australia, ATSE. www.atse.org.au/Documents/reports/drinking-water-through-recycling-full-report.pdf

Badr, F. 2016. Assessment of Wastewater Services and Sludge in Egypt. Deutsche Gesellschaft für Internationale Zusammenarbeit (GIZ). www.cairoclimatetalks.net/sites/default/files/assessment%20 of%20wastewater%20services%20in%20Egypt1%20(1).pdf

Bahri, A., Drechsel, P. and Brissaud, F. 2008. Water Reuse in Africa: Challenges and Opportunities. Paper presented at the First African Water Week: Accelerating Water Security for Socio-Economic Development of Africa, Tunis, 26–28 March 2008. publications.iwmi.org/pdf/H041872.pdf

Balkema, J. A., Preisig, H. A., Otterpohl, R. and Lambert, F. J. D. 2002. Indicators for the sustainability assessment of wastewater treatment systems. Urban Water, Vol. 4, pp. 153–161.

Ballestero, M., Arroyo, V. and Mejía, A. 2015. Documento Temático: Agua Potable y Saneamiento para Todos [Technical Document: Drinking Water and Sanitation for All]. VII World Water Forum Regional Process. (In Spanish.)

Bartone, C. R., Bernstein, J., Leitmann, J. and Eigen, J. 1994. Toward Environmental Strategies for Cities: Policy Considerations for Urban Environmental Management in Developing Countries. Urban Management Programme Policy Paper No. 18. Washington, DC, World Bank. documents. worldbank.org/curated/en/826481468739496129/pdf/multi-page.pdf

Bauer, H. 1993. Cloaca Maxima. E. M. Steinby (ed.), Lexicon Topographicum Urbis Romae. Rome, Quasar, pp. 288–290.

Bernhardt, B. and Massard-Guibaud, G. (eds). 2002. Le démon moderne. La pollution dans les sociétés urbaines et industrielles d'Europe [The Modern Demon. Pollution in Urban and Industrial European Societies]. Clermont-Ferrand, France, Presses universitaires Blaise Pascal. Support Livre broché. (In French.)

BGR (Bundesanstalt für Geowissenschaften und Rohstoffe). n.d. TC Lebanon: Protection of Jeita Spring. BGR website. www.bgr.bund.de/EN/Themen/Wasser/Projekte/abgeschlossen/TZ/Libanon/jeita_fb_ en.html

Bianchi, E. 2014. La Cloaca Maxima e i Sistemi Fognari di Roma dall'Antichità ad Oggi [The Cloaca Maxima and Rome's Sewerage Systems from Antiquity to Today]. Rome, Palombi Editore. (In Italian.)

Biggs, C., Ryan, C., Wiseman, J. and Larsen, K. 2009. Distributed Water Systems: A Networked and Localized Approach for Sustainable Water Services – Business Intelligence and Policy Instruments. Melbourne, Australia, Victorian Eco-innovation Lab (VEIL), University of Melbourne. www. ecoinnovationlab.com/wp-content/attachments/234_Distributed-Water-Systems.VEIL_.pdf

Blue Tech Research. n.d. Turning Whey from Dairy Wastewater into Alcohol and Revenue. Cork, Ireland, Blue Tech Research. www.bluetechresearch.com/news/turning-whey-from-dairy-wastewater-into-alcohol-and-revenue/.

Bolong, N., Ismail, A. F., Salim, M. R. and Matsuura, T. 2009. A review of the effects of emerging contaminants in wastewater and options for their removal. Desalination, Vol. 239, No. 1–3, pp. 229–246.

Boufaroua, M., Albalawneh, A. and Oweis, T. 2013. Assessing the efficiency of grey-water reuse at household level and its suitability for sustainable rural and human development. British Journal of Applied Science and Technology, Vol. 3, No. 4, pp. 962–972.

Brdjanovic, D. (ed.). 2015. Innovations for Water and Development. Delft, The Netherlands, UNESCO-IHE. www.unesco-ihe.org/sites/default/files/unesco-ihe_innovations_e_vs050315.pdf

Cairns-Smith, S., Hill, H. and Nazarenko, E. 2014. Urban Sanitation: Why a Portfolio of Solutions is Needed. Working Paper. The Boston Consulting Group. www.bcg.com/documents/file178928.pdf

Cakir, F. Y. and Stenstrom, M. K. 2005. Greenhouse gas production: A comparison between aerobic and anaerobic wastewater treatment technology. Water Research, Vol. 39, No. 17, pp. 4197–4203. dx.doi.org/10.1016/j.watres.2005.07.042

California Department of Water Resources. 2013. Resource Management Strategies, Vol. III of California Water Plan Update 2013. Sacramento, Calif., California Department of Water Resources. demoware.eu/en/demo-sites/tarragona

Cho, R. 2011. From Wastewater to Drinking Water. State of the Planet, News of the Earth Institute. New York, Earth Institute, Columbia University. blogs.ei.columbia.edu/2011/04/04/from-wastewater-to-drinking-water/

Cooper, P. F. 2001. Historical aspects of wastewater treatment. P. Lens, G. Zeeman and G. Lettinga (eds), *Decentralised Sanitation and Reuse: Concepts, Systems and Implementation*. Integrated Environmental Technology Series. London, IWA Publishing.

Copeland C. 2015. *Microbeads: An Emerging Water Quality Issue*. CSR Insights. www.fas.org/sgp/crs/misc/IN10319.pdf

Corcoran, E., Nellemann, C., Baker, E., Bos, R., Osborn, D. and Savelli, H. (eds). 2010. *Sick Water? The Central Role of Wastewater Management in Sustainable Development*. United Nations Environment Programme/United Nations Human Settlements Programme/GRID-Arendal (UNEP/UN-Habitat). www.unep.org/pdf/SickWater_screen.pdf

CPCT (Cleaner Production Centre of Tanzania). n.d. *Nyanza Bottling Company Limited. Resource Efficient and Cleaner Production (RECP) – Case Studies*. Mwanza, Tanzania, CPCT. cpct.or.tz/selected%20photo/Beverage%20Industries.pdf

Crab, R., Defoirdt, T., Bossier, P. and Verstraete, W. 2012. Biofloc technology in aquaculture: Beneficial effects and future challenges. *Aquaculture*, Vol. 356–357, pp. 351–356.

Craggs, R. J., Lundquist, T. J. and Benemann, J. R. 2013. Wastewater treatment and algal biofuel production. M. A. Borowitzka and N. R. Moheimani (eds), *Algae for Biofuels and Energy*, Vol. V of *Developments in Applied Phicology*, pp. 153–163. Springer Netherlands. Doi: 10.1007/978-94-007-5479-9

CReW (Caribbean Regional Fund for Wastewater Management). n.d. CReW website. www.gefcrew.org/

Culp, G. L. and Culp, R. L. 1971. *Advanced Wastewater Treatment*. New York, Van Nostrand Reinhold Environmental Engineering Series.

Daigger, G. T. 2011. Changing paradigms: From wastewater treatment to resource recovery. *Proceedings of the Water Environment Federation, Energy and Water 2011*, Vol. 16, pp. 942-957.

Daniels, M. 2015. *Innovative Wastewater Financing Mechanism – Why CReW is not only about Constructing Wastewater Treatment Plants (Important Considerations for Replication)*. Georgetown, Guyana Wastewater Revolving Fund. www.aidis.org.br/PDF/cwwa2015/CWWA%202015%20Paper%20Submission%20-%20Marlon%20Daniels%20-%20Innovative%20Financing%20Mechanisms%20-%20Why%20CReW%20is%20not%20only%20about%20Wastewater%20Treatment%20Plants.pdf

DEFRA (Department for Environment, Food and Rural Affairs). 2016. *Microbead Ban Announced to Protect Sealife*. Government of the United Kingdom. www.gov.uk/government/news/microbead-ban-announced-to-protect-sealife

De Groot, R. S., Stuip, M. A. M., Finlayson, C. M. and Davidson, N. 2006. *Valuing Wetlands: Guidance for Valuing the Benefits Derived from Wetland Ecosystem Services*. Ramsar Technical Report No. 3/CBD Technical Series No. 27. Gland, Switzerland, Ramsar Convention Secretariat and Montreal, PQ, Secretariat of the Convention on Biological Diversity. www.cbd.int/doc/publications/cbd-ts-27.pdf

DEMOWARE (Innovation Demonstration for a Competitive and Innovative European Water Reuse Sector). 2016. *Market Analysis of Key Water Reuse Technologies*. Report D4.1. demoware.eu/en/results/deliverables/deliverable-d4-1-market-analysis-of-key-water-reuse-technologies.pdf

_____. n.d. *Tarragona*. DEMOWARE website. demoware.eu/en/demo-sites/tarragona

Despommier, D. 2011. *The Vertical Farm: Feeding the World in the 21st Century*. London, McMillan.

Difaf, H. H. 2016. *Cost-effective Treatment of Wastewater in Remote Areas for Potential Reuse to Cope with Climate Change Impacts and Water Scarcity*. Presentation held during the UNESCWA and ACWUA Workshop on Developing the Capacities of the Human Settlements Sector for Climate Change Adaptation Using Integrated Water Resources Management (IWRM) Tools, Amman, 21–23 May 2016. www.unescwa.org/sites/www.unescwa.org/files/events/files/07-difaf_lenanon.pdf

Dillon, P. J., Escalante, F. E. and Tuinhof, A. 2012. *Management of Aquifer Recharge and Discharge Processes and Aquifer Storage Equilibrium*. GEF–FAO Groundwater Governance Thematic Paper 4. Canberra, Commonwealth Scientific and Industrial Research Organisation (CSIRO).

Domenech, T. and Davies, M. 2011. Structure and morphology of industrial symbiosis networks: The case of Kalundborg. *Procedia – Social and Behavioral Sciences*, Vol. 10, pp. 79–89.

Doorn, M. R. J., Strait, R., Barnard, W. and Eklund, B. 1997. *Estimate of Global Greenhouse Gas Emissions from Industrial and Domestic Wastewater Treatment*. Washington, DC, United States Environmental Protection Agency (US EPA). cfpub.epa.gov/si/si_public_record_Report.cfm?dirEntryID=115121

Doorn, M. R. J., Towprayoon, S., Manso Vieira, S. M., Irving, W., Palmer, C., Pipatti, R. and Wang, C. 2006. Wastewater Treatment and Discharge. IPCC. *IPCC Guidelines for National Greenhouse Gas Inventory*. Hayama, Japan, Global Environmental Strategies (IGES). www.ipcc-nggip.iges.or.jp/public/2006gl/pdf/5_Volume5/V5_6_Ch6_Wastewater.pdf

Drechsel, P. and Evans, A. E. V. 2010. Wastewater use in irrigated agriculture. *Irrigated and Drainage Systems*, Vol. 24, No. 1, pp. 1–3. Doi: 10.1007/s10795-010-9095-5

Drechsel, P., Hope, L. and Cofie, O. 2013. Gender mainstreaming: Who wins? Gender and irrigated urban vegetable production in West Africa. *Journal of Gender and Water* (wH2O), Vol. 2, No. 1, pp. 15–17.

Drechsel, P. and Karg, H. 2013. Motivating behaviour change for safe wastewater irrigation in urban and peri-urban Ghana. *Sustainable Sanitation Practice*, Vol. 16, pp. 10–20. www.ecosan.at/ssp/issue-16-behaviour-change/SSP-16_Jul2013_10-20.pdf/view

Drechsel, P., Mahjoub, O. and Keraita, B. 2015b. Social and cultural dimensions in wastewater use. P. Dreschel, M. Qadir and D. Wichelns (eds), *Wastewater – Economic Asset in an Urbanizing World*. Springer Netherlands.

Drechsel, P., Qadir, M. and Wichelns, D. (eds). 2015a. *Wastewater: Economic Asset in an Urbanizing World*. Springer Netherlands.

Drechsel, P., Scott, C. A., Raschid-Sally, L., Redwood, M. and Bahri, A. (eds). 2010. *Wastewater, Irrigation and Health: Assessing and Mitigating Risk in Low-Income Countries*. Colombo, International Water Management Institute (IWMI), London, Earthscan and Ottawa, International Development Research Centre (IDRC). cgspace.cgiar.org/handle/10568/36471

Ebiare, E. and Zejiao, L. 2010. Water quality monitoring in Nigeria: Case study of Nigeria's industrial cities. *Journal of American Science*, Vol. 6, No. 4, pp. 22–28.

EC (European Commission). 2016a. *CSI Guidance on Integrating Water Reuse in Water Planning Management*. Meeting of the Strategic Co-ordination Group, 2–3 May 2016. Brussels, EC.

_____. 2016b. *Eighth Report on the Implementation Status and the Programmes for Implementation of Council Directive 91/271/EEC concerning Urban Waste Water Treatment*. Brussels, EC. eur-lex.europa.eu/legal-content/EN/TXT/?uri=CELEX%3A52016DC0105

EEA (European Environment Agency). 2013. Urban Waste Water Treatment. EEA website. www.eea.europa.eu/data-and-maps/indicators/urban-waste-water-treatment/urban-waste-water-treatment-assessment-3

_____. 2016. SOER 2015 – *The European Environment – State and Outlook 2015*. Copenhagen, EEA. www.eea.europa.eu/soer

_____. n.d. *European Pollutant Release and Transfer Register*. prtr.ec.europa.eu/#/home

Ekane, N., Kjellén, M., Noel, S. and Fogde, M. 2012. *Sanitation and Hygiene Policy: Stated Beliefs and Actual Practice – A Case Study in the Burera District, Rwanda*. Working paper 2012-07. Stockholm, Stockholm Environment Institute (SEI).

Ekane, N., Nykvist, B., Kjellén, M., Noel, S. and Weitz, N. 2014. *Multi-level Sanitation Governance: Understanding and Overcoming Challenges in the Sanitation Sector in Sub-Saharan Africa*. Working paper 2014-04. Stockholm, Stockholm Environment Institute (SEI). Doi: 10.3362/2046-1887.2014.024

Environment Agency. 2009. *Discharges of Consented Red List Substances National Dataset User Guide*. Version 2.0.0. 1st January, 2009. Bristol, United Kingdom, Environment Agency. www.findmaps.co.uk/assets/pdf/Discharges_of_Consented_Redlist_Substances_User_Guide_v2.0.0.pdf

EPA Victoria (Environment Protection Authority Victoria). 2002. *Guidelines for Environmental Management: Disinfection of Treated Wastewater*. Victoria, Australia, EPA Victoria. www.epa.vic.gov.au/our-work/publications/publication/2002/september/730

EU (European Union). 1991. Council Directive Concerning Urban Waste Water Treatment Directive, 91/271/EEC. *Official Journal of the European Communities*, L 135/40.

_____. 2000. Directive 2000/60/EC of the European Parliament and of the Council of 23 October 2000 establishing a framework for Community action in the field of water policy. *Official Journal of the European Communities*, L 327/1.

_____. 2008. Directive 2008/98/EC of the European Parliament and of the Council of 19 November 2008 on waste and repealing certain Directives. *Official Journal of the European Communities*, L 312/3.

Eurostat. 2014. *Data Collection Manual for the OECD/Eurostat Joint Questionnaire on Inland Waters: Concepts, Definitions, Current Practices, Evaluations and Recommendations*. Version 3.0. Luxembourg, Eurostat. ec.europa.eu/eurostat/documents/1798247/6664269/Data+Collection+Manual+for+the+OECD_Eurostat+Joint+Questionnaire+on+Inland+Waters+%28version+3.0%2C+2014%29.pdf/f5f60d49-e88c-4e3c-bc23-c1ec26a01b2a

_____. n.d. *Water use in Industry*. Eurostat Statistics Explained. Luxembourg, Eurostat. ec.europa.eu/eurostat/statistics-explained/index.php/Water_use_in_industry

Falconer, I. R. 2006. Are endocrine disrupting compounds a health risk in drinking water? *International Journal of Environmental Research and Public Health*, Vol. 3, No. 2, pp. 180–4.

FAO (Food and Agriculture Organization of the United Nations). 1985. *Water Quality for Agriculture*. FAO Irrigation and Drainage Paper 29 Rev. 1. Rome, FAO.

_____. 1992. *Wastewater Treatment and Use in Agriculture*. FAO Irrigation and Drainage Paper 47. Rome, FAO. www.fao.org/docrep/t0551e/t0551e00.htm

_____. 1997. *Quality Control of Wastewater for Irrigated Crop Production*. Eater Reports No. 10. Rome, FAO. www.fao.org/docrep/w5367e/w5367e00.htm

_____. 2002. *World Agriculture: Towards 2015/2030*. Summary Report. Rome, FAO. www.fao.org/docrep/004/Y3557E/Y3557E00.HTM

_____. 2005. *Pollution from Industrialized Livestock Production*. Livestock Policy Brief No. 2. Rome, FAO. www.fao.org/3/a-a0261e.pdf

_____. 2006. *Livestock's Long Shadow: Environmental Issues and Options*. Rome, FAO.

_____. 2010. *The Wealth of Waste: The Economics of Wastewater Use in Agriculture*. FAO Water Report No. 35. Rome, FAO. www.fao.org/docrep/012/i1629e/i1629e.pdf

_____. 2011. T*he State of the World's Land and Water Resources for Food and Agriculture (SOLAW): Managing Systems at Risk*. Rome, FAO.

_____. 2012. *The State of World Fisheries and Aquaculture*. Rome, FAO.

_____. 2013a. *Food Wastage Footprints. Sustainable Pathways*. Rome, FAO. www.fao.org/fileadmin/templates/nr/sustainability_pathways/docs/Factsheet_FOOD-WASTAGE.pdf

_____. 2013b. *Guidelines to Control Water Pollution from Agriculture in China: Decoupling Water Pollution from Agricultural Production*. FAO Water Report No. 40. Rome, FAO. www.fao.org/documents/card/en/c/86c39a7c-b362-567e-b214-ae0df99ca72d/

_____. 2015. *Global Initiative on Food Loss and Waste Reduction*. Rome, FAO. www.fao.org/3/a-i4068e.pdf

FAOSTAT. n.d.a. FAOSTAT website. faostat.fao.org/

_____. n.d.b. *Pesticides Use*. FAOSTAT website. faostat3.fao.org/browse/R/RP/E

FAO/CGIAR WLE (Food and Agriculture Organization of the United Nations/Consultative Group on International Agricultural Research Programme on Water, Land and Ecosystems). Forthcoming. *Water Pollution from Agriculture: A Global Review*.

Fernández, D., Jouravlev, A., Lentini, E. and Yurquina, A. 2009. *Contabilidad Regulatoria, Sustentabilidad Financiera y Gestión Mancomunada: Temas Relevantes en Servicios de Agua y Saneamiento* [Regulatory Accountability, Financial Sustainability and Joint Management: Relevant Topics in Water and Sanitation Services]. Santiago, Natural Resources and Infrastructure Division, Economic Commission for Latin America and the Caribbean (ECLAC). (In Spanish.). www.cepal.org/es/publicaciones/6346-contabilidad-regulatoria-sustentabilidad-financiera-gestion-mancomunada-temas

Ferro, G. and Lentini, L. 2013. *Políticas Tarifarias para el Logro de los Objetivos de Desarrollo del Milenio (ODM): Situación Actual y Tendencias Regionales Recientes* [Pricing Policies to Achieve the Millennium Development Goals (MDGs): Current Situation and Recent Trends in the Region]. Santiago, United Nations Economic Commission for Latin America and the Caribbean (UNECLAC). (In Spanish.). repositorio.cepal.org/bitstream/handle/11362/4045/S2013024_es.pdf

Finger, M. and Allouche, J. 2002. *Water Privatisation: Trans-national Corporations and the Re-regulation of the Water Industry*. London/New York, Spon Press.

Förster, J. 2014. Eurostat Statistics Explained. *Water Use in Industry*. Luxembourg, Eurostat. ec.europa.eu/eurostat/statistics-explained/index.php/Water_use_in_industry

GEN (Global Ecolabelling Network). n.d. GEN website. www.globalecolabelling.net/

Gerbens-Leenes, P. W., Mekonnen, M. M. and Hoekstra, A. Y. 2013. The water footprint of poultry, pork and beef: A comparative study in different countries and production systems. *Water Resources and Industry*, Vol. 1–2, pp. 25–36.

GE Reports. 2015. *Ralph Exton: Closing the Gap between Treating Wastewater and Reusing it*. GE Reports website. www.gereports.com/post/120556373453/closing-the-gap-between-treating-wastewater-and-reusing/

Gerlach, E. and Franceys, R. 2010. Regulating water services for all in developing economies. *World Development*, Vol. 38, No. 9, pp. 1229–1240.

Godfrey, N., Hart, J., Vaughan, W. T. and Wong, W. 2009. Using wastewater energy to heat an Olympic village for the 2010 Winter Olympics and beyond. *Proceedings of the Water Environment Federation, WEFTEC 2009*, pp. 6572–6580(9). Alexandria, Va., Water Environment Federation (WEF).

Goldface-Irokalibe, I. J. 1999. The application of water resources: Decree to the development and management of river basin development authorities. *Canadian Journal of Law and Jurisprudence*, Vol. 5, No. 57.

_____. 2002. *Towards an Effective Legal and Institutional Framework for Integrated Water Resources Management in Nigeria*. A.B.U. Zaria.

Goldface-Irokalibe, I. J. et al. 2001. WRMS, *Legal and regulatory Framework* (GAC).

González, O., Bayarri, B., Acena, J., Pérez, S. and Barceló, D. 2016. Treatment technologies for wastewater reuse: Fate of contaminants of emerging concern. Vol. 45 of D. Fatta-Kassinos, D. D. Dionysiou and K. Kümmerer (eds), *Advanced Treatment Technologies for Urban Wastewater Reuse: The Handbook of Environmental Chemistry*, pp. 5–37. Doi: 10.1007/698_2015_363

Government of British Columbia. 1992. *Urban runoff quality control guidelines for the province of British Columbia*. Vancouver, BC, Waste Management Group, Environmental Protection Division. www.env.gov. bc.ca/wat/wq/nps/NPS_Pollution/Stormwater_Runoff/urban_runoff_guidelines.pdf

Government of Canada. 2016. Order Adding a Toxic Substance to Schedule 1 to the Canadian Environmental Protection Act, 1999. *Canada Gazette*, Vol. 150, No. 13. Government of Canada. www.gazette.gc.ca/rp-pr/p2/2016/2016-06-29/html/sor-dors150-eng.php#archived

_____. n.d. *Groundwater Contamination*. Website of the Government of Canada. www.ec.gc.ca/eau-water/default.asp?lang=En&n=6A7FB7B2-1

Grigg, N. S., Rogers, P. D. and Edmiston, S. 2013. *Dual Water Systems: Characterization and Performance for Distribution of Reclaimed Water*. Denver, Colo., Water Research Foundation.

Grönwall, J. and Jonsson, A. C. Forthcoming. The impact of 'zero' coming into fashion: ZLD uptake and socio-technical transitions in Tirupur. *Water Alternatives*.

Groom, E., Halpern, J. and Erhardt, D. 2006. *Explanatory Notes on Key Topics in the Regulation of Water and Sanitation Services*. Water Supply And Sanitation Sector Board Discussion Paper Series No.6. Washington, DC, World Bank. hdl.handle.net/10986/17236.

Guest, J. S., Skerlos, S. J., Barnard, J. L., Beck, M. B., Daigger, G. T., Hilger, H., Jackson, S. J., Karvazy, K., Kelly, L., Macpherson, L., Mihelcic, J. R., Pramanik, A., Raskin, L., Van Loosrecht, M. C. M., Yeh, D. and Love, N. G. 2009. A new planning and design paradigm to achieve sustainable resource recovery from wastewater. *Environmental Science & Technology*, Vol. 43, No. 16, pp. 126–130. Doi: 10.1021/es9010515

GWI (Global Water Intelligence). 2015. *Industrial Water Technology Markets 2015: Meeting Industrial Needs in Process Water Treatment and Wastewater Reuse*. Oxford, United Kingdom, GWI. www.globalwaterintel.com/market-intelligence-reports/industrial-water-technology-markets-2015-meeting-industrial-needs-process-water-treatment-and-wastewater-reuse

GWOPA/UN-Habitat/ICLEI/WWF7/UCLG/WWC/DGI (Global Water Operators' Partnership Alliance/United Nations Human Settlements Programme/Local Governments for Sustainability/7th World Water Forum/The Global Network of Cities, Local and Regional Governments/World Water Council/Daegu Gyeongbuk Development Institute). 2015. *The Daegu-Gyeongbuk Water Action for Sustainable Cities and Regions. Draft Discussion Paper*. www.uclg.org/sites/default/files/lras_dg_water_action_for_sustainable_cities_and_regions_april2015.pdf

GWP (Global Water Partnership). 2013. *Integrated Urban Water Management (IUWM): Toward Diversification and Sustainability*. Policy Brief. Stockholm, GWP. www.gwp.org/Global/GWP-C%20Files/TOPIC%205%20-%20Impacts%20of%20Climate%20on%20Wastewater%20Management.pdf

_____. 2014. *Impacts of Climate on Wastewater Management*. Discussion Brief No. 5. Global Water Partnership. Stockholm, GWP. www.gwp.org/Global/GWP-C%20Files/TOPIC%205%20-%20Impacts%20of%20Climate%20on%20Wastewater%20Management.pdf

Hanjra, M. A., Blackwell, J., Carr, G., Zhang, F. and Jackson, T. M. 2012. Wastewater irrigation and environmental health: Implications for water governance and public policy. *International Journal of Hygiene and Environmental Health*, Vol. 215, No.3, pp. 255–269. Doi: 10.1016/j.ijheh.2011.10.003

Hanjra, M. A., Drechsel, P., Wichelns, D. and Qadir, M. 2015a. Transforming urban wastewater into an economic asset: Opportunities and challenges. P. Dreschel, M. Qadir and D. Wichelns (eds), *Wastewater – Economic Asset in an Urbanizing World*. Springer Netherlands.

Hanjra, M. A., Drechsel, P., Mateo-Sagasta, J., Otoo, M. and Hernández-Sancho, F. 2015b. Assessing the finance and economics of resource recovery and reuse solutions across scales. P. Dreschel, M. Qadir and D. Wichelns (eds), *Wastewater – Economic Asset in an Urbanizing World*. Springer Netherlands.

Harris, S., Morris, C., Morris, D., Cormican, M. and Cummins, E. 2013. The effect of hospital effluent on antimicrobial resistant E. coli within a municipal wastewater system. *Environment Science: Process Impacts*, Vol. 15, No. 3, pp. 617–622.

Hasan, A. 1988. Orangi Pilot Project: A low-cost sewer system by low-income Pakistanis. B. Turner (ed.), *Building Community: A Third World Case Book*. London, Building Community Books.

Helmer, R. and Hespanhol, I. (eds). 1997. *Water Pollution Control – A Guide to the Use of Water Quality Management Principles*. London, F & F Spon, on behalf of the United Nations Environment Programme/ Water Supply & Sanitation Collaborative Council/World Health Organization (UNEP/WSSCC/ WHO).

Herbert, E. R., Boon, P., Burgin, A. J., Neubauer, S. C., Franklin, R. B., Ardón, M., Hopfensperger, K. N., Lamers, L. P. M. and Gell, P. 2015. A global perspective on wetland salinization: Ecological consequences of a growing threat to freshwater wetlands. *Ecosphere*, Vol. 6, No. 10, pp. 1–43.

Heymann, E., Lizio, D. and Siehlow, M. 2010. *World Water Markets: High Investment Requirements Mixed with Institutional Risks*. Frankfurt am Main, Germany, Deutsche Bank Research. www.dbresearch.de/ PROD/DBR_INTERNET_EN-PROD/PROD0000000000258353.PDF

Hirabayashi, Y., Mahendran, R., Koirala, S., Konoshima, L., Yamazaki, D., Watanabe, S., Kim, H. and Kanae, S. 2013. Global flood risk under climate change. *Nature Climate Change*, Vol. 3, pp. 816–821. Doi: 10.1038/nclimate1911

Hoekstra, A. Y. 2008. *Water Neutral: Reducing and Offsetting the Impacts of Water Footprints*. Value of Water Research Report Series No. 28. Delft, the Netherlands, UNESCO-IHE. waterfootprint.org/en/ resources/publications/value-water-research-report-series-unesco-ihe/

Hoekstra, A. Y., Chapagain, A. K., Aldaya, M. M. and Mekonnen, M. M. 2011. T*he Water Footprint Assessment Manual: Setting the Global Standard*. London/Washington, DC, Earthscan. waterfootprint. org/media/downloads/TheWaterFootprintAssessmentManual_2.pdf

Holmgren, K. E., Li, H., Verstraete, W. and Cornel, P. 2015. *State of the Art Compendium Report on Resource Recovery from Water*. IWA Resource Recovery Cluster. London, International Water Association (IWA). www.iwa-network.org/downloads/1440858039-web%20State%20of%20the%20 Art%20Compendium%20Report%20on%20Resource%20Recovery%20from%20Water%20 2105%20.pdf

Hophmayer-Tokich, S. 2006. *Wastewater Management Strategy: Centralized v. Decentralized Technologies for Small Communities*. Enschede, The Netherlands, The Center for Clean Technology and Environmental Policy, University of Twente. purl.utwente.nl/publications/95384

HUBER. n.d. *Three HUBER projects for wastewater heat recovery in Switzerland*. HUBER website. Berching, Germany. www.huber.de/huber-report/ablage-berichte/energy-from-wastewater/three-huber-projects-for-wastewater-heat-recovery-in-switzerland.html

Hudson, A. (ed.). 2012. *Catalysing Ocean Finance: Volume II Methodologies and Case Studies*. New York, United Nations Development Programme (UNDP). www.undp.org/content/undp/en/home/librarypage/ environment-energy/water_governance/ocean_and_coastalareagovernance/catalysing-ocean-finance.html

Hutton, G. and Haller, L. 2004. *Evaluation of the Costs and Benefits of Water and Sanitation Improvements at the Global Level*. Geneva, Switzerland, World Health Organization (WHO). www.who.int/water_ sanitation_health/wsh0404.pdf

Hutton, G. and Varughese, M. 2016. *The Cost of Meeting the 2030 Sustainable Development Goal Targets on Drinking Water, Sanitation, and Hygiene*. Technical paper. Washington, DC, World Bank/Water and Sanitation Programme (WSP). elibrary.worldbank.org/doi/pdf/10.1596/K8543

Iannelli, R., Bianchi, V., Salvato, M. and Borin, M. 2011. Modelling assessment of carbon supply by different macrophytes for nitrogen removal in pilot vegetated mesocosms. *International Journal of Environmental and Analytical Chemistry*, Vol. 91, No. 7–8, pp. 708–726.

Idelovitch, E. and Ringskog, K. 1997. *Wastewater Treatment in Latin America: Old and New Options*. Washington, DC, World Bank. www-wds.worldbank.org/external/default/WDSContentServer/WDSP/IB/2011/08/11/000356161_20110811002849/Rendered/PDF/170370REPLACEM00as0previous0record0.pdf

IEA (International Energy Agency). 2014. *World Energy Outlook 2014*. Paris, IEA. dx.doi.org/10.1787/weo-2014-en

Ilic, S., Drechsel, P., Amoah, P. and Lejeune, J. T. 2010. Applying the multiple-barrier approach for microbial risk reduction in the post-harvest sector of wastewater irrigated vegetables. P. Drechsel, C. A. Scott, L. Raschid-Sally, M. Redwood and A. Bahri (eds), *Wastewater Irrigation and Health: Assessing and Mitigation Risks in Low-income Countries*. London/Sterling, Va., Earthscan, pp. 239–259. www.iwmi.cgiar.org/Publications/Books/PDF/Wastewater_Irrigation_and_Health_book.pdf

Industrial Ecology. n.d. *Kalundborg*. http://www.tudelft.nl/en/study/master-of-science/master-programmes/industrial-ecology/

Industrial Symbiosis Institute. 2008. *New Technologies and Innovation through Industrial Symbiosis*. Kalundborg, Denmark, Industrial Symbiosis Institute. www.ewp.rpi.edu/hartford/~stephc/ET/Other/Miscellaneous/Kalundborg-Industrial%20Symbiosis%20Institue.pdf

IPCC (Intergovernmental Panel on Climate Change). 2013. *Climate Change 2013: The Physical Science Basis*. Contribution of Working Group I to the Fifth Assessment Report of the Intergovernmental Panel on Climate Change. Cambridge, UK, Cambridge University Press. Doi: 10.1017/CBO9781107415324

IWA (The International Water Association). 2014. *An Avoidable Crisis: WASH Human Resources Capacity Gaps in 15 Developing Economies*. London. IWA Publishing. www.iwa-network.org/downloads/1422745887-an-avoidable-crisis-wash-gaps.pdf

IWA (International Water Association) Publishing. n.d. *Industrial Wastewater Treatment*. IWA Publishing website. www.iwapublishing.com/news/industrial-wastewater-treatment

IWMI (International Water Management Institute). 2012. *Resource Recovery and Reuse (RRR) Project: Baseline Survey Report – Kampala*. Colombo, IWMI. ifadrrr.iwmi.org/Data/Sites/34/media/pdf/rrr-baseline-survey-report---kampala.pdf

Jackson, H. B. 1996. Global needs and developments in urban sanitation. D. Mara (ed.), *Low-cost Sewerage*. Chichester, UK, John Wiley & Sons.

Jiménez-Cisneros, B. 2008. Unplanned reuse of wastewater for human consumption: The Tula Valley, Mexico. B. Jiménez-Cisneros and T. Asano (eds), *Water Reuse: An International Survey of Current Practice, Issues and Needs*. Scientific and Technical Report No. 20. London, IWA Publishing.

_____, B. 2011. Safe sanitation in low economic development areas. P. Wilderer (ed.), *Treatise on Water Science*, Vol. 4, pp. 147–201. Amsterdam, Elsevier Science.

JPEC (Japan Petroleum Energy Center). 1999. *Treatment and Utilization of Oil-containing Produced-water in Oman*. Tokyo, JPEC. www.pecj.or.jp/japanese/report/reserch/report-pdf/H11_1999/99surv9-e.pdf

Jouravlev, A. 2004. *Drinking Water Supply and Sanitation Services on the Threshold of the XXI Century*. Santiago, United Nations Economic Commission for Latin America and the Caribbean (UNECLAC). repositorio.cepal.org/bitstream/handle/11362/6454/S047591_en.pdf

Kalundborg Symbiosis. n.d. *Kalundborg Symbiosis Diagram*. www.symbiosis.dk/diagram

Karg H. and Drechsel, P. 2011. Motivating behaviour change to reduce pathogenic risk where unsafe water is used for irrigation. *Water International*, Vol. 36, No. 4, pp. 476–490. dx.doi.org/10.1080/02508060.2011.594684

Karnib, A. 2016. Assessing population coverage of safely managed wastewater systems: A case study of Lebanon. Research Paper No. 313. *Journal of Water, Sanitation and Hygiene for Development*, Vol. 6, No. 2. Doi: 10.2166/washdev.2016.009

Kelley, C. P., Mohtadi, S., Cane, M., Seager, R. and Kushnir, Y. 2015. Climate change in the Fertile Crescent and implications of the recent Syrian drought. *Proceedings of the National Academy of Sciences (PNAS)*, Vol. 112, No. 11, pp. 3241–3246. Doi: 10.1073/pnas.1421533112

Keraita, B. and Drechsel, P. 2004. Agricultural use of untreated urban wastewater in Ghana. C.A. Scott, N.I. Faruqui, and L. Raschid-Sally (eds), *Wastewater Use in Irrigated Agriculture: Confronting the Livelihood and Environmental Realities*. Wallingford, UK, CABI Publishing; Colombo/Ottawa, International Water Management Institute/International Development Research Centre (IWMI/IDRC).

Keraita, B., Drechsel, P., Mateo-Sagasta, J. and Medlicott, K. 2015. Health risks and cost-effective health risk management in wastewater use systems. P. Dreschel, M. Qadir and D. Wichelns (eds), *Wastewater – Economic Asset in an Urbanizing World*. Springer Netherlands.

Kjellén, M. 2006. *From Public Pipes to Private Hands: Water Access and Distribution in Dar es Salaam, Tanzania*. Stockholm, Department of Human Geography, Stockholm University.

Kjellén, M., Pensulo, C., Nordqvist, P. and Fogde, M. 2012. *Global Review of Sanitation System Trends and Interactions with Menstrual Management Practices*. Report for the Menstrual Management and Sanitation Systems Project. Stockholm, Stockholm Environment Institute (SEI). www.sei-international.org/mediamanager/documents/Publications/SEI-ProjectReport-Kjellen-GlobalReviewOfSanitationSystemTrends AndInteractionsWithMenstrualManagementPractices.pdf

Knudsen, L. G., Phuc, P. D., Hiep, N. T., Samuelsen, H., Jensen, P. K., Dalsgaard, A., Raschid-Sally, L. and Konradsen, F. 2008. The fear of awful smell: Risk perceptions among farmers in Vietnam using wastewater and human excreta in agriculture. *Southeast Asian Journal of Tropical Medicine and Public Health*, Vol. 39, No. 2, pp. 341–352.

Kvarnström, E., Emilsson, K., Richert Stintzing, A., Johanssons, M., Jönsson, H., Af Petersens, E., Schönning, C., Christensen, J., Hellström, D., Qvarnström, L., Ridderstolpe, P. and Drangert, J.-A. 2014. *Urine Diversion: One Step Towards Sustainable Sanitation*. Stockholm, Stockholm Environment Institute (SEI). www.gwp.org/Global/GWP-CACENA_Files/en/pdf/esr3.pdf

Lahnsteiner, J., Du Pisani, P., Menge, J. and Esterhuizen, J. 2013. More than 40 years of direct potable reuse experience in Windhoek. V. Lazarova, T. Asano, A. Bahri and J. Anderson (eds). *Milestones in Water Reuse: The Best Success Stories*. London, IWA Publishing.

Lanciani, R. 1890. La Cloaca Maxima [The Cloaca Maxima]. *Bullettino della Commissione Archeologica Comunale di Rome* [Bulletin of the Municipal Archeological Commission of Rome], Vol. 18, No. 3, pp. 95–102. (In Italian.)

LAS/UNESCWA/ACWUA (League of Arab States/United Nations Economic and Social Commission for Western Asia/Arab Countries Water Utilities Association). 2015. *Supporting the Move from the MDGs to the SDGs in the Arab Region*. Regional Initiative for Establishing a Regional Mechanism for Improved Monitoring and Reporting on Access to Water Supply and Sanitation Services in the Arab Region (MDG+ Initiative). Beirut, UNESCWA. www.unescwa.org/files/page_attachments/brochure-mdgs_to_sdgs-nov2015.pdf

_____. 2016. MDG+ Initiative Report 2016.

Lautze, J., Stander, E., Drechsel, P., Da Silva, A. K. and Keraita, B. 2014. *Global Experiences in Water Reuse*. Resource Recovery and Reuse Series 4. Colombo, International Water Management Institute (IWMI)/CGIAR Research Program on Water, Land and Ecosystems. www.iwmi.cgiar.org/Publications/wle/rrr/resource_recovery_and_reuse-series_4.pdf

Lazarova, V., Asano, T., Bahri, A. and Anderson, J. 2013. *Milestones in Water Reuse: The Best Success Stories*. London, IWA Publishing.

Lentini, E. 2015. *El Futuro de los Servicios de Agua y Saneamiento en América Latina: Desafíos de los Operadores de Áreas Urbanas de más de 300.000 Habitantes* [The Future of Water and Sanitation Services in Latin America: The Challenges of Providers of Urban Areas with over 300,000 Inhabitants]. Washington, DC, Inter-American Development Bank (IADB). (In Spanish.) publications.iadb.org/bitstream/handle/11319/7176/El_futuro_de_los_servicios_de_agua_y_saneamiento_en_America_Latina.pdf

Li, F. T., Wang, H. T. and Mafuta, C. 2011. Current status and technology demands for water resources and water environment in Africa. L. F. Ting (ed.), *Research on Water Resources of African Typical Areas*. Beijing, Science Press.

Libhaber, M. and Orozco-Jaramillo, Á. 2012. *Sustainable Treatment and Reuse of Municipal Wastewater. For Decision Makers and Practicing Engineers*. London, IWA Publishing.

Lipinski, B., Hanson, C., Lomax, J., Kitinoja, L., Waite, R. and Searchinger, T. 2013. *Reducing Food Loss and Waste: Installment 2 of Creating a Sustainable Food Future*. Working paper. Washington, DC, World Resources Institute (WRI). www.wri.org/sites/default/files/reducing_food_loss_and_waste.pdf

Liu, Z., Kanjo, Y. and Mizutani, S. 2009. Removal mechanisms for endocrine disrupting compounds (EDCs) in wastewater treatment – Physical means, biodegradation, and chemical advanced oxidation: A review. *Science of The Total Environment*, Vol. 407, No. 2, pp. 731–748. doi: 10.1016/j.scitotenv.2008.08.039

Lorenz, J. J. 2014. A review of the effects of altered hydrology and salinity on vertebrate fauna and their habitats in northeastern Florida Bay. *Wetlands*, Vol. 34, Supplement 1, pp. 189–200.

Lowrance, R., Altier, L. S., Newbold, J. D., Schnabel, R. R., Groffman, P. M., Denver, J. M., Correll, D. L., Gilliam, J. W., Robinson, J. L., Brinsfield, R. B., Staver, K. W., Lucas, W. and Todd, A. H. 1995. *Water Quality Functions of Riparian Forest Buffer Systems in the Chesapeake Bay Watershed*. Washington, DC, United States Environmental Protection Agency (US EPA).

Mahjoub, O. 2013. Ateliers de sensibilisation au profit des agriculteurs et des femmes rurales aux risques liés à la réutilisation des eaux usées en agriculture: Application à la région de Oued Souhil, Nabeul, Tunisie [Awareness-raising workshops for farmers and rural women about the risks related to the use of wastewater in agriculture: Applied to the area of Oued Souhil, Nabeul, Tunisia]. UN-Water. *Proceedings of the Safe Use of Wastewater in Agriculture*. International wrap-up event, 26–28 June 2013, Tehran. (In French.) www.ais.unwater.org/ais/pluginfile.php/550/mod_page/content/84/Tunisia_Ateliers%20de%20sensibilisation%20au%20profit%20des%20agriculteurs%20et%20des%20femmes%20rurales_Mahjoub.pdf

Major, D. C., Omojola, A., Dettinger, M., Hanson, R. T. and Sanchez-Rodriguez, R. 2011. Climate change, water, and wastewater in cities. C. Rosenzweig, W. D. Solecki, S. A. Hammer and S. Mehrotra (eds), *Climate Change and Cities: First Assessment Report of the Urban Climate Change Research Network*. Cambridge, UK, Cambridge University Press, pp. 113–143. uccrn.org/files/2014/02/ARC3-Chapter-5.pdf

Maksimović, C. and Tejada-Guibert, J. (eds). 2001. *Frontiers in Urban Water Management: Deadlock or Hope*. London, IWA Publishing.

Mancy, K. H., Fattal, B. and Kelada, S. 2000. Cultural implications of wastewater reuse in fish farming in the Middle East. *Water Science & Technology*, Vol. 42, No. 1–2, pp. 235–239.

Mara, D. (ed.). 1996. *Low-cost Sewerage*. New York, John Wiley.

Mara, D. and Alabaster, G. 2008. A new paradigm for low-cost urban water supplies and sanitation in developing countries. *Water Policy*, Vol. 10, pp. 119–129.

Mara, D. and Carincross, S. 1989. *Guidelines for the Safe Use of Wastewater and Excreta in Agriculture and Aquaculture: Measures for Public Health Protection*. Geneva, Switzerland, World Health Organization (WHO).

Markandya, A., Perelet, R., Mason, P. and Taylor, T. 2001. *Dictionary of Environmental Economics*. London, Earthscan.

Massoud, M. A., Tarhini, A. and Nasr, J. A. 2009. Decentralized approaches to wastewater treatment and management: Applicability in developing countries. *Journal of Environmental Management*, Vol. 90, No. 1, pp. 652–659. doi: 10.1016/j.jenvman.2008.07.001

Matassa, S., Batstone, D. J., Hülsen, T., Schnoor, J. and Verstraete, W. 2015. Can direct conversion of used nitrogen to new feed and protein help feed the world? *Environmental Science and Technology*, Vol. 49, No. 9, pp. 5247–5254. Doi: 10.1021/es505432w

Mateo-Sagasta, J. and Burke, J. 2010. *Agriculture and Water Quality Interactions: A Global Overview*. SOLAW Background Thematic Report-TR08. Rome, Food and Agricultural Organization of the United Nations (FAO).

Mateo-Sagasta, J., Raschid-Sally, L. and Thebo, A. 2015. Global wastewater and sludge production, treatment and use. P. Drechsel, M. Qadir and D. Wichelns, *Wastewater: Economic Asset in Urbanizing World*. Springer Netherlands.

Meda, A., Lensch, D., Schaum, C. and Cornel, P. 2012. Energy and water: Relations and recovery potential. V. Lazarova, K. Choo and P. Cornel (eds), *Water–Energy Interactions in Water Reuse*. London, IWA Publishing.

Mejía, A., Requena, B., Rivera D., Pardón, M. and Rais, J. 2012. *Agua Potable y Saneamiento en América Latina y el Caribe: Metas Realistas y Soluciones Sostenibles* [Drinking Water and Sanitation in Latin America and the Caribbean: Realistic Goals and Sustainable Solutions]. Caracas, Development Bank of Latin America (CAF). (In Spanish.) publicaciones.caf.com/media/17238/libro_agua_esp.pdf

Mekonnen, M. M., Hoekstra, A. Y. 2011. *National Water Footprint Accounts: The Green, Blue and Grey Water Footprint of Production and Consumption*. Delft, The Netherlands, UNESCO-IHE Institute for Water Education. waterfootprint.org/media/downloads/Report50-NationalWaterFootprints-Vol1.pdf

_____. 2016. Four billion people facing severe water scarcity. *Science Advanced*, Vol. 2, No. 2. Doi: 10.1126/sciadv.1500323

Melo, J. C. 2005. *The Experience of Condominial Water and Sewerage Systems in Brazil: Case Studies from Brasilia, Salvador and Parauapebas*. Water and Sanitation Program (WSP). Washington, DC, World Bank. documents.worldbank.org/curated/en/505601468226737476/The-experience-of-condominial-water-and-sewerage-systems-in-Brazil-case-studies-from-Brasilia-Salvador-and-Parauebas

Mensah, A., Cofie, O. and Montangero, A. 2003. *Lessons from a Pilot Co-composting Plant in Kumasi, Ghana*. 29th WEDC International Conference, Towards the Millennium Development Goals, Abuja. wedc.lboro.ac.uk/resources/conference/29/Mensah.pdf

MEW (Ministry of Energy and Water, Government of Lebanon). 2012. *National Strategy for the Wastewater Sector*. Resolution No. 35 of the 17th October 2012. Beirut, Government of Lebanon.

Michaud, D., Gabric, S., Hommann, K. and Shegay, A. 2015. *Water and Wastewater Services in the Danube Region: A State of the Sector*. Vienna, World Bank Group. documents.worldbank.org/curated/en/327761467999140967/Water-and-wastewater-services-in-the-Danube-region-a-state-of-the-sector

MIE/PWA (Ministry of Infrastructure and Environment of the Netherlands/Public Waste Agency of Flanders, Belgium). 2016. *Inventory of Awareness, Approaches and Policy: Insight in Emerging Contaminants in Europe*. Deventer, The Netherlands, Witteveen+Bos and TTE Consultants.

Mihelcic, J. R., Fry, L. M. and Shaw, R. 2011. Global potential of phosphorus recovery from human urine and feces. *Chemosphere*, Vol. 84, No. 6, pp. 832–839. doi.org/10.1016/j.chemosphere.2011.02.046

Milieu. 2016. *Assessment of Impact of Storm Water Overflows from Combined Waste Water Collecting Systems on Water Bodies (including the Marine Environment) in the 28 EU Member States, Final Report*. Brussels, Milieu Ltd. Law and Policy Consulting.

Molinos-Senante, M., Hernández-Sancho, F. and Sala-Garrido, R. 2011. Cost–benefit analysis of water-reuse projects for environmental purposes: A case study for Spanish wastewater treatment plants. *Journal of Environmental Management*, Vol. 92, No. 12, pp. 3091–3097.

MOPIC (Ministry of Planning and International Cooperation of the Hashemite Kingdom of Jordan) 2016. *Jordan Response Plan for the Syrian Crisis 2016–2018 Annexes*. Amman, MOPIC. www.jrpsc.org/

Moriarty, P., Butterworth, J. A. and Van Koppen, B., 2004. *Beyond Domestic: Case Studies on Poverty and Productive Uses of Water at the Household Level*. Technical Paper Series No. 41. Delft, The Netherlands, IRC International Water and Sanitation Centre.

Moussa, M. S. 2008. *Process Analysis of Textile Manufacturing: Environmental Impacts of Textile Industries*. E-textile toolbox. yeumoitruong.vn/attachments/u2s3-4-environmental-impact-of-textile-industries-pdf.355/

MRC (Mekong River Commission). 1995. *Agreement on the Cooperation for the Sustainable Development of the Mekong River Basin*. Phnom Penh, Mekong River Commission. www.mrcmekong.org/assets/Publications/policies/agreement-Apr95.pdf

Muñoz, I., Gómez-Ramos, M. J., Agüera, A., Fernández-Alba, A. R., García-Reyes, J. F. and Molina-Díaz, A. 2009. Chemical evaluation of contaminants in wastewater effluents and the environmental risk of reusing effluents in agriculture. *Trends in Analytical Chemistry*, Vol. 28, No. 6, pp. 676–694. doi:10.1016/j.trac.2009.03.007

Murray, A., Cofie, O. and Drechsel, P. 2011. Efficiency indicators for waste-based business models: Fostering private-sector participation in wastewater and faecal-sludge management. *Water International*, Vol. 36, No. 4, pp. 505-521. dx.doi.org/10.1080/02508060.2011.594983

Murray, A. and Drechsel, P. 2011. Why do some wastewater treatment facilities work when the majority fail? Case study from the sanitation sector in Ghana. *Waterlines*, Vol. 30, No. 2, pp. 135–149. dx.doi.org/10.3362/1756-3488.2011.015

Mustapha, M. K. 2008. Assessment of the water quality of Oyun Reservoir, Offa, Nigeria, using selected physico-chemical parameters. *Turkish Journal of Fisheries and Aquatic Sciences*, Vol. 8, No. 2, pp. 309–319. www.trjfas.org/abstract.php?lang=en&id=626

MWI (Ministry of Water and Irrigation of the Hashemite Kingdom of Jordan). 2016a. *Water Substitution and Reuse Policy*. Amman, MWI. www.mwi.gov.jo/sites/en-us/Hot%20Issues/Strategic%20Documents%20of%20%20The%20Water%20Sector/Water%20Substitution%20and%20Reuse%20Policy%2025.2.2016.pdf

_____. 2016b. *Decentralized Wastewater Management Policy*. www.mwi.gov.jo/sites/en-us/Hot%20Issues/Strategic%20Documents%20of%20%20The%20Water%20Sector/Decentralized%20Wastewater%20Management%20Policy%2025.2.2016.pdf

Nandeesha, M. C. 2002. Sewage Fed Aquaculture System of Kolkata – A Century-old Innovation of Farmers. *Aquaculture Asia*, Vol. 7, pp. 28–32. library.enaca.org/AquacultureAsia/Articles/April-June-2002/SewerageFedAquacultureSystemsOfKolkata.pdf

Narayan, D., Patel, R., Schafft, K., Rademacher, A. and Koch-Schulte, S. 2000. *Can Anyone Hear us? Voices from 47 Countries*. Vol. I of *Voices of the Poor*. Washington, DC, World Bank.

Narducci, P. 1889. *Sulla fognatura della città di Roma* [On the sewerage of the city of Rome]. Technical description. Rome, Forzani e C. (In Italian.)

National Academies of Science, Engineering and Medicine. 2015. *Using Graywater and Stormwater to enhance Local Water Supplies: An Assessment of Risks, Costs and Benefits*. Washington, DC, National Academies Press.

Nikiema, J. Cofie, O. and Impraim, R. 2014. Technological options for safe resource recovery from fecal sludge. Colombo, International Water Management Institute (IWMI) CGIAR Research Program on Water, Land and Ecosystems (WLE). www.iwmi.cgiar.org/Publications/wle/rrr/resource_recovery_and_reuse-series_2.pdf

Nikiema, J., Figoli, A., Weissenbacher, N., Langergraber, G., Marrot, B., Moulin, P. 2013. Wastewater treatment practices in Africa - Experiences from seven countries. *Sustainable Sanitation Practice*, Vol. 14, pp. 26–34. cgspace.cgiar.org/handle/10568/40210

NLÉ. 2012. *Makoko Floating School: Adapting African Coastal Cities to the Impacts of Climate Change*. Research Report. Amsterdam, NLÉ. www.nleworks.com/publication/makoko-prototype-book/

Noyola, A., Padilla-Rivera, A., Morgan-Sagastume, J. M., Güereca, L. P. and Hernández-Padilla, F. 2012. Typology of municipal wastewater treatment technologies in Latin America. *Clean – Soil, Air, Water*, Vol. 40, No. 9, pp. 926–932. onlinelibrary.wiley.com/doi/10.1002/clen.201100707/full

NRMMC/EPHC/NHMRC (Natural Resource Management Ministerial Council/Environment Protection and Heritage Council/National Health and Medical Research Council). 2009. *National Water Quality Management Strategy - Australian Guidelines for Water Recycling: Managing Health and Environmental Risks (Phase 2) - Stormwater Harvesting and Reuse*. Document No. 23. Canberra, NRMMC/EPHC/NHMRC. www.environment.gov.au/system/files/resources/4c13655f-eb04-4c24-ac6e-bd01fd4af74a/files/water-recycling-guidelines-stormwater-23.pdf

OECD (Organisation for Economic Co-operation and Development). 2010. *Pricing Water Resources and Water and Sanitation Services*. Paris, OECD Publishing.

_____. 2011a. *Ten Years of Water Sector Reform in Eastern Europe, Caucasus and Central Asia*. Paris, OECD Publishing. dx.doi.org/10.1787/9789264118430-en

_____. 2011b. *Environmental Performance Review: Israel*. Paris, OECD Publishing.

_____. 2012. *Meeting the Challenge of Financing Water and Sanitation: Tools and Approaches*. Paris, OECD Publishing. dx.doi.org/10.1787/9789264120525-en

_____. 2013a. *Business Models for Rural Sanitation in Moldova*. Paris, OECD.

_____. 2013b. *New Modes of Water Supply and Sanitation Management and Emerging Business Models*. Paris, OECD. www.oecd.org/officialdocuments/publicdisplaydocumentpdf/?cote=ENV/EPOC/WPBWE/RD(2013)7&docLanguage=En

_____. 2015a. *The Economic Consequences of Climate Change*. Paris, OECD Publishing.

_____. 2015b. *Water and Cities. Ensuring Sustainable Futures*. Paris, OECD Publishing. www.oecd.org/fr/regional/water-and-cities-9789264230149-en.htm

_____. 2016. *Sustainable Business Models for Water Supply and Sanitation in Small Towns and Rural Settlements in Kazakhstan*. Paris, OECD Publishing. dx.doi.org/10.1787/9789264249400-en

_____. n.d. Pollutant Release and Transfer Register. OECD website. www.oecd.org/chemicalsafety/pollutant-release-transfer-register/

Olmstead, S. M. 2010. The Economics of Water Quality. *Review of Environmental Economics and Policy*, Vol. 4, No. 1, pp. 44–62.

O'Neill, M. 2015. *Ecological Sanitation – A Logical Choice? The Development of the Sanitation Institution in a World Society*. Tampere, Finland, Tampere University of Technology.

Osibanjo, O. and Majolagbe, A. O. 2012. Physicochemical quality assessment of groundwater based on land use in Lagos city, Southwest, Nigeria. *Chemistry Journal*, Vol. 2, No. 2, pp. 79–86.

Otoo, M. and P. Drechsel. 2015. *Resource Recovery from Waste: Business Models for Energy, Nutrient and Water Reuse*. London, Earthscan.

Otoo, M., Mateo-Sagasta, J. and Madurangi, G. 2015. Economics of water reuse for industrial, environmental, recreational and potable purposes. P. Drechsel, M. Qadir and D. Wichelns (eds), *Wastewater: Economic Asset in an Urbanizing World*. Springer Netherlands.

Outotec GmbH & Co. n.d. *Outotec Sewage Sludge Incineration Plants*. Outotec website. www.outotec.com/en/Products--services/Energy/Sewage-Sludge-Incineration-Plants/

PAHO (Pan American Health Organization). 1990. *The Situation of Drinking Water Supply and Sanitation in the American Region at the End of the Decade 1981–1990, and Prospects for the Future*. Volume 1. Washington, DC, PAHO. www.ircwash.org/sites/default/files/827-AAL90-8870-0.pdf

Palmer, N., Lightbody, P., Fallowfield, H. and Harvey, B. 1999. *Australia's Most Successful Alternative to Sewerage: South Australia's Septic Tank Effluent Disposal Schemes*. www.efm.leeds.ac.uk/CIVE/Sewerage/articles/australia.pdf

Peal, A., Blackett, I., Hawkins, P. M. and Heymans, C. 2014. Fecal sludge management: A comparative analysis of 12 cities. *Journal of Water Sanitation and Hygiene for Development*, Vol. 4, No. 4, pp. 563–575. doi:10.2166/washdev.2014.026

Pillay, A. E., Salih, F. M. and Maleek, M. I. 2010. Radioactivity in oily sludge and produced waste water from oil: Environmental concerns and potential remedial measures. *Sustainability*, Vol. 2, pp. 890–901. www.mdpi.com/2071-1050/2/4/890/pdf

Poongothai, S., Ravikrishnan, R. and Murthy, P. 2007. Endocrine disruption and perspective human health implications: A review. *The Internet Journal of Toxicology*, Vol. 4, No. 2. ispub.com/IJTO/4/2/3638

Postel, S. 2012. *"Sewer Mining" – Efficient Water Recycling Coming to a Community near You*. National Geographic website. voices.nationalgeographic.com/2012/01/16/sewer-mining-coming-to-a-community-near-you/

PR Newswire. 2013. *Constructed Wetland System Wins National Honor, Saves $26 Million*. www.prnewswire.com/news-releases/constructed-wetland-system-wins-national-honor-saves-26-million-203799381.html

Prüss-Üstün, A., Bartram, J., Clasen, T., Colford Jr, J. M., Cumming, O., Curtis, V., Bonjour, S., Dangour, A. D., De France, J., Fewtrell, L., Freeman, M. C., Gordon, B., Hunter, P. R., Johston, B. R., Mathers, C., Mäusezahl, D., Medlicott, K., Neira, M., Stocks, M., Wolf, J. and Cairncross, S. 2014. Burden of disease from inadequate water, sanitation and hygiene in low- and middle-income settings: A retrospective analysis of data from 145 countries. *Tropical Medicine and International Health*, Vol. 19, No. 8, pp. 894–905. Doi: 10.1111/tmi.12329

Qadir, M., Bahri, A., Sato, T. and Al-Karadsheh, E. 2010. Wastewater production, treatment, and irrigation in Middle East and North Africa. *Irrigation and Drainage Systems*, Vol. 24, No. 1, pp. 37–51. Doi: 0.1007/s10795-009-9081-y

Qadir, M., Boelee, E., Amerasinghe, P. and Danso, G. 2015a. Costs and benefits of using wastewater for aquifer recharge. P. Drechsel, M. Qadir and D. Wichelns (eds), *Wastewater – Economic asset in an urbanizing world*. Springer Netherlands.

Qadir, M., Mateo-Sagasta, J., Jiménez, B., Siebe, C., Siemens J. and Hanjra, M. A. 2015b. Environmental risks and cost-effective risk management in wastewater use systems. P. Drechsel, M. Qadir and D. Wichelns (eds), *Wastewater – Economic asset in an urbanizing world*. Springer Netherlands.

Qu, X., Alvarez, P. J. J. and Li, Q. 2013. Applications of nanotechnology in water and wastewater treatment. *Water Research*, Vol. 47, No. 12, pp. 3931–3946. dx.doi.org/10.1016/j.watres.2012.09.058

Raghav, M., Eden, S., Mitchell, K. and Witte, B. 2013. Contaminants of emerging concern in water. *Arroyo 2013*. Tucson, Ariz., Water Resources Research Center, College of Agriculture and Life Sciences, University of Arizona.

Rao, K., Hanjra, M. A., Drechsel, P. and Danso, G. 2015. Business models and economic approaches supporting water reuse. P. Drechsel, M. Qadir and D. Wichelns (eds), *Wastewater – Economic Asset in an Urbanizing World*. Springer Netherlands.

Raschid-Sally, L. and Jayakody, P. 2008. *Drivers and Characteristics of Wastewater Agriculture in Developing Countries: Results from a Global Assessment*. IWMI Research Report No. 127. Colombo, International Water Management Institute (IWMI).

RECPnet (Resource Efficient and Cleaner Production). n.d.a. *Capturing and Promoting Knowledge on Resource Efficient and Cleaner Production*. Factsheet. United Nations Industrial Development Organization/United Nations Environment Programme (UNIDO/UNEP). recpnet.org/wp-content/uploads/2016/05/KMS_Capturing-and-Promoting-Knowledge-on-RECP.pdf

_____. n.d.b. *RECP Experiences at Musoma Texitle Mills Tanzania Limited (MUTEX) – Tanzania*. RECP Experiences. United Nations Industrial Development Organization/United Nations Environment Programme (UNEP/UNIDO). africa.recpnet.org/uploads/resource/3dd4f3974e38a68ecb59b16ff6cc158d.pdf

Rockström, J., Steffen, W., Noone, K., Persson, A., Chapin III, F. S., Lambin, E., Lenton, T. M., Scheffer, M., Folke, C., Schellnhuber, H. J., Nykvist, B., De Wit, C. A., Hughes, T., Van der Leeuw, S., Rodhe, H., Sörlin, S., Snyder, P .K., Costanza, R., Svedin, U., Falkenmark, M., Karlberg, L., Corell, R. W., Fabry, F. J., Hansen, J., Walker, B., Liverman, D., Richardson, K., Crutzen, P. and Foley, J. 2009. Planetary boundaries: Exploring the safe operating space for humanity. *Ecology and Society*, Vol. 14, No. 2, art. 32. www.ecologyandsociety.org/vol14/iss2/art32/

Rodríguez, D. J., Delgado, A., DeLaquil, P. and Sohns, A. 2013. *Thirsty Energy*. Water Papers. Washington, DC, World Bank. documents.worldbank.org/curated/en/2013/01/17932041/thirsty-energy

Rojas Ortuste, F. 2014. *Políticas e Institucionalidad en Materia de Agua Potable y Saneamiento en América Latina y el Caribe* [Policies and Institutions involved in Drinking Water and Sanitation in Latin America and the Caribbean]. Santiago, United Nations Economic Commission for Latin America and the Caribbean (UNECLAC). (In Spanish.) repositorio.cepal.org/bitstream/handle/11362/36776/S2014277_es.pdf

Rosenwinkel, K. H., Borchmann, A., Engelhart, M., Eppers, R., Jung, H., Marzinkowki, J. and Kipp, S. 2013. Closing loops – Industrial water management in Germany. V. Lazarova, T. Asano, A. Bahri, and J. Anderson (eds), *Milestones in Water Reuse: The Best Success Stories*. London, IWA Publishing.

Rossi, A. 2009. Matanza Riachuelo River Basin Authority. *Circular of the Network for Cooperation in Integrated Water Resource Management for Sustainable Development in Latin America and the Caribbean*, No. 29. Santiago, United Nations Economic Commission for Latin America and the Caribbean (UNECLAC). repositorio.cepal.org/bitstream/handle/11362/39403/Carta29_en.pdf

Rothstein, B., and Tannenberg, M. 2015. *Making Development Work: The Quality of Government Approach*. Stockholm, Expertgruppen för Biståndsanalys (EBA). eba.se/wp-content/uploads/2015/12/Making_development_work_07.pdf

SADC (Southern African Development Community). 2000. *Revised Protocol on Shared Watercourses in the Southern African Development Community*. Gaborone, Southern African Development Community. www.sadc.int/documents-publications/show/1975

Saldias Zambrana, C. 2016. *Analyzing the Institutional Challenges for the Agricultural (Re)use of Wastewater in Developing Countries*. PhD Dissertation. Ghent, Belgium, University of Ghent.

Salgot, M., Huertas, E., Weber, S., Dott, W. and Hollender, J. 2006. Wastewater reuse and risk: Definition of key objectives. *Desalination*, Vol. 187, No. 1–3, pp. 29–40.

Sato, T., Qadir, M., Yamamoto, S., Endo, T. and Zahoor, A. 2013. Global, regional, and country level need for data on wastewater generation, treatment, and use. *Agricultural Water Management*, Vol. 130, pp. 1–13. dx.doi.org/10.1016/j.agwat.2013.08.007

Schoumans, O. F., Bouraoui, F., Kabbe, C., Oenema, O. and Van Dijk, K. C. 2015. Phosphorus management in Europe in a changing world. *Ambio*, Vol. 44, No. 2, pp. 180–192. doi.org/10.1007/s13280-014-0613-9.

Schreinemachers, P. and Tipraqsa, P. 2012. Agricultural pesticides and land use intensification in high, middle and low income countries. *Food Policy,* Vol. 37, No. 6, pp. 616–626.

Schuster-Wallace, C. J., Wild, C. and Metcalfe, C. 2015. *Valuing Human Waste as an Energy Resource: A Research Brief Assessing the Global Wealth in Waste*. Hamilton, Ont., United Nations University Institute for Water, Environment and Health (UNU-INWEH). inweh.unu.edu/vast-energy-value-human-waste

Schutte, F. 2008. Water reuse in central and southern regions of Africa. B. Jiménez and T. Asano (eds), *Water Reuse: An International Survey of Current Practice, Issues and Needs*. London, IWA Publishing.

Scott, C., Drechsel, P., Raschid-Sally, L., Bahri, A., Mara, D., Redwood, M. and Jiménez, B. 2010. Wastewater irrigation and health: Challenges and outlook for mitigating risks in low-income countries. P. Drechsel, C. A. Scott, L. Raschid-Sally, M. Redwood and A. Bahri (eds), *Wastewater Irrigation and Health: Assessing and Mitigating Risks in Low-income Countries*. London/Sterling, Va., Earthscan. www.iwmi.cgiar.org/Publications/Books/PDF/Wastewater_Irrigation_and_Health_book.pdf

SEI (Stockholm Environment Institute). *Piloting Enclosed Long-term Composting in an Indian village*. Stockholm, SEI. www.sei-international.org/mediamanager/documents/Publications/sei-fs-2014-biharecosan-mohaddipur.pdf

Sengupta, S., Nawaz, T. and Beaudry, J. 2015. Nitrogen and phosphorus recovery from wastewater. *Current Pollution Reports*, Vol. 1, No. 3, pp. 155–166. link.springer.com/article/10.1007/s40726-015-0013-1

Sheikh, S. 2008. *Public Toilets in Delhi: An Emphasis on the Facilities for Women in Slum/Resettlement Areas*. CCS Working Paper No. 192. Summer Research Internship Programme 2008, Centre for Civil Society. ccs.in/internship_papers/2008/Public-toilets-in-Delh-192.pdf

Shiklomanov, I. A. 1999. World water resources and their use a joint SHI/UNESCO product. Database. http://webworld.unesco.org/water/ihp/db/shiklomanov/

SISS (Superintendencia de Servicios Sanitarios). 2003. El tratamiento de aguas servidas en Chile [Wastewater treatment in Chile]. *Aguas Claras* [Clear Waters], No. 2. Santiago. SISS, Government of Chile. (In Spanish.) www.siss.gob.cl/577/articles-4482_recurso_1.pdf

_____. 2015. *Informe de Gestión del Sector Sanitario 2014* [Management Report of the Sanitation Sector 2014]. Santiago, SISS, Government of Chile. (In Spanish.)

SSWM (Sustainable Sanitation and Water Management). n.d. Reuse Water between Businesses. SSWM website. www.sswm.info/category/implementation-tools/water-use/hardware/optimisation-water-use-industry/reuse-water-between

State of Green. 2015. *Sustainable Urban Drainage System: Using Rainwater as a Resource to Create Resilient and Liveable Cities*. Think Denmark: White paper for a green transition. Copenhague, State of Green. stateofgreen.com/files/download/8247

Statistics Canada. 2014. *Industrial Water Use 2011*. Ottawa, Statistics Canada. publications.gc.ca/collections/collection_2014/statcan/16-401-x/16-401-x2014001-eng.pdf

_____. n.d. Industrial Water Survey (IWS). Statistics Canada website. www23.statcan.gc.ca/imdb/p2SV.pl?Function=getSurvey&Id=253674

Steen, I. 1998. Management of a non-renewable resource. *Phosphorus and Potassium*, Vo. 217, pp. 25–31.

Steffen, W., Richardson, K., Rockström, J., Cornell, S. E., Fetzer, I., Bennett, E. M., Biggs, R., Carpenter, S. R., De Vries, W., De Wit, C. A., Folke, C., Gerten, D., Heinke, J., Mace, G. M., Persson, L. M., Ramanathan, V., Reyers, B. and Sorlin, S. 2015. Planetary boundaries: Guiding human development on a changing planet. *Science*, Vol. 347, No. 6223. Doi: 10.1126/science.1259855

Sterner T. 2003. *Policy Instruments for Environmental and Natural Resource Management*. Washington, DC, Resource for the Future.

Strande, L., Ronteltap, M. and Brdjanovic, D. (eds). 2014. *Faecal Sludge Management: Systems Approach for Implementation and Operation*. London, IWA Publishing.

Taiwo, A. M. 2011. Composting as a sustainable waste management technique in developing countries. *Journal of Environmental Science and Technology*, Vol. 4, pp. 93–102. Doi: 10.3923/jest.2011.93.102

Taiwo, A. M., Olujimi, O. O., Bamgbose, O. and Arowolo, T. A. 2012. Surface water quality monitoring in Nigeria: Situational analysis and future management strategy. K. Voudoris (eds), *Water Quality Monitoring and Assessment*. InTech. www.intechopen.com/books/water-quality-monitoring-and-assessment/surface-water-quality-monitoring-in-nigeria-situational-analysis-and-future-management-strategy

Tchobanoglous, G., Burton, F. L. and David Stensel, H. 2003. *Wastewater Engineering: Treatment and Reuse*. 4th edition. New York, Metcalf & Eddy Inc.

Thomson et al. 1998. *Report on the Environmental Benefits and Costs of Green Roof Technology for the City of Toronto*. Toronto, Ont., Department of Architectural Science, Ryerson University.

Trachsel, M. 2008. *Consensus Platform "Endocrine Disruptors in Waste Water and in the Aquatic Environment": Final Document*. Bern, Swiss National Science Foundation (SNSF).

Transparency International. 2008. *Global Corruption Report 2008: Corruption in the Water Sector*. Cambridge, UK, Cambridge University Press. www.transparency.org/whatwedo/publication/global_corruption_report_2008_corruption_in_the_water_sector

Tréhu, É. 1905. *Des pouvoirs de la municipalité parisienne en matière d'assainissement, l'application de la loi du 10 juillet 1894 sur l'assainissement de Paris et de la Seine* [The Powers of the Parisian Municipality with regard to Sanitation, applying the Law of 10 July 1894 to the Sanitation of Paris and the River Seine]. PhD disseration. Faculty of Law, Paris University. (In French.)

Trent, J. 2012. *Offshore Membrane Enclosures for Growing Algae (OMEGA) – A Feasibility Study for Wastewater to Biofuels*. NASA Ames Research Center project report for the California Energy Commission. www.energy.ca.gov/2013publications/CEC-500-2013-143/CEC-500-2013-143.pdf

TSG (TechKNOWLEDGEy Strategic Group). 2014. *2014 Water Market Review*. Boulder, Colo., TSG. www.tech-strategy.com/index.htm

Umweltbundesamt GmbH. 2015. *Technical Assessment of the Implementation of Council Directive concerning Urban Waste Water Treatment (91/271/EEC)*. Brussels, Umweltbundesamt GmbH. ec.europa.eu/environment/water/water-urbanwaste/implementation/pdf/Technical%20assessment%20UWWTD.pdf

UN (United Nations). 1997. *Convention on the Law of the Non-navigational Uses of International Watercourses*. New York, United Nations. legal.un.org/ilc/texts/instruments/english/conventions/8_3_1997.pdf

_____. n.d.a. *Sustainable Development Goals*. www.un.org/sustainabledevelopment/sustainable-development-goals/

_____. n.d.b. *Wastewater Treatment*. Sustainable Development Knowledge Platform, United Nations. www.un.org/esa/sustdev/natlinfo/indicators/methodology_sheets/freshwater/waste_water_treatment.pdf

UNCED (United Nations Conference on Environment and Development). 1992. *Agenda 21*. New York, United Nations. sustainabledevelopment.un.org/content/documents/Agenda21.pdf

UNDESA (United Nations Department of Economic and Social Affairs). 2004. *Catalyzing Change: A Handbook for Developing Integrated Water Resources Management (IWRM) and Water Efficiency Strategies*. Thirteenth Session of the Commission on Sustainable Development. Background Paper No. 5. Submitted by the Global Water Partnership (GWP) Technical Committee. DESA/DSD/2005/5.

_____. 2014. *World Urbanization Prospects: The 2014 Revision*. New York, United Nations. www.un.org/en/development/desa/publications/2014-revision-world-urbanization-prospects.html

UNDP (United Nations Development Programme). 2006. *Human Development Report 2006: Beyond Scarcity: Power, Poverty and the Global Water Crisis*. New York, UNDP. www.undp.org/content/undp/en/home/librarypage/hdr/human-development-report-2006.html

_____. 2010. *Human Development Report 2010: The Real Wealth of Nations*. Pathways to Human Development. New York, UNDP. hdr.undp.org/sites/default/files/reports/270/hdr_2010_en_complete_reprint.pdf

UNDP WGF at SIWI/Cap-Net/Water-Net/WIN. 2009. *Training Manual on Water Integrity*. Stockholm, Stockholm International Water Institute (SIWI).

UNECE (United Nations Economic Commission for Europe). 1992. *Convention on the Protection and Use of Transboundary Watercourses and International Lakes*. Helsinki, 17 March 1992. www.unece.org/fileadmin/DAM/env/water/pdf/watercon.pdf

_____. 2013. *Guide to Implementing the Water Convention*. New York/Geneva, United Nations. www.unece.org/env/water/publications/ece_mp.wat_39.html.

UNECE/OECD (United Nations Economic Commission for Europe/Organisation for Economic Co-operation and Development). 2014. *Integrated Water Resources Management in Eastern Europe, the Caucasus and Central Asia. European Union Water Initiative National Policy Dialogues Progress Report 2013*. New York/Geneva, United Nations. www.unece.org/index.php?id=35306

UNECE/WHO (United Nations Economic Commission for Europe/World Health Organization). 1999. *Protocol on Water and Health to the 1992 Convention on the Protection and Use of Transboundary Watercourses and International Lakes*. Geneva, UNECE/WHO. www.unece.org/fileadmin/DAM/env/documents/2000/wat/mp.wat.2000.1.e.pdf

_____. 2013. *The Equitable Access Score-card: Supporting Policy Processes to Achieve the Human Right to Water and Sanitation*. Geneva, UNECE/WHO.

_____. 2016. *A Healthy Link: The Protocol on Water and Health and the Sustainable Development Goal*. www.unece.org/index.php?id=44282&L=0

UNEP (United Nations Environment Programme). 2002. *International Source Book on Environmentally Sound Technologies for Wastewater and Stormwater Management*. London, IWA Publishing on behalf of UNEP. www.unep.or.jp/ietc/Publications/TechPublications/TechPub-15/main_index.asp

_____. 2010. *Clearing the Waters: A Focus on Water Quality Solutions*. Nairobi, UNEP. www.unep.org/publications/contents/pub_details_search.asp?ID=4123

_____. 2012a. Greening the Economy through Life Cycle Thinking – Ten Years of the UNEP/SETAC Life Cycle Initiative. Nairobi, UNEP. www.unep.fr/shared/publications/pdf/DTIx1536xPA-GreeningEconomy throughLifeCycleThinking.pdf

_____. 2012b. *Measuring Water Use in a Green Economy. A Report of the Working Group on Water Efficiency to the International Resource Panel*. Nairobi, UNEP. www.unep.org/resourcepanel-old/Portals/24102/Measuring_Water.pdf

_____. 2015a. *Good Practices for Regulating Wastewater Treatment: Legislation, Policies and Standards*. Nairobi, UNEP. unep.org/gpa/documents/publications/GoodPracticesforRegulatingWastewater.pdf

_____. 2015b. *Economic Valuation of Wastewater - The Cost of Action and the Cost of No Action*. Nairobi, UNEP. unep.org/gpa/Documents/GWI/Wastewater%20Evaluation%20Report%20Mail.pdf

_____. 2015c. *Options for Decoupling Economic Growth from Water Use and Water Pollution*. Report of the International Resource Panel Working Group on Sustainable Water Management. Nairobi, UNEP. www.unep.org/resourcepanel/KnowledgeResources/AssessmentAreasReports/Water/tabid/133332/Default.aspx

_____. 2016. *A Snapshot of the World's Water Quality: Towards a Global Assessment*. Nairobi, UNEP. en.unesco.org/emergingpollutants

_____. n.d. Cleaner & Safer Production. UNEP website. www.unep.org/resourceefficiency/Business/CleanerSaferProduction/tabid/55543/Default.aspx

UNEP-DHI/IUCN/TNC/WRI (United Nations Environment Programme-DHI Partnership/International Union for the Conservation of Nature/The Nature Conservancy/World Resources Institute). 2014. *Green Infrastructure Guide for Water Management: Ecosystem-based Management Approaches for Water-related Infrastructure Projects*. Nairobi, UNEP. www.unepdhi.org/-/media/microsite_unepdhi/publications/documents/unep/web-unep-dhigroup-green-infrastructure-guide-en-20140814.pdf

UNEP FI (United Nations Environment Programme Finance Initiative). 2007. *Half Full or Half Empty? A Set of Indicative Guidelines for Water-Related Risks and an Overview of Emerging Opportunities for Financial Institutions*. Geneva, Switzerland, UNEP FI. www.unepfi.org/publications/water/

UNESCAP (United Nations Economic and Social Commission for Asia and the Pacific). 2010. *Statistical Yearbook 2009*. Bangkok, UNESCAP.

_____. 2013. *Development Financing for Tangible Results: A Paradigm Shift to Impact Investing and Outcome Models – The Case of Sanitation in Asia*. Discussion Paper. Bangkok, UNESCAP. www.unescap.org/resources/development-financing-tangible-results-paradigm-shift-impact-investing-and-outcome-models

_____. 2014. Statistical Yearbook for Asia and the Pacific 2014. Bangkok, UNESCAP. www.unescap.org/resources/statistical-yearbook-asia-and-pacific-2014

_____. 2015a. *Eco-Efficient Infrastructure Development towards Green and Resilient Urban Future*. Brochure. www.unescap.org/resources/brochure-eco-efficient-infrastructure-development-towards-green-and-resilient-urban-future

_____. 2015b. *Statistical Yearbook for Asia and the Pacific 2015*. Bangkok, UNESCAP. www.unescap.org/resources/statistical-yearbook-asia-and-pacific-2015

UNESCAP/UN-Habitat (United Nations Economic and Social Commission for Asia and the Pacific/United Nations Human Settlements Programme). 2015. *The State of Asian and Pacific Cities 2015: Urban Transformations, Shifting from Quantity to Quality*. UNESCAP/UN-Habitat.

UNESCAP/UN-Habitat/AIT (United Nations Economic and Social Commission for Asia and the Pacific/United Nations Human Settlements Programme/Asian Institute of Technology). 2015. *Policy Guidance Manual on Wastewater Management with a Special Emphasis on Decentralised Wastewater Treatment Systems (DEWATS)*. United Nations/AIT. www.unescap.org/resources/policy-guidance-manual-wastewater-management

UNESCO (United Nations Educational, Scientific and Cultural Organization). 2011. A World of Science. *Natural Sciences Quarterly Newsletter*, Vol. 9, No. 4, pp. 1–24. unesdoc.unesco.org/images/0021/002122/212222e.pdf

_____. 2015. *UNESCO Project on Emerging Pollutants in Wastewater Reuse in Developing Countries.* Brochure. Paris, UNESCO. unesdoc.unesco.org/images/0023/002352/235241E.pdf

_____. 2016a. *Harnessing Scientific Research Based Outcomes for Effective Monitoring and Regulation of Emerging Pollutants: A Case Study of Emerging Pollutants in Water and Wastewater in Nigeria.* Series of Technical and Policy Case Studies. UNESCO-IHP International Initiative on Water Quality (IIWQ). en.unesco.org/emergingpollutants/strengthening-scientific-research-and-policy/case-studies

_____. 2016b. *Emerging Pollutants in Water and Wastewater: Technical and Policy Case Studies.* UNESCO Project on Emerging Pollutants in Wastewater Reuse in Developing Countries. en.unesco.org/emergingpollutants

UNESCO-IHP/GTZ (International Hydrological Programme of the United Nations/Deutsche Gesellschaft für Technische Zusammenarbeit). 2006. Capacity Building for Ecological Sanitation – Concepts for Ecologically Sustainable Sanitation in Formal and Continuing Education. Paris/Eschborn, Germany, UNESCO-IHP/GTZ. unesdoc.unesco.org/images/0014/001463/146337e.pdf

UNESCWA (United Nations Economic and Social Commission for Western Asia). 2013. *ESCWA Water Development Report 5: Issues in Sustainable Water Resources Management and Water Services in the Arab Region.* New York, United Nations. www.unescwa.org/publications/escwa-water-development-report-5-issues-sustainable-water-resources-management-and

_____. 2015. *ESCWA Water Development Report 6: The Water, Energy, Food Security Nexus in the Arab Region.* Beirut, United Nations. www.unescwa.org/publications/escwa-water-development-report-6-water-energy-and-food-security-nexus-arab-region

UNGA (United Nations General Assembly). 2010. *Resolution 64/292. The Human Right to Water and Sanitation.* New York, UNGA.

_____. 2014. *Report of the Special Rapporteur on the Human Right to Safe Drinking Water and Sanitation, Catarina de Albuquerque.* Twenty-seventh session of the Human Rights Council. UNGA A/HRC/27/55. documents-dds-ny.un.org/doc/UNDOC/GEN/N13/418/25/PDF/N1341825.pdf?OpenElement

_____. 2015a. *Transforming Our World: The 2030 Agenda for Sustainable Development.* Resolution adopted by the General Assembly on 25 September 2015. A/70/L.1. New York, UNGA. www.un.org/ga/search/view_doc.asp?symbol=A/RES/70/1&Lang=E

_____. 2015b. *Promotion and Protection of Human Rights: Human Rights Questions, including Alternative Approaches for Improving the Effective Enjoyment of Human Rights and Fundamental Freedom.* Seventieth session of the Third Committee. A/C.3/70/L.55/Rev.1 2015. UNGA.

UN-Habitat (United Nations Human Settlements Programme). 2012. *State of the World's Cities Report 2012/2013: Prosperity of Cities.* World Urban Forum Edition. Nairobi, UN-Habitat. sustainabledevelopment.un.org/content/documents/745habitat.pdf

_____. 2016. *World Cities Report 2016 - Urbanization and Development: Emerging Futures.* Nairobi, UN-Habitat. wcr.unhabitat.org/main-report/

_____. n.d. *Lake Victoria Region Water and Sanitation (LVWATSAN).* Initiative Reports. mirror.unhabitat.org/content.asp?cid=2289&catid=462&typeid=24&subMenuId=0

UNHCR (United Nations High Commissioner for Refugees). 2016. *Jordan: UNHCR Operational Update - August 2016.* reliefweb.int/report/jordan/jordan-unhcr-operational-update-august-2016

UNICEF/WHO (United Nations Children's Fund/World Health Organization). 2000. *Global Water Supply and Sanitation Assessment 2000 Report.* New York/Geneva, UNICEF/WHO. www.who.int/water_sanitation_health/monitoring/jmp2000.pdf

_____. 2009. *Diarrhoea: Why Children are still Dying and What can be Done.* New York/Geneva, UNICEF/WHO. www.unicef.org/media/files/Final_Diarrhoea_Report_October_2009_final.pdf

_____. 2011. *Drinking Water: Equity, Safety and Sustainability.* New York/Geneva, UNICEF/WHO WHO Joint Monitoring Programme for Water Supply and Sanitation. www.wssinfo.org/fileadmin/user_upload/resources/report_wash_low.pdf

_____. 2012. *Progress on Drinking Water and Sanitation, 2012 Update.* New York/Geneva, UNICEF/WHO Joint Monitoring Programme for Water Supply and Sanitation.

_____. 2014. *Progress on Drinking Water and Sanitation, 2014 Update.* New York/Geneva, UNICEF/WHO Joint Monitoring Programme for Water Supply and Sanitation.

_____. 2015. *Progress on Sanitation and Drinking Water: 2015 Update and MDG Assessment*. New York/ Geneva, UNICEF/WHO Joint Monitoring Programme for Water Supply and Sanitation. www.wssinfo. org/fileadmin/user_upload/resources/JMP-Update-report-2015_English.pdf

UNIDO (United Nations Industrial Development Organization). 2010. *A Greener Footprint for Industry: Opportunities and Challenges of Sustainable Industrial Development*. Vienna, UNIDO. www.unido. org/what-we-do/environment/resource-efficient-and-low-carbon-industrial-production/greenindustry/ green-industry-platform.html

_____. 2011. *UNIDO Green Industry Policies for Supporting Green Industry*. Vienna, UNIDO. www.unido. org/fileadmin/user_media/Services/Green_Industry/web_policies_green_industry.pdf

UNOCHA (United Nations Office for the Coordination of Humanitarian Affairs). 2016. *Humanitarian Bulletin Lebanon*, Issue 22, 1–31 August 2016. reliefweb.int/sites/reliefweb.int/files/resources/OCHA-HumanitarianBulletin-Issue22-August2016.pdf

UNSD (United Nations Statistics Division). 2012. *SEEA-Water: System of Environmental–Economic Accounting for Water*. New York, UNSD. unstats.un.org/unsd/envaccounting/seeaw/ seeawaterwebversion.pdf

_____. n.d. *Questionnaire 2013 on Environment Statistics*. UNSD website. UNSD/UNEP. unstats.un.org/ unsd/environment/questionnaire2013.htm

UN-Water. 2015a. *Wastewater Management: A UN-Water Analytical Brief*. UN-Water. www.unwater.org/ fileadmin/user_upload/unwater_new/docs/UN-Water_Analytical_Brief_Wastewater_Management.pdf

_____. 2015b. *Compendium of Water Quality Regulatory Frameworks: Which Water for Which Use?* UN-Water.

_____. 2016a. *Metadata on Suggested Indicators for Global Monitoring of the Sustainable Development Goal 6 on Water and Sanitation*. UN-Water. www.unwater.org/fileadmin/user_upload/unwater_new/ docs/Goal%206_Metadata%20Compilation%20for%20Suggested%20Indicators_UN-Water_v2016-04-01_2.pdf

_____. 2016b. *Water and Sanitation Interlinkages across the 2030 Agenda for Sustainable Development*.

Urbis Limited. 2007. *A Study on Green Roof Application in Hong Kong*. Hong Kong, Urbis Limited. www. archsd.gov.hk/media/11630/green_roof_study_final_report.pdf

US EPA (United States Environmental Protection Agency). 2003. *National Management Measures to Control Nonpoint Source Pollution from Agriculture*. Washington, DC, US EPA. www.epa.gov/nps/ national-management-measures-control-nonpoint-source-pollution-agriculture

_____. 2004. *Guidelines for Water Reuse*. Washington, DC, US EPA. nepis.epa.gov/Exe/ZyPDF. cgi/30006MKD.PDF?Dockey=30006MKD.PDF

_____. 2012. *2012 Guidelines for Water Reuse*. Washington, DC, US EPA. nepis.epa.gov/Adobe/PDF/ P100FS7K.pdf

_____. 2015. *Steam Electric Power Generating Effluent Guidelines – 2015 Final Rule*. US EPA website. www.epa.gov/eg/steam-electric-power-generating-effluent-guidelines-2015-final-rule

_____. 2016. *Clean Watershed Needs Survey 2012 – Report to Congress*. Washington, DC, US EPA. www. epa.gov/sites/production/files/2015-12/documents/cwns_2012_report_to_congress-508-opt.pdf

_____. n.d.a. *Glossary of Climate Change Terms*. US EPA website. www3.epa.gov/climatechange/glossary. html#W

_____. n.d.b. *Terminology Service (TS): Vocabulary Catalogue*. US EPA website. ofmpub.epa. gov/sor_internet/registry/termreg/searchandretrieve/glossariesandkeywordlists/search. do?details=&glossaryName=Septic%20Systems%20Glossary

_____. n.d.c. Clean Water State Revolving Fund (CWSRF). US EPA website. www.epa.gov/sites/production/ files/2016-03/documents/cwsrfinfographic-030116.pdf www.epa.gov/cwsrf

USGS (United States Geological Survey). n.d. *Contaminants of Emerging Concern in the Environment*. USGS website. toxics.usgs.gov/investigations/cec/index.php

Van de Helm, A. W. C., Bhai, A., Coloni F., Koning, W. J. G. and De Bakker, P. T. 2015. *Developing Water and Sanitation Services in Refugee Settings from Emergency to Sustainability – The Case of Zaatari Camp in Jordan*. Proceeding of the IWA Water Development Congress and Exhibition 2015, Jordan, 18–22 October 2015. London, International Water Association (IWA). repository.tudelft.nl/islandora/ object/uuid:7953d49d-194a-4ecb-81d8-63afcb3f6f60?collection=research

Van Dien, F. and Boone, P. 2015. *Constructed Wetlands Pilot at Sher Ethiopia PLC*. Evaluation Report. ECOFYT. www.hoarec.org/images/Evaluation%20Report%20Constructed%20Wetland%20 Pilot%20at%20Sher%20Ethiopia%20PLC.pdf

Van Houtte, E. and Verbauwhede, J. 2013. Long-time membrane experience at Torreele's water re-use facility in Belgium. *Desalination and Water Treatment*, Vol. 51, No. 22–24, pp. 4253–4262. www. tandfonline.com/doi/pdf/10.1080/19443994.2013.769487

Van Loosdrecht, M. C. M. and Brdjanovic, D. 2014. Anticipating the next century of wastewater treatment. *Science*, Vol. 344, No. 6191, pp. 1452–1453. Doi: 10.1126/science.1255183

Van Vuuren, D. P., Bouwman, A. F., Beusen, A. H. W. 2010. Phosphorus demand for the 1970–2100 period: A scenario analysis of resource depletion. *Global Environmental Change*, Vol. 20, No. 3, pp. 428–439. doi.org/10.1016/j.gloenvcha.2010.04.004

Van Weert, F., Van der Gun, J., Reckman, J. 2009. *Global Overview of Saline Groundwater Occurrence and Genesis*. Utrecht, The Netherlands, International Groundwater Resources Assessment Centre (IGRAC).

Veolia/IFPRI (International Food Policy Research Institute). 2015. *The Murky Future of Global Water Quality: New Global Study Projects Rapid Deterioration in Water Quality*. White Paper. Veolia / IFPRI. www.ifpri.org/publication/murky-future-global-water-quality-new-global-study-projects-rapid-deterioration-water

Vinnerås, B. 2001. *Faecal Separation and Urine Diversion for Nutrient Management of Household Biodegradable Waste and Wastewater*. Uppsala, Swedish University of Agricultural Sciences. pub. epsilon.slu.se/3817/1/vinneras_b_091216.pdf

Visvanathan C., Ben Aim, R. and Parameshwaran, K. 2000. Membrane separation bioreactors for wastewater treatment. *Critical Reviews in Environmental Science and Technology*, Vol. 30, No. 1, pp. 1–48. Doi: 10.1080/10643380091184165

Von Muench, E. 2009. *Compilation of 24 SuSanA case studies: Pre-Print for the 10th SuSanA meeting*. Eschborn, Germany, Sustainable Sanitation Alliance. www.susana.org/en/resources/ library/details/1937

Von Sperling, M. 2007. *Wastewater Characteristic, Treatment and Disposal*. Vol. I of Biological Wastewater Treatment Series. London, IWA Publishing. www.sswm.info/sites/default/files/ reference_attachments/SPERLING%202007%20Wastewater%20Characteristics,%20 Treatment%20and%20Disposal.pdf

Walters, J., Oelker, G. and Lazarova, V. 2013. Producing designer recycled water tailored to customer needs. V. Lazarova, T. Asano, A. Bahri and J. Anderson (eds). *Milestones in Water Reuse: The Best Success Stories*. London, IWA: Publishing.

Wang, H. and Ren, Z. J. 2014. Bioelectrochemical metal recovery from wastewater: A review. *Water Research*, Vol. 66, pp. 219–232.

Wang, H., Wang, T., Zhang, B., Li, F., Toure, B., Omosa, I. B., Chiramba, T., Abdel-Monem, M. and Pradhan, M. 2014. Water and wastewater treatment in Africa – Current practices and challenges. *Clean – Soil, Air, Water*, Vol. 42, No. 8, pp. 1029–1035. onlinelibrary.wiley.com/doi/10.1002/ clen.201470073/pdf

Water Online. 2014. Texas Leads the Way with First Direct Potable Reuse Facilities in U.S. Water Online, 16 September 2014. www.wateronline.com/doc/texas-leads-the-way-with-first-direct-potable-reuse-facilities-in-u-s-0001

WBCSD (World Business Council for Sustainable Development). n.d. *Scaling up Industrial Water Reuse*. WBCSD website. www.wbcsd.org/work-program/sector-projects/water/waterreuse.aspx

WBCSD/IWA (World Business Council for Sustainable Development/International Water Association). n.d. *Anglo American plc eMalahleni Water Reclamation Project*. Case Study. WBCSD/IWA.

WEF (World Economic Forum). 2016. *The Global Risks Report 2016*. Geneva, Switzerland, WEF. wef. ch/risks2016

West Basin Municipal Water District. n.d. *Recycled Water*. West Basin Municipal Water District website. www.westbasin.org/water-reliability-2020/recycled-water/about-recycled-water.html

WHO (World Health Organization). 2006a. *Guidelines of the Safe Use of Wastewater, Excreta and Grey Water – Vol. 2: Wastewater Use in Agriculture*. Geneva, Switzerland, WHO. www.who.int/ water_sanitation_health/wastewater/wwuvol2intro.pdf

_____. 2006b. *A Compendium of Standards for Wastewater Reuse in the Eastern Mediterranean Region*. Cairo, WHO. apps.who.int/iris/handle/10665/116515

_____. 2008. Acute pesticide poisoning: a proposed classification tool. *Bulletin of the World Health Organization*, Vol. 86, pp. 205–209. who.int/bulletin/volumes/86/3/07-041814/en/

_____. 2010. *Third Edition of the WHO Guidelines for the Safe Use of Wastewater, Excreta and Greywater in Agriculture and Aquaculture: Guidance Note for National Programme Managers – Health-Based Targets*. Geneva, Switzerland, WHO. www.who.int/water_sanitation_health/wastewater/FLASH_OMS_WSHH_Guidance_note3_20100901_17092010.pdf?ua=1

_____. 2014a. *Investing in Water and Sanitation: Increasing Access, Reducing Inequalities*. UN-Water Global Analysis and Assessment of Sanitation and Drinking Water GLAAS 2014 Report. Geneva, Switzerland, WHO. apps.who.int/iris/bitstream/10665/139735/1/9789241508087_eng.pdf?ua=1

_____. 2014b. *Preventing Diarrhoea through Better Water, Sanitation and Hygiene: Exposures and Impacts in Low- and Middle-income Countries*. Geneva, Switzerland, WHO. apps.who.int/iris/bitstream/10665/150112/1/9789241564823_eng.pdf

_____. 2015. *UN-Water GLAAS TrackFin Initiative: Tracking Financing to Sanitation, Hygiene and Drinking-water at the National Level*. Guidance document summary for decision-makers. Geneva, Switzerland, WHO. www.who.int/water_sanitation_health/monitoring/investments/trackfin-summary.pdf

_____. 2016a. *Preventing disease through healthy environments: A global assessment of the burden of disease from environmental risks*. Geneva, Switzerland, WHO. www.who.int/quantifying_ehimpacts/publications/preventing-disease/en/

_____. 2016b. *Sanitation Safety Planning: Manual for Safe Use and Disposal of Wastewater, Greywater and Excreta*. Geneva, Switzerland, WHO. www.who.int/water_sanitation_health/publications/ssp-manual/en/

Wichelns, D., Drechsel, P. and Qadir, M. 2015. Wastewater: Economic asset in an urbanizing world. P. Dreschel, M. Qadir and D. Wichelns (eds), *Wastewater – Economic Asset in an Urbanizing World*. Springer Netherlands.

WIN (Water Integrity Network). 2016. *Water Integrity Global Outlook 2016*. Berlin, WIN.

Winblad, U. and Simpson-Hébert, M. (eds). 2004. *Ecological Sanitation: Revised and Enlarged Edition*. Stockholm, Stockholm Environment Institute (SEI).

Winpenny, J., Heinz, I., Koo-Oshima, S., Salgot, M., Collado, J., Hernandez, F. and Torricelli, R. 2010. *The Wealth of Waste: The Economics of Wastewater Use in Agriculture*. FAO Water Report No. 35. Rome, Food and Agriculture Organization of the United Nations (FAO). www.fao.org/docrep/012/i1629e/i1629e00.htm

Winsemius, H. C., Aerts, J. C. J. H., Van Beek, L. P. H., Bierkens, M. F. P., Bouwman, A., Jongman, B., Kwadijk, J. C. J., Ligtvoet, W., Lucas, P. L., Van Vuuren, D. P. and Ward, P. J. 2016. Global drivers of future river flood risk. *Nature Climate Change*, Vol. 6, pp. 381–385. Doi: 10.1038/nclimate2893

Winsemius, H. C. and Ward, P. J. 2015. *Projections of future urban damages from floods. Personal communication to OECD*.

Woodall, A. 2015. *Innovative Water Use in Texas*. Presentation held during the Groundwater Protection Council 2015 Annual Forum, 27–30 September 2015, Oklahoma City, OK, USA. www.gwpc.org/sites/default/files/event-sessions/Woodall_Allison.pdf

World Bank. 2012. *The Future of Water in African Cities: Why Waste Water?* Washington, DC, World Bank.

_____. n.d. *World Development Indicators*. World Bank website. data.worldbank.org/data-catalog/world-development-indicators

World Water. 2013. *Fresh Thinking to Improve Business and Sustainability*. msdssearch.dow.com/PublishedLiteratureDOWCOM/dh_08d9/0901b803808d92c4.pdf?filepath=liquidseps/pdfs/noreg/609-50111.pdf&fromPage=GetDoc

WssTP (Water Supply and Sanitation Technology Platform). 2013. *Water Reuse Report: Water Supply and Sanitation Technology Platform, Brussels. An Executive Summary*. wsstp.eu/wp-content/uploads/sites/102/2013/11/ExS-Water-Reuse.pdf

WWAP (World Water Assessment Programme). 2006. *The United Nations World Water Development Report 2: Water: A Shared Responsibility*. Paris, United Nations Educational, Scientific and Cultural Organization (UNESCO).

_____. 2012. *The United Nations World Water Development Report 2012: Managing Water under Uncertainty and Risk*. Paris, United Nations Educational, Scientific and Cultural Organization (UNESCO).

_____. 2014. *The United Nations World Water Development Report 2014: Water and Energy*. Paris, United Nations Educational, Scientific and Cultural Organization (UNESCO).

_____. 2015. *The United Nations World Water Development Report 2015: Water for a Sustainable World*. Paris, United Nations Educational, Scientific and Cultural Organization (UNESCO). unesdoc.unesco.org/images/0023/002318/231823E.pdf.

_____. 2016. *The United Nations World Water Development Report 2016: Water and Jobs*. Paris, Paris, United Nations Educational, Scientific and Cultural Organization (UNESCO).

_____. n.d. *Facts and Figures. Fact 36: Industrial wastewater*. UNESCO website. www.unesco.org/new/en/natural-sciences/environment/water/wwap/facts-and-figures/all-facts-wwdr3/fact-36-industrial-wastewater/

WWC/OECD (World Water Council/Organisation for Economic Co-operation and Development). 2015. *Water: Fit to Finance? Catalyzing national growth through investment in water security*. Report of the High-Level Panel on Financing Infrastructure for a Water-Secure World. Marseille/Paris, France, WWC/OECD.

WWF (World Wide Fund for Nature). 2015. *Das Grosse Wegschmeissen: Vom Acker bis zum Verbraucher: Ausmaß und Umwelteffekte der Lebensmittelverschwendung in Deutschland* [The great wastage: From field to end user: Magnitude and environmental impact of food waste in Germany]. WWF Germany. (In German.) www.wwf.de/fileadmin/fm-wwf/Publikationen-PDF/WWF_Studie_Das_grosse_Wegschmeissen.pdf

Zarate, E., Aldaya, M., Chico, D., Pahlow, M., Flachsbarth, I., Franco, G., Zhang, G., Garrido, A., Kuroiwa, J., Cesar, J., Palhares, P. and Arévalo Uribe, D. 2014. Water and agriculture. B. Willaarts, A. Garrido and R. Llamas (eds), *Water for Food Security and Well-being in Latin America and the Caribbean. Social and Environmental Implications for a Globalized Economy*. Oxon, UK/New York, Routledge. www.fundacionbotin.org/paginas-interiores-de-una-publicacion-de-la-fundacion-botin/water-for-food-security-and-well-being-in-latin-america-and-the-caribbean.html

术语

废水相关术语的定义不尽相同，甚至前后矛盾。为了保证公众能够理解，确保前后一致，我们查阅了几本已出版的著作，最终将本书中使用的术语定义如下。

农业径流：指农田中未渗入土壤而随地面流走的水。

生物固体：指经充分处理和加工后用作肥料的污水污泥，可改善和维持土壤的生产力，促进植物生长。

黑水：指厕所产生的废水，包括尿液、粪便、冲洗水和/或厕纸，需单独从污水流中收集。

集中式废水处理系统：指由污水收集管道和单一处理厂构成的管理系统，用于收集和处理特定服务区域的废水。

循环经济：指兼顾经济发展与环境和资源保护的经济。它强调资源的最有效利用和循环利用以及环境保护。循环经济的特点是：能源和其他资源消耗低，污染物排放量和废物产生量少，效率高。循环经济涉及企业清洁生产、生态工业园开发以及工业、农业和城市发展所需的资源综合规划。

污染物：指对水、土壤或空气有不利影响的生物、物理、化学或辐射物质。污染物的存在并不意味着水会危害人体健康。

合流制下水道系统：指用于收集城市废污水（包括生活废水、工业废水和其他废水）和城市径流并将其运送到废水处理厂（或替代处置方式）的下水道系统。

分散式废水处理系统：指用于收集、处理、分散或回收小型社区或服务区的废水的系统。

生活废水：包括黑水、灰水和人类居住区日常活动产生的其他类型的废水。

新型污染物：指环境中不常被监测但有可能进入环境对生态系统和/或人体健康造成已知或疑似不利影响的任何合成或天然存在的化学物质或微生物。

内分泌干扰物（EDCs）：指妨碍生物体体内负责维持体内平衡、繁殖、发育和/或行为的天然激素的合成、分泌、运输、结合、发挥作用或消除的天然或合成化合物。

内分泌系统：由能够产生激素调节代谢、生长、发育、组织功能、繁殖、情绪、睡眠和/或其他生理功能的腺体构成。

富营养化：水体富含溶解营养物（如氮和磷），导致水生植物迅猛生长，耗尽溶解氧。

灰水：指洗衣机、盆浴、淋浴或洗手池产生的废水，需单独从污水流中收集。灰水不包括厕所产生的废水。

热污染：工业系统（如火力发电厂冷却系统）排放的废水温度高于环境温度，导致受纳水体温度发生变化，进而影响当地环境。

重金属污染：指工业废水或其他废水中含有的原子量较高的金属造成的污染。

工业废水：指工业或能源生产过程中产生的或使用后排放的水。

微污染物：指水中低浓度（即 $\mu g/L$ 水平甚至更低）的污染物，如药物、家用化学制品原料、小型企业或工业中使用的化学品、环境持久性制药污染物（EPPP）、杀虫剂或激素。

城市废污水：指在特定人类居住区或社区内，生活、工业生产、商业活动和公共机构产生的废水。城市废污水的组成差异很大，因为其中的物质是由上述不同来源排放的。

非点源污染或扩散污染：指由地表径流、降水、大气沉降或地面排水造成的污染。

现场废水处理系统：指依靠自然过程和/或机械部件收集、处理、分散或回收某特定区域的废水。

病原体或致病微生物（如细菌、病毒、寄生虫或真菌）：指可引起人体疾病的微生物。

持久性有机污染物（POPs）：指对人体健康和环境造成不利影响的有毒化学物质，包括多氯联苯、滴滴涕和二噁英。POPs可持久存在于环境中，且有可能蓄积在生物体的脂肪组织内。

点源污染：指由可识别的、有限的污染源造成的污染，污染源包括但不限于管道、沟渠、通道、隧道、导管、井、裂缝、容器、集约化畜牧业、船舶或其他浮动艇筏。点源污染不包括扩散性的城市雨水排放和农业回归水。

污染：指物质或污染物进入水体造成的结果，一般会使水质恶化。造成水污染的原因有自然因素、环境因素（如砷）或人为活动。

循环水：指处理过的（"目的性"处理）在受控条件下可用于同一机构或行业的废水。

再生水：指处理过的（"目的性"处理）在受控条件下能够产生效益（如灌溉）的废水。

沉积物污染：土地受侵蚀后矿物、沙子和淤泥进入水体，影响水生生物的生存环境。

化粪池污泥：指生活废水预处理后富含营养物的副产品，常蓄积在化粪池或坑厕（不常见）中。

污水：指下水道中的废水和排泄物（黑水）。

排水设备：指收集污水并将污水从产生地运输至终点（如处理厂）的管道、泵和其他附属物或基础设施。

污泥：指在污水处理厂处理生活污水时产生的富含营养物的有机物质。

城市径流：指雨水或其他形式的降水（如融雪水）在城市地区形成的地表径流。城市地区的地面由人行道、建筑物和景观覆盖，可阻止水流渗入土壤，从而增加了径流量。径流是造成城市洪涝和城市社区水污染的主要原因。

城镇废污水：包括城市废污水和城市径流，可能含有多种污染物。

废水或流出物：包括生活污水（包括黑水和灰水），商业机构和组织（包括医院）产生的废水，工业污水、雨水和其他城市径流，以及农业径流、园艺排水和水产养殖形成的径流❶。

废水副产品：指可从废水中回收并使用的物质（如营养物和金属）和能源。

废水管理：包括避免或减少源头的污染（如污染负荷和产生的废水量），通过处理等方式收集和清除废水流中的污染物，使用和/或处置处理过的废水及其副产品❷。

废水营养物：主要指生活废水、农业（包括畜牧业和食品加工业）径流和工业废水中的氮和磷。

营养物可以导致水体中的藻类过度生长，即出现所谓的富营养化，但同时它们还是可回收的废水副产品，常用于农业和水产养殖业。

废水处理：即去除废水中所含的污染物，使其能够再次被安全使用或返回到水循环中，把对环境的影响降到最低。废水处理的程度取决于污染物类型、污染负荷和废水的预期最终用途。

预处理：指去除废水中含有的可能影响处理系统维护或运行的成分，如破布、树枝、漂浮物和油脂。

一级处理：指去除废水中含有的部分悬浮物和有机物，可以包括也可以不包括化学过程或过滤。

二级处理：指去除可生物降解的有机物（如溶液或悬液中的有机物）、悬浮物和营养物（氮、磷，或两者皆有）。

三级处理：指去除二级处理后残留的悬浮物、营养物，并消毒。

四级处理：指用高级技术去除常规处理过程（一级、二级和三级处理）可能无法去除的微污染物。

水再利用/废水利用：指使用未经处理、部分经过处理或全部处理过的废水。

参考文献

Corcoran, E., Nellemann, C., Baker, E., Bos, R., Osborn, D. and Savelli, H. (eds). 2010. Sick Water? The Central Role of Wastewater Management in Sustainable Development. A Rapid Response Assessment. United Nations Environment Programme/United Nations Human Settlements Programme/GRID-Arendal (UNEP/UN-Habitat).

EPA Victoria (Environment Protection Authority Victoria). n.d. Reusing and Recycling Water. EPA Victoria website. Victoria, Australia, EPA. www.epa.vic.gov.au/your-environment/water/reusing-and-recycling-water

Raschid-Sally, L. and Jayakody, P. 2008. Drivers and Characteristics of Wastewater Agriculture in Developing Countries: Results from a Global Assessment. IWMI Research Report No. 127. Colombo, International Water Management Institute (IWMI).

Tchobanoglous, G., Burton, F.L. and David Stensel, H. 2003. Wastewater Engineering: Treatment and Reuse. Fourth edition. New York, Metcalf & Eddy Inc.

---

❶ 尽管某些定义（如：废水被定义为"使用过的水"）中未把城市径流和农业径流考虑在内，但本书中我们依然将其视为一种废水形式，部分原因是因为它与实现可持续发展目标 6.3 直接相关，可持续发展目标 6.3 规定"通过以下方式改善水质：减少污染，消除倾倒废物现象，把危险化学品和材料的排放减少到最低限度……"。

❷ 从语法上讲，应为"水的再利用"和"废水利用"，而不是"废水再利用"。

UN (United Nations). n.d. Wastewater Treatment. Sustainable Development Knowledge Platform, United Nations. www.un.org/esa/sustdev/natlinfo/indicators/methodology_sheets/freshwater/waste_water_treatment.pdf

UNEP (United Nations Environment Programme). 2006. Circular Economy: An Alternative Model for Economic Development. Paris, UNEP.

US EPA (United States Environmental Protection Agency). n.d. Terminology service: Vocabulary Catalogue. US EPA website. ofmpub.epa.gov/sor_internet/registry/termreg/searchandretrieve/glossariesandkeywordlists/search.do?details=&glossaryName=Septic%20Systems%20Glossary

_____. n.d. International Cooperation, Persistent Organic Pollutants: A Global Issue, A Global Response. US EPA website. www.epa.gov/international-cooperation/persistent-organic-pollutants-global-issue-global-response

_____. n.d. Polluted Runoff: Nonpoint Source Pollution. US EPA website. Available at: www.epa.gov/polluted-runoff-nonpoint-source-pollution/what-nonpoint-source

WateReuse Research Foundation/American Water Works Association/Water Environment Federation/National Water Research Institute. 2015. Framework for Direct Potable Reuse. Alexandria, Va.

WHO (World Health Organization). 2016. Guidelines for the Safe Use of Wastewater, Excreta and Greywater in Agriculture and Aquaculture. Geneva, Switzerland, WHO.

缩写和缩略词

BAT	最佳可行技术、最佳可行方法
B-DASH	下水道革新技术实证研究
BOD	生化需氧量
CBD	中央商务区
CEF	信用增级措施
CHP	热电联产
CIP	就地清洗
COD	化学需氧量
CReW	加勒比地区废水管理基金
CSOs	合流制污水溢流
CWSRF	国家净水循环基金
DEWATS	分散式废水处理系统
DPR	直接回用为饮用水
EcoSan	生态卫生
EDCs	内分泌干扰物
EECCA	东欧、高加索和中亚
ESTs	无害环境技术
EU	欧盟
FC	粪大肠菌群
FAO	联合国粮食及农业组织（联合国粮农组织）
FSM	粪便污泥管理
GCC	海湾合作委员会成员国
GEF	全球环境基金
GHG	温室气体
GI	绿色基础设施
IPR	间接回用为饮用水
IWRM	水资源综合管理
LCA	生命周期评估
MBR	膜生物反应器
MDG	千年发展目标
MENA	中东和北非
MW	兆瓦（百万瓦特）
NGO	非政府组织
OECD	经济合作与发展组织（经合组织）
p. e.	人口当量
PCBs	多氯联苯
POPs	持久性有机污染物
PRTR	污染物排放与转移登记

PUB	新加坡公用事业局
RECP	资源高效利用与清洁生产
SADC	南部非洲发展共同体
SDG	可持续发展目标
SEEA-Water	环境经济水资源核算体系
SFPUC	旧金山公共事业委员会
SMEs	中小型企业
SS	悬浮物
SUDS	可持续城市排水系统
TN	总氮
TP	总磷
TrackFin	跟踪对环境卫生、个人卫生和饮用水的融资
TSS	总悬浮物
UNECE	联合国欧洲经济委员会
UNEP	联合国环境规划署
UNGA	联合国大会
UN-Habitat	联合国人类住区规划署（联合国人居署）
UNICEF	联合国儿童基金会
UNIDO	联合国工业发展组织（联合国工发组织）
UNSD	联合国统计司
US EPA	美国环境保护局
UWWTD EU	城市污水处理指令
WEF	世界经济论坛
WHO	世界卫生组织
WSS	供水和卫生
ZLD	废水零排放

专栏、图、表目录

图

图片来源